Modellierung und Vorhersage des eigenspannungsbedingten Bauteilverzugs bei der Fräsbearbeitung

Modelling and Prediction of Part Distortion Caused by Residual Stresses in Milling

Von der Fakultät für Maschinenwesen
der Rheinisch-Westfälischen Technischen Hochschule Aachen
zur Erlangung des akademischen Grades eines
Doktors der Ingenieurwissenschaften
genehmigte Dissertation

vorgelegt von

Markus Landwehr

Berichter/in:

Univ.-Prof. Dr.-Ing. Thomas Bergs
Univ.-Prof. Dr.-Ing. habil. Prof. h. c. Dr. h. c. Dr. h. c. Bernhard Karpuschewski

Tag der mündlichen Prüfung: 23. November 2023

ERGEBNISSE AUS DER PRODUKTIONSTECHNIK

Markus Landwehr

Modellierung und Vorhersage des eigenspannungsbedingten Bauteilverzugs bei der Fräsbearbeitung

Herausgeber:
Prof. Dr.-Ing. T. Bergs
Prof. Dr.-Ing. Dipl.-Wirt. Ing. G. Schuh
Prof. Dr.-Ing. C. Brecher
Prof. Dr.-Ing. R. H. Schmitt

Band 33/2023

WZL | RWTH AACHEN UNIVERSITY

Fraunhofer IPT

Bibliografische Information der Deutschen Nationalbibliothek
Die Deutsche Nationalbibliothek verzeichnet diese Publikation in der Deutschen Nationalbibliografie; detaillierte bibliografische Daten sind im Internet über https://portal.dnb.de abrufbar.

Markus Landwehr:

Modellierung und Vorhersage des eigenspannungsbedingten Bauteilverzugs bei der Fräsbearbeitung

1. Auflage, 2024

Gedruckt auf holz- und säurefreiem Papier, 100% chlorfrei gebleicht.

Wissenschaftsverlag des Instituts für Industriekommunikation und Fachmedien an der RWTH Aachen
Steinbachstr. 25, 52074 Aachen
Internet: www.apprimus-verlag.de, E-Mail: info@apprimus-verlag.de

Druck: CPI Druckdienstleistungen GmbH, Ferdinand-Jühlke-Straße 7 I 99095 Erfurt

ISBN 978-3-98555-194-1

D 82 (Diss. RWTH Aachen University, 2023)

Vorwort

Diese Dissertation ist während meiner Zeit als wissenschaftlicher Mitarbeiter am Fraunhofer-Institut für Produktionstechnologie IPT in Aachen in der Abteilung Hochleistungszerspanung entstanden. Ich danke meinem Doktorvater Prof. Thomas Bergs für die Betreuung meiner Dissertation. Außerdem danke ich Prof. Bernhard Karpuschewski als zweiten Berichter sowie Prof. Johannes Henrich Schleifenbaum als Vorsitz der Promotionskommission.

Im Besonderen möchte ich allen danken, die zum Erfolg dieser Dissertation maßgeblich beigetragen haben. Hierbei danke ich meinem ehemaligen Abteilungsleiter Philipp Ganser für die große Unterstützung im Erstellungs- und Abgabeprozess der Dissertation. Zudem danke ich Carsten Holst für die gegenseitige Unterstützung und Motivation während der Dissertationsauszeiten. Außerdem danke ich Jonas Hahn und Marvin Dürbaum vom Fraunhofer IPT sowie Christian Kolvenbach und Roman Kalocsay von Innoclamp, die insbesondere bei den experimentellen Untersuchungen geholfen haben. Des Weiteren danke ich Dr. Martin Seimann, Dr. Semir Maslo und Sebastian Schneider für das inhaltliche Korrekturlesen der Dissertation sowie Nicolai Buchholz für die sprachliche Überarbeitung.

Bei der Ausarbeitung dieser Dissertation haben darüber hinaus studentische Mitarbeitende tatkräftig mitgewirkt. Hierbei danke ich vor allem Farina Oehler, Vijaya Holla, Vishal Agrawal, Shreyash Panchal und Pedro Fernandes, ohne deren Hilfe die Ausarbeitung dieser Dissertation nicht möglich gewesen wäre.

Weiterhin möchte ich einen großen Dank an alle Kolleginnen und Kollegen aussprechen, die ich in den letzten Jahren am Fraunhofer IPT und anderen Instituten kennenlernen durfte. Hierbei möchte ich vor allem meine ehemaligen Kolleginnen und Kollegen am Fraunhofer IPT in der Abteilung Hochleistungszerspanung nennen. Die Zeit mit euch werde ich immer sehr positiv in Erinnerung behalten und darüber hinaus bin ich sehr dankbar für die entstandenen Freundschaften.

Ein großes Dankeschön auch an meine Freundinnen und Freunde aus Aachen, München und meiner Heimat Herford für die schönen Momente abseits der Dissertation.

Abschließend bedanke ich mich herzlich bei meiner Familie und meiner Freundin Rabea. Ich werde meinen Eltern und Geschwistern ewig dankbar sein, dass sie mich auf meinem bisherigen Lebensweg intensiv begleitet und unterstützt haben. Von Herzen danke ich meiner Freundin Rabea. Sie hat mir den notwendigen Rückhalt gegeben und hatte immer ein offenes Ohr für die Herausforderungen während der Zeit. Ihre motivierenden Worte haben erheblich zum erfolgreichen Gelingen dieser Dissertation beigetragen. Ihnen allen widme ich diese Dissertation.

München, im Dezember 2023

Markus Landwehr

Zusammenfassung

Eigenspannungsbedingter Bauteilverzug stellt eine große Herausforderung bei der Fräsbearbeitung dünnwandiger, integraler Bauteile, beispielsweise für die Luft- und Raumfahrtindustrie dar. Dieser Verzug führt häufig zu großen Form- und Lageabweichungen außerhalb der Toleranzanforderungen des Bauteils. In der Folge sind zeit- und kostenintensive Einfahrprozesse oder manuelle Nacharbeit der Bauteile notwendig. Um zukünftig Bauteilverzug als Kostentreiber zu reduzieren, ist es zum einen von entscheidender Bedeutung die verschiedenen Mechanismen der Eigenspannungsentstehung zu verstehen. Zum anderen müssen diese Erkenntnisse in Modelle überführt werden, mit deren Hilfe eine modellbasierte Vorhersage von Bauteilverzug durchgeführt werden kann.

Vor diesem Hintergrund war das Ziel dieser Arbeit die Entwicklung einer modellbasierten Vorhersage des eigenspannungsbedingten Bauteilverzugs bei der Fräsbearbeitung von dünnwandigen Bauteilen aus Ti-6Al-4V mit der Finite Cell Method (FCM). Dazu erfolgte eine experimentelle Einflussanalyse von initialen und induzierten Eigenspannungen auf den Verzug. Für die Untersuchungen wurden frei auskragende, dünnwandige Platten mit Sockel aus Rohteilen in drei verschiedenen Wärmebehandlungszuständen, unter Variation des Zahnvorschubs, gefräst. Es konnte ein deutlicher Einfluss der Wärmebehandlung auf die Beträge und Richtungen der Verzüge ermittelt werden. Demgegenüber zeigte die Variation des Zahnvorschubs keinen signifikanten Einfluss auf den Verzug. Im nächsten Schritt wurde ein numerisches Modell auf Basis der FCM zur Vorhersage von eigenspanungsbedingtem Bauteilverzug während der Fräsbearbeitung entwickelt. Das Modell berücksichtigt unter anderem die initialen und induzierten Eigenspannungen sowie die zeitlich-örtliche Materialzerspanung. Die Validierung erfolgte anhand der experimentellen Ergebnisse und es konnten für einige Versuchsgruppen gute Übereinstimmungen, für andere Versuchsgruppen wiederum schlechte Übereinstimmungen zwischen simulativen und experimentellen Ergebnissen ermittelt werden. Abschließend fand die Anwendung des Vorhersagemodells in der Fräsbearbeitung eines komplexen Strukturbauteils statt. Hierzu wurde sowohl die Fräsbearbeitung mit einem konventionellen als auch mit einem modularen Spannsystem untersucht. Der Vergleich zwischen experimentellen und simulativen Ergebnissen zeigte, dass das Modell grundsätzlich geeignet ist, die Reduzierung des Verzugs durch Verwendung des modularen Spannsystems vorherzusagen.

Summary

Part distortion caused by residual stresses is a major challenge in the production of thin-walled monolithic structural components, for example for the aerospace industry. These distortions may cause deviations in form and position of the workpiece resulting in the failure of meeting the necessary tolerance requirements. As a consequence, time-consuming and cost-intensive running-in processes or manual reworking are necessary to meet these requirements. In order to reduce part distortion as a cost driver in the future, it is crucial to understand the different mechanisms of residual stress generation. Furthermore, this knowledge must be transferred into models, which can be used for a model-based prediction of part distortion.

Against this background, the main objective of this work was to develop a model-based prediction of part distortion caused by residual stresses during milling of thin-walled components made of Ti-6Al-4V using the Finite Cell Method (FCM). For this purpose, an experimental influence analysis of initial and induced residual stresses on distortion was conducted. For the investigations, freely cantilevered, thin-walled plates with bases were milled from blanks in three different heat treatment states, with variation of the feed per tooth. A clear influence of the heat treatment on the amounts and directions of the distortions could be determined. In contrast, the variation of the feed per tooth showed no significant influence on the distortion. In the next step, a numerical model based on the FCM was developed to predict part distortion caused by residual stresses during milling. The model considers the initial and induced residual stresses as well as the temporal-local material removal. The validation was carried out based on the experimental results and good agreements between simulated and experimental results could be determined for some experimental groups, and in turn poor agreements for other experimental groups. Finally, the prediction model was applied to the milling of a complex structural component. For this purpose, the milling process was investigated using a conventional and a modular clamping system. The comparison between experimental and simulated results showed that the model is basically suitable to predict the reduction of distortion by using the modular clamping system.

Inhaltsverzeichnis

Content

Formelzeichen und Abkürzungsverzeichnis

Formula Symbols and Abbreviations

Großbuchstaben

A	%	Bruchdehnung
A_g	%	Gleichmaßdehnung
B	1	Verzerrungs-Verschiebungs-Matrix
C	1	Elastizitätstensor
D	mm	Werkzeugdurchmesser
E	MPa	Elastizitätsmodul
F_{res}	N	Resultierende Kraft der Zerspankraftkomponenten
F	N	Kraft
I	mm^4	Flächenträgheitsmoment 2. Ordnung
K	1	Steifigkeitsmatrix
L_S	mm	Schneidenlänge
M_{ind}	Nmm	Biegemoment infolge der induzierten Eigenspannungen
M_{ini}	Nmm	Biegemoment infolge der initialen Eigenspannungen
M	Nmm	Moment
N	1	Interpolationsmatrix
N_a	1	Menge von Ansatzfunktionen
P	1	Lastvektor
R_m	MPa	Zugfestigkeit
$R_{p\,0,2}$	MPa	Dehngrenze
R^2	1	Bestimmtheitsmaß
T_{krit}	°C	Kritische Grenztemperatur für die Entstehung von thermischen Zugeigenspannungen
U	1	Vektor der unbekannten Verschiebungen

Kleinbuchstaben

a_e	mm	Arbeitseingriff
a_p	mm	Schnitttiefe
b	mm	Werkstückbreite
b_{sp}	mm	Spanungsbreite

c_1 / c_2	1	Integrationskonstanten
d	µm	Abstand zur Oberfläche (induzierte Eigenspannungen)
$d_{Druck, max}$	µm	Position des Druckeigenspannungsmaximums unter der Oberfläche des induzierten Eigenspannungsprofils
d_m	µm	Wirktiefe der durchschnittlichen induzierten Eigenspannungen bis zu einem definierten Grenzwert (30 MPa unterschritten)
$d_{m, Solltiefe}$	µm	Solltiefe der induzierten Eigenspannungen
$d_{Messtiefe}$	µm	Messtiefe der Röntgendiffraktometriemessung
f_z	mm	Zahnvorschub
h	mm	Werkstückhöhe
h_{sp}	mm	Spanungsdicke
h_F	mm	Höhe des Angriffspunkts der resultierenden Kraft in Bezug zur Schwerpunktachse
h_R	mm	Wirktiefe der induzierten Eigenspannungen
k	1	Detaillierungsgrad der Zellteilung
l	mm	Werkstücklänge
p	1	Polynomischer Grad der Ansatzfunktionen im Modell
p_α	1	Vektor der Volumenkräfte multipliziert mit α
r_β	µm	Schneidkantenrundung
r_ε	µm	Eckenradius
t	mm	Wandstärke
t_0	1	Vektor der Oberflächenkräfte
u	mm	Verschiebungen
u_0	mm	Vordefinierte Verschiebungen
v_c	m/min	Schnittgeschwindigkeit
w	mm	Biegelinie
w‘	°	Neigungswinkel der Tangente an der Biegelinie
w‘‘	1	Veränderung des Neigungswinkels der Tangente an der Biegelinie
x	mm	Werkstückbreite
y	mm	Werkstückhöhe

z	1	Zähnezahl

Griechische Buchstaben

α	1	Skalarer Faktor zur Umsetzung der „penalties"
β	°	Anstellwinkel
β_0	°	Keilwinkel
γ	°	Spanwinkel
$\boldsymbol{\Gamma}_t$	1	Rand des physikalischen Bereichs (Neumann-Randbedingungen))
$\boldsymbol{\Gamma}_u$	1	Rand des physikalischen Bereichs (Dirichlet-Randbedingungen)
δW	Nm	Virtuelle Arbeit
δU	1	Vektor der unbekannten, virtuellen Verschiebungen
δu	mm	Virtuelle Verschiebungen
$\delta\varepsilon$	1	Variation des Dehnungstensors
$\Delta^{o}_{max-min}$	µm	Differenz von maximalem und minimalem Verzug des oberen Rahmens
Δ^{o}_{r-l}	µm	Differenz der Verzüge der am weitesten rechts und links liegenden Messpunkte des oberen Rahmens
ε_{Drall}	°	Drallwinkel
ε	1	Dehnungen
ϑ	mm	Umlaufkoordinate
σ	MPa	Eigenspannungen
$\sigma_{I,II,III}$	MPa	Eigenspannungen I.-III. Art
σ_{α}	MPa	Cauchy-Spannungstensor
$\sigma_{Druck,\ max}$	MPa	Maximale Druckeigenspannungen des induzierten Eigenspannungsprofils
σ_f	MPa	Induzierte Eigenspannungen in Vorschubrichtung
σ_{ind}	MPa	Induzierte Eigenspannungen
σ_{ini}	MPa	Initiale Eigenspannungen
σ_m	MPa	Durchschnittliche Eigenspannungen bis zu einem definierten Grenzwert (30 MPa unterschritten)
$\sigma_{m,\ Messtiefe}$	MPa	Durchschnittliche induzierte Eigenspannungen über die gesamte Messtiefe
$\sigma_{m,\ Solltiefe}$	MPa	Umgerechnete mittlere induzierte Eigenspannungen

		bei Solltiefe
σ_{nf}	MPa	Induzierte Eigenspannungen senkrecht zur Vorschubrichtung
$\sigma_{Oberfläche}$	MPa	Induzierte Eigenspannungen an der Oberfläche
σ_{xx}	MPa	xx-Eigenspannungskomponente
σ_{xy}	MPa	xy-Eigenspannungskomponente
σ_{xz}	MPa	xz-Eigenspannungskomponente
σ_{yy}	MPa	yy-Eigenspannungskomponente
σ_{yz}	MPa	yz-Eigenspannungskomponente
σ_{zz}	MPa	zz-Eigenspannungskomponente
φ	°	Untersuchungswinkel der Röntgendiffraktometriemessung
Ω_{erw}	1	Erweiterter Bereich
Ω_{fikt}	1	Fiktiver Bereich
Ω_{phys}	1	Physikalischer Bereich

Abkürzungen

CAM	Computer Aided Manufacturing
CM	Contour Method
E	Edge (Geometrievariante mit Platte an der Kante des Bauteils)
FCM	Finite Cell Method
FDM	Finite Difference Method
FEM	Finite Element Method
FF	Forschungsfrage
IPW	In-Process-Workpiece
KMG	Koordinatenmessgerät
L	links (Messstelle induzierte Eigenspannungen)
M	mittig (Messstelle induzierte Eigenspannungen)
MW	Mittelwert
O	Offset (Geometrievariante mit Platte mit Offset zur Kante des Bauteils)
OP	Fräsoperation

R	rechts (Messstelle induzierte Eigenspannungen)
RCD	Rotierendes Dynamometer
Sim.	Simulation
SV	Swept Volume
VP	Versuchspunkt
W-EDM	Drahterodieren (Engl.: Wire-EDM)
WBH	Wärmebehandlung
XFEM	extended Finite Element Method

1 Einleitung

Introduction

„COVID-19 ist der größte Schock seit dem 2. Weltkrieg.“ So ordnete die INTERNATIONAL AIR TRANSPORT ASSOCIATION (IATA) die COVID-19-Pandemie in ihrem Ausblick für den Luftverkehr und die Luftfahrtindustrie ein [IATA20b, S. 2]. Demnach habe die Pandemie dazu geführt, dass im Jahr 2020 die weltweit geflogenen Passagierkilometer um 66 % im Vergleich zum Vorjahr gesunken sind [IATA20a]. Dennoch erwarten die beiden größten Flugzeughersteller, AIRBUS und BOEING, bereits eine vollständige Erholung des Luftverkehrs zwischen 2023 und 2025 [AIRB22; BOEI22]. Darüber hinaus rechnet AIRBUS mit einem deutlichen Anstieg der Anzahl der sich weltweit in Betrieb befindlichen Flugzeuge von 22.880 im Jahr 2020 auf 46.930 im Jahr 2041 [AIRB22].

Neben dem prognostizierten Wachstum gilt es, die Klimaschutzziele „Flightpath 2050“ des ADVISORY COUNCIL FOR AVIATION RESEARCH AND INNOVATION IN EUROPE (ACARE) zu erfüllen. Bis zum Jahr 2050 soll unter anderem eine Reduzierung der CO_2 Emissionen um 75 % und der NO_X Emissionen um 90 % je Passagierkilometer erzielt werden. Die Angaben beziehen sich auf die Werte eines neuen Flugzeugs aus dem Jahr 2000. [ACAR11]

Eine Möglichkeit, diese Ziele zu erreichen, besteht in der Gewichtsreduzierung von Flugzeugen durch die Verwendung von dünnwandigen, integralen Bauteilen. Aus diesem Grund werden sowohl in Struktur- als auch in Triebwerksbauteilen der Luftfahrtindustrie zunehmend Titanlegierungen eingesetzt [PETE03, S. 420-422]. Vorteile von Titanlegierungen in der Luftfahrt sind neben der Gewichtseinsparung, erhöhte Einsatztemperaturen, Korrosionsresistenz und Kompatibilität mit Verbundwerkstoffen [BOYE96, S. 104]. Angesichts des Umstandes, dass die Verwendung von Verbundwerkstoffen deutlich zugenommen hat, ist insbesondere die Kompatibilität von Titanlegierungen mit ebenjenen von Bedeutung [GAO20, S. 5]. Bei der BOEING 737 machten Aluminiumlegierungen mit 81 % noch den Großteil des Strukturgewichts aus, während dieser Flugzeugtyp nur jeweils zu 3 % aus Titanlegierungen und Verbundwerkstoffen bestand. Bei der moderneren BOEING 787 sind es hingegen nur noch 20 % Aluminiumlegierungen und dafür 50 % Verbundwerkstoffe und 14 % Titanlegierungen [MOUR12, S. 7-8].

Eine häufig verwendete Titanlegierung im Flugzeugbau ist die α+β-Legierung Ti-6Al-4V [MOUR12, S. 215; CAMP06, S. 7; LÜTJ07, S. 7]. Für die Herstellung von dünnwandigen Strukturbauteilen werden unter anderem gewalzte Platten als Halbzeuge verwendet [LÜTJ07, S. 75–76; AIRB20, S. 45]. Bei der Halbzeugherstellung sowie bei der anschließenden Zerspanung führen thermische und mechanische Belastungen sowie metallurgische Veränderungen der Legierung zur Entstehung von Eigenspannungen im Werkstück [LÜTJ07, S. 76; SIM10, S. 447–450]. Diese Eigenspannungen befinden sich durch die Zerspanung nicht länger in einem Gleichgewichtszustand. Demzufolge kommt es zu einer Umverteilung der Eigenspannungen, welche Verzug des Werkstücks bedingen kann [GLAV10, S. 330; SIM10, S. 450].

Dieser eigenspannungsbedingte Bauteilverzug führt zu Form- und Maßabweichungen, welche Kosten verursachen können. Konsequenzen bei Nichteinhaltung von Toleranzen sind Nacharbeitsschritte, verlängerte Lieferzeiten, Schwierigkeiten bei anschließenden Montageschritten oder sogar Ausschuss [SIM10, S. 450]. So erhöhten sich beispielsweise die Kosten eines geschmiedeten Strukturbauteils aus Aluminium durch eigenspannungsbedingten Bauteilverzug von 42.000 US Dollar auf über 100.000 US Dollar [BOWD01b, S. 1]. Gemäß eines BOEING Reports von 2001 lagen die Kosten für verzugsbedingte Nachbearbeitung und Ausschuss für vier verschiedene Flugzeugprogramme insgesamt bei 290 Mio. US Dollar [BOWD01a].

Um zukünftig eigenspannungsbedingten Bauteilverzug als Kostentreiber zu reduzieren, ist es von entscheidender Bedeutung, die verschiedenen Mechanismen des eigenspannungsbedingen Bauteilverzugs zu verstehen. Diese Erkenntnisse können dann in Modelle überführt werden, die eine Vorhersage des eigenspannungsbedingten Verzugs ermöglichen. Nur auf Basis einer hinreichend genauen Vorhersage kann es zukünftig gelingen, durch eine systematische Anpassung der Prozessplanung eine Verzugsreduzierung zu erreichen. Vor diesem Hintergrund ist das übergeordnete Ziel dieser Arbeit die Modellierung und Vorhersage des eigenspannungsbedingten Bauteilverzugs bei der Fräsbearbeitung von dünnwandigen Bauteilen aus Ti-6Al-4V.

Introduction

Einleitung

"COVID-19 is the biggest shock to hit aviation since the second world war", is how the INTERNATIONAL AIR TRANSPORT ASSOCIATION (IATA) classified the COVID-19-pandemic in its outlook for the air transport and the airline industry [IATA20b, p. 2]. The pandemic had resulted in a 66 % shrunk of the worldwide passengers kilometers flown in 2020 [IATA20a]. The two largest aircraft manufacturers, AIRBUS and BOEING, both expect a full recovery in air traffic between 2023 and 2025 [AIRB22; BOEI22]. Furthermore, AIRBUS expects a significant increase in the number of aircraft in-service worldwide from 22,880 in 2020 to 46,930 in 2041 [AIRB22].

In addition to the forecast growth, the climate goals "Flightpath 2050" of the ADVISORY COUNCIL FOR AVIATION RESEARCH AND INNOVATION IN EUROPE (ACARE) must be met. Among other things, a 75 % reduction in CO_2 emissions and a reduction of 90 % NO_X emissions per passenger kilometer are to be achieved by the year 2050. The data refer to the emissions of a new aircraft from the year 2000. [ACAR11]

One way of achieving these goals is to reduce the weight of aircraft by using thin-walled integral components. For this reason, titanium alloys are increasingly being used in both structural and engine components in the aviation industry [PETE03, pp. 420-422]. The advantages of titanium alloys in aerospace are weight savings, increased operating temperatures, corrosion resistance and compatibility with composite materials [BOYE96, p. 104]. Considering the enormous increase in the use of composite materials, the compatibility of titanium alloys with these is of great importance [GAO20, p. 5]. In the BOEING 737, aluminum alloys still accounted for most of the structural weight (81 %), while this aircraft type was made up of only 3 % each of titanium alloys and composite. In the more modern BOEING 787, on the other hand, aluminum alloys now account for only 20 %, while composites account for 50 % and titanium alloys for 14 % [MOUR12, pp. 7-8].

A widely used titanium alloy in aircraft manufacturing is the α+β-alloy Ti-6Al-4V [MOUR12, p. 215; CAMP06, p. 7; LÜTJ07, p. 7]. Rolled plates are used as blanks for the production of thin-walled structural components [LÜTJ07, pp. 75-76; AIRB20, p. 45]. During the production of the blanks and during the subsequent machining, thermal and mechanical loads as well as metallurgical changes in the alloy lead to the generation of residual stresses in the workpiece [LÜTJ07, p. 76; SIM10, pp. 447-450]. These residual stresses are no longer in a state of equilibrium due to machining. As a result, a redistribution of residual stresses occurs, which can cause distortion of the workpiece [GLAV10, p. 330; SIM10, p. 450].

Part distortion may cause deviations in form and position of the part resulting in the failure of meeting the necessary tolerance requirements. As a consequence, time-consuming and cost-intensive running-in processes or manual reworking are necessary to meet these requirements [SIM10, p. 450]. For example, the cost of a forged structural aluminum component increased from $42,000 to more than $100,000 due to part distortion caused by residual stresses [BOWD01b]. According to a BOEING report from 2001, the total cost of rework and scrap due to part distortion for four different aircraft programs was $290 million [BOWD01a].

In order to reduce part distortion caused by residual stresses as a cost driver in the future, it is of crucial importance to understand the various mechanisms of residual stress generation. Furthermore, this knowledge can be transferred into models to enable the prediction of part distortion caused by residual stresses. Only based on a sufficiently accurate prediction, it is possible to achieve a reduction in distortion by systematically adapting the process planning in the future. Against this background, the overall objective of this work is to model and predict part distortion caused by residual stresses during the milling of thin-walled components made of Ti-6Al-4V.

2 Grundlagen und Stand der Technik

Fundamentals and State of the Art

In diesem Kapitel werden die Grundlagen und der Stand der Technik im Forschungsumfeld des eigenspannungsbedingten Bauteilverzugs dargelegt. Hierzu werden in Kapitel 2.1 Eigenspannungen und deren Entstehung für den Werkstoff Ti-6Al-4V erläutert. Kapitel 2.2 umfasst einen Überblick zu Erklärungsmodellen für den Bauteilverzug infolge von Eigenspannungen. In Kapitel 2.3 werden verschiedene Vorhersagemodelle für den eigenspannungsbedingten Bauteilverzug vorgestellt. Kapitel 2.4 legt Grundlagen der Finite Cell Method (FCM) dar. Abschließend wird in Kapitel 2.5 ein Zwischenfazit gezogen und die Defizite bezogen auf den Stand der Technik abgeleitet.

2.1 Eigenspannungen und deren Entstehung

Residual Stresses and their Origin

Das folgende Kapitel befasst sich mit der Definition und den Entstehungsmechanismen von initialen Eigenspannungen bei der Halbzeugherstellung von Ti-6Al-4V und von induzierten Eigenspannungen bei der Fräsbearbeitung von Ti-6Al-4V. Abschließend werden Verfahren zur Messung von Eigenspannungen vorgestellt.

2.1.1 Definition und Entstehungsmechanismen in der zerspanenden Bearbeitung

Definition and Formation Mechanisms in Cutting Operations

Als Eigenspannungen werden in der Mechanik Spannungen bezeichnet, die in einem statischen, abgeschlossenen System existieren. Abgeschlossen bedeutet, dass keine äußeren Belastungen in Form von Kräften und Momenten auf das System einwirken, sodass sich die Eigenspannungen im Inneren in einem mechanischen Gleichgewichtszustand befinden [KLOO79, S. 295; WOLF73, S. 761]. Sie entstehen durch Deformationsinkompatibilitäten zwischen verschiedenen Regionen innerhalb eines Werkstoffs oder einer Komponente, die durch den Herstellungsprozess und die damit verbundenen heterogenen Veränderungen der Struktur eingebracht werden [WITH07, S. 2213]. Ein Beispiel für eine solche Deformationsinkompatibilität ist die unterschiedliche Verformung des Werkstoffs in der Randzone und im Kern durch äußere mechanische Einwirkung, bspw. durch einen Zerspanungsprozess [KLOC08, S. 36 f.].

Typischerweise werden Eigenspannungen je nach Größenordnung bzw. Längenskala, über die sie wirken, in drei Arten eingeteilt [WITH01, S. 355]: Eigenspannungen I. Art werden auch Makroeigenspannungen genannt, da sie sich über mehrere Körner innerhalb eines Werkstoffs näherungsweise homogen verhalten. Sobald in einem Körper diese Eigenspannungen vorliegen und das Kräfte- und Momentengleichgewicht gestört wird, kommt es immer zu makroskopischen Maßänderungen bis sich wieder ein Gleichgewicht einstellt. Unter Mikroeigenspannungen werden sowohl die Eigenspannungen II. als auch III. Art zusammengefasst. Die Eigenspannungen II. Art sind dabei über ein Korn bzw. Kornbereiche näherungsweise homogen. Bei einer

Störung des Gleichgewichtszustands, der sich über hinreichend viele Körner einstellt, kann es zu makroskopischen Maßänderungen kommen. Eigenspannungen III. Art sind selbst über kleinste Abschnitte (z. B. einige Atomabstände) inhomogen, wodurch sich nur über Teile eines Korns ein Gleichgewicht einstellen kann. Bei Eingriff in dieses Gleichgewicht wird, anders als bei Eigenspannungen I. und II. Art, keine makroskopische Veränderung verursacht. In technischen Werkstoffen liegen diese idealisierten Eigenspannungszustände immer überlagert vor. Abbildung 2.1 stellt eine solche Überlagerung beispielhaft dar. [WITH01, S. 355]

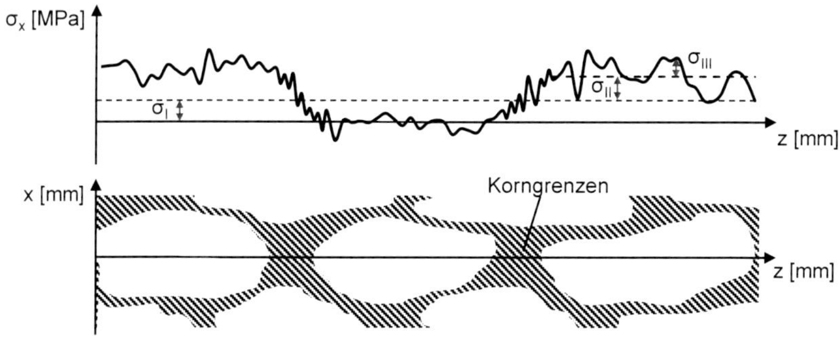

Abbildung 2.1: Eigenspannungen I.-III. Art nach [WOLF73, S. 761]
Residual stresses type I-III

Bei der Entstehung von Eigenspannungen in der zerspanenden Bearbeitung unterscheidet KLOOS metallurgische, thermische und mechanische Mechanismen. Die verschiedenen Entstehungsmechanismen treten selten alleine auf, da Wechselwirkungen zwischen den Mechanismen existieren [KLOO79, S. 300]. Für metallische Werkstoffe sind diese Wechselwirkungen zwischen den drei Zuständen in Abbildung 2.2 dargestellt.

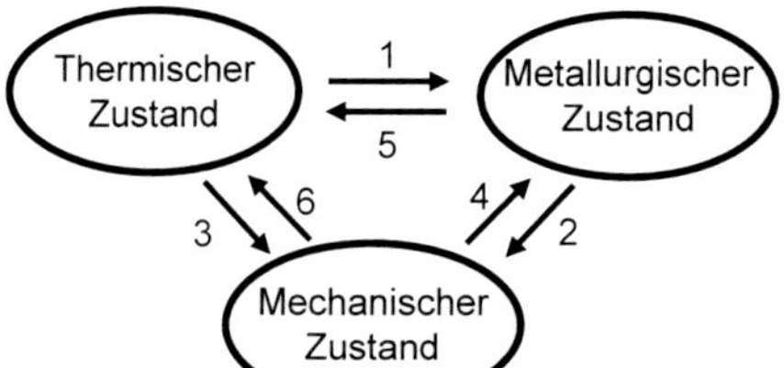

1) Temperaturbedingte Phasenumwandlung
2) Längenänderung infolge Phasenumwandlung
3) Wärmedehnung
4) Spannungsinduzierte Phasenumwandlung
5) Reaktionswärme
6) Umwandlung von Verformungsenergie in Wärmeenergie

Abbildung 2.2: Wechselwirkungen der verschiedenen Entstehungsmechanismen [KLOO79, S. 300]
Interactions of the various formation mechanisms

HABSCHIED et al. benennen die gleichen Entstehungsmechanismen und Wechselwirkungen. Demnach bedingt die bei der mechanischen Bearbeitung entstehende Reibungswärme eine thermische Komponente, die wiederum zu einer chemischen Veränderung in Form einer Phasenumwandlung führen kann [HABS15, S. 115]. Eigenspannungen durch mechanische Mechanismen entstehen, wenn es zu inhomogener plastischer Verformung eines Werkstücks kommt [HABS15, S. 116]. Bei der Fräsbearbeitung wird durch die wirkenden Prozesskräfte die Randzone elastisch-plastisch verformt, sodass Druckeigenspannungen entstehen [HABS15, S. 115]. Definitionsgemäß werden Druckeigenspannungen mit einem negativen Vorzeichen vor dem Zahlenwert angegeben. Abbildung 2.3 zeigt, dass durch den Druck von außen die Randzone komprimiert wird und nach außen ausweichen will, daran jedoch durch das darunterliegende Material gehindert wird, sodass Druckeigenspannungen entstehen [GRIF01, S. 179].

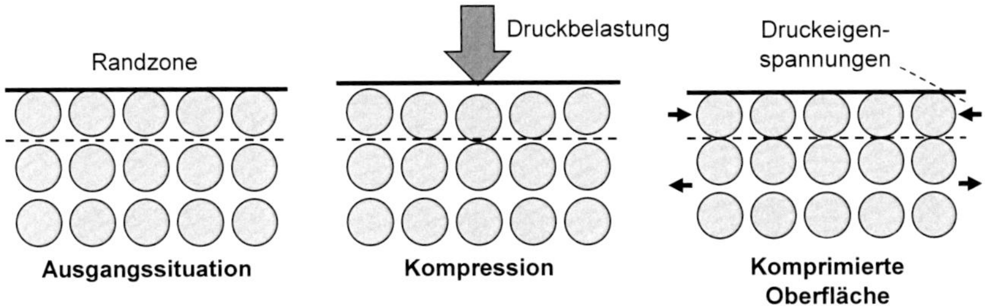

Abbildung 2.3: Mechanische Entstehung von Druckeigenspannungen [GRIF01, S. 79]
Mechanical origin of residual compressive stresses

Neben der rein mechanischen Belastung führt die Zerspanung auch zu einer Temperaturerhöhung in der Randzone, die durch Reibung und Verformungsarbeit bedingt wird [HABS15, S. 115]. Infolge der erhöhten Temperatur dehnt sich die Randzonenschicht aus und das Material beginnt plastisch zu fließen, sobald die Warmstreckgrenze erreicht wird. Nachdem der Werkstoff wieder auskühlt, zieht sich das Material an der Oberfläche zusammen und es entstehen Zugeigenspannungen in der Randschicht, die definitionsgemäß ein positives Vorzeichen vor dem Zahlenwert haben [GRIF01, S. 179]. In Abbildung 2.4 ist dieser Vorgang dargestellt.

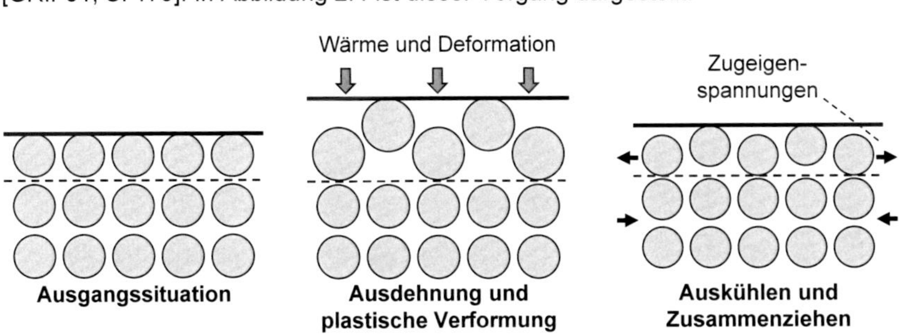

Abbildung 2.4: Thermische Entstehung von Zugeigenspannungen [GRIF01, S. 179]
Thermal origin of residual tensile stresses

Des Weiteren kann infolge der Temperaturerhöhung eine Phasenumwandlung ausgelöst werden, so z. B., wenn bei Stahl die Austenitbildungstemperatur erreicht wird und anschließend durch die erneute Martensitentstehung bei der Abkühlung Zugeigenspannungen entstehen [HABS15, S. 115]. Etwas allgemeiner lässt sich der Zusammenhang anhand des Verhaltens der Randschicht erklären, wie in Abbildung 2.5 dargestellt. In dem dargestellten Fall wird durch die Phasenumwandlung das Volumen der außenliegenden Kristalle verkleinert. Somit versucht sich die Randzonenschicht zusammenzuziehen, wird daran jedoch von dem darunterliegenden Ursprungswerkstoff gehindert. Dementsprechend entstehen in der Oberfläche Zugeigenspannungen. Der umgekehrte Effekt tritt dann ein, wenn sich das Volumen durch die Phasenumwandlung vergrößert. Es hängt also vom verwendeten Werkstoff ab, ob Zug- oder Druckeigenspannungen aus der Phasenumwandlung resultieren. [GRIF01, S. 179]

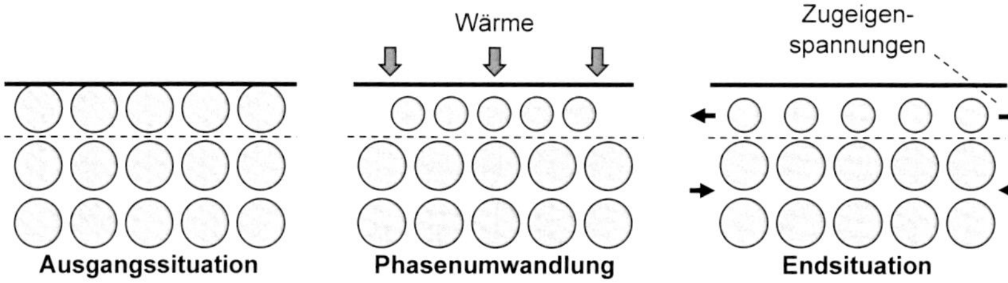

Abbildung 2.5: Chemische Entstehung von Zugeigenspannungen [GRIF01, S. 179]
Chemical origin of residual tensile stresses

2.1.2 Initiale Eigenspannungsentstehung bei der Halbzeugherstellung von Ti-6Al-4V

Initial Residual Stress Generation in Raw Part Production of Ti-6Al-4V

Eigenspannungen werden im Folgenden, analog zum in der Literatur verbreiteten Ansatz, in initiale und induzierte Eigenspannungen unterteilt [LI17]. Initiale Eigenspannungen sind die Eigenspannungen, die bereits vor der Fräsbearbeitung durch die Halbzeugherstellung im Werkstück vorliegen. Induzierte Eigenspannungen sind definiert als die Eigenspannungen, die durch die zerspanende Bearbeitung eingebracht werden.

Wie bereits in Kapitel 1 erläutert, werden für die Herstellung von Strukturbauteilen aus Ti-6Al-4V häufig warmgewalzte Platten als Halbzeuge verwendet. Im Folgenden wird daher ausschließlich der Herstellungsprozess von diesen dargelegt. In einem ersten Schritt wird ein vorbereiteter Schmiedeblock zu einer Bramme gewalzt. Diese Bramme wird anschließend weiteren Walzvorgängen unterzogen, bis die gewünschte Plattendicke erreicht ist. Daraufhin wird eine Wärmebehandlung, im Falle von Ti-6Al-4V häufig das „mill-annealing" – zu Deutsch „Walzwerksglühen" – durchgeführt, bei dem es sich weniger um ein klassisches Glühen, sondern mehr um ein Spannungsarmglühen handelt. Der resultierende Plattenzustand und damit auch der initiale Eigenspannungszustand kann dabei je nach verwendeter Temperatur und Haltezeit variieren. [LÜTJ07, S. 76]

Neben dem „mill-annealing“ werden je nach Anforderungen an die Legierung noch drei weitere Wärmebehandlungen durchgeführt: „Recristallize-annealing“ (zu Deutsch: Rekristallisierungsglühen), „beta-annealing“ (zu Deutsch: Betaglühen) und „solution treatment and aging“ (zu Deutsch: Lösungsglühen und Altern). Je nach Wärmebehandlung unterscheiden sich die Anzahl der Erwärmungen, die Temperaturen, die Haltezeiten und die Abkühlbedingungen. Somit verändern sich auch die mechanischen Eigenschaften und die initialen Eigenspannungen des Werkstoffs. [BOYE96, S. 106]

Zur Entstehung von initialen Eigenspannungen bei der Halbzeugherstellung von Ti-6Al-4V finden sich in der Literatur insbesondere Studien zur additiven Fertigung oder zum Schweißen [BORU19; FRAN09; LEVK19; MART16; MEHD16; MISH17]. Nur einige wenige Studien haben sich mit dem Einfluss der Wärmebehandlung oder der Eigenspannungen in gewalzten Komponenten befasst [FRAM20; RAE20; RAE18]. Diese drei zuletzt genannten Studien zum Walzen werden nachfolgend im Detail diskutiert.

Rae und Rahimi untersuchten in einer Studie die Entstehung von initialen Eigenspannungen von Ti-6Al-4V bei verschiedenen Wärmebehandlungen aus dem Bereich des Spannungsarmglühens mittels modellbasierter Vorhersage. Die Werkstoffeigenschaften wurden an Proben gemessen, die mittels Drahterodieren aus einer bei unter 950 °C gewalzten und an der Luft gekühlten Ti-6Al-4V Platte getrennt wurden. Als Ausgangszustand für die Simulation wurde ein Lösungsglühen bei 950 °C für 1 h mit anschließendem Wasserabschrecken verwendet. Anschließend wurden verschiedene Wärmebehandlungen zum Spannungsabbau simuliert. Während die Haltezeit konstant 1 h betrug, wurde die Temperatur zwischen 500 °C und 750 °C variiert. Nach der Wärmebehandlung wurde eine Luftabkühlung simuliert. Alle Ergebnisse weisen für abgeschreckte Werkstücke typische Verläufe der Eigenspannungen auf. Die Eigenspannungsprofile sind demnach „∩“-förmige Verläufe mit Zugeigenspannungen im Zentrum und Druckeigenspannungen an der Oberfläche des Werkstücks. Die Autoren folgern daraus, dass aus höheren Temperaturen der Wärmebehandlung geringere verbleibende Eigenspannungen resultieren. So lagen bei 500 °C die verbleibenden Eigenspannungen noch zwischen ca. -300 MPa und 180 MPa, während bei 750 °C fast keine Eigenspannungen mehr vorlagen. Abbildung 2.6 stellt die simulierten Eigenspannungsprofile über die Werkstückhöhe dar. Es gilt zu beachten, dass bei höheren Temperaturen reduzierte Festigkeiten aufgrund von Gefügeveränderungen auftreten können. Die Autoren empfehlen daher 650 °C für das Spannungsarmglühen, da damit ein guter Kompromiss zwischen Festigkeitseigenschaften und Eigenspannungen erzielt werden kann. Zudem soll erwähnt werden, dass bei der Simulation metallurgische Effekte vernachlässigt wurden. Das Spannungsabbauverhalten von Ti-6Al-4V sei abhängig von der Fertigungshistorie und selbst bei ähnlichen initialen Mikrostrukturen wurden von verschiedenen Studien deutliche Unterschiede im Spannungsabbau nachgewiesen. Des Weiteren fehlt eine experimentelle Validierung der Ergebnisse mittels Eigenspannungsmessung. [RAE20]

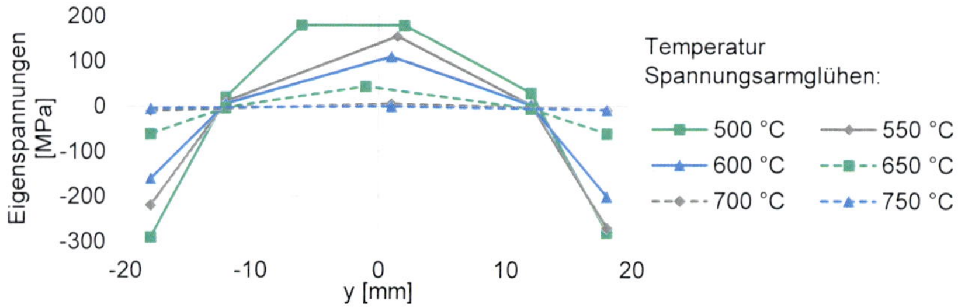

Abbildung 2.6: Initiale Eigenspannungen in Abhängigkeit von der Temperatur des Spannungsarmglühens über die Werkstückhöhe y [RAE20]
Initial residual stresses as a function of stress relief annealing temperature versus workpiece height y

In einer Studie von FRAME et al. wurden verschiedene Wärmebehandlungen an Ti-6Al-4V in einem nicht genauer spezifizierten geglühten Ausgangszustand durchgeführt. Zwei verschiedene Lösungsglühprozesse mit anschließendem Wasserabschrecken wurden ausgewählt. Die erste Wärmebehandlung lag mit 970 °C unterhalb der β-Transus-Temperatur von ca. 995 °C und die Zweite mit 1000 °C oberhalb. Bei Eigenspannungsuntersuchungen an der Oberfläche mittels Röntgendiffraktometrie wurden für beide Wärmebehandlungen Druckeigenspannungen gemessen. Die Wärmebehandlung bei höherer Temperatur führte zu größeren Druckeigenspannungen von ca. -270 MPa im Vergleich zu ca. -170 MPa bei niedrigerer Temperatur. Sowohl für die Variante, bei der zuvor auf 1000 °C erhitzt wurde, als auch für die, bei der auf 970 °C erhitzt wurde, ist ein Spannungsarmglühen durchgeführt worden. Dabei wurden die Werkstücke auf 550 °C erhitzt und für 6 h bei dieser Temperatur gehalten. Auch diese Proben wurden an der Oberfläche mittels Röntgendiffraktometrie hinsichtlich Eigenspannungen untersucht. Unabhängig von der Temperatur im ersten Wärmebehandlungsschritt wurden dabei deutlich geringere Druckeigenspannungen gemessen. Für die von 970 °C abgeschreckte Probe wurden statt ca. -160 MPa nach der erneuten Erwärmung noch ca. -5 MPa und bei der von 1000 °C abgeschreckten Probe statt ca. -260 MPa noch ca. -40 MPa gemessen. Je nach Position der Messungen kam es zu einer Variation der Ergebnisse. [FRAM20]

In einer weiteren Studie untersuchten RAE und RAHIMI die initiale Eigenspannungsverteilung an industriell warmgewalzten Platten aus Ti-6Al-4V, die bei ca. 950 °C umgeformt wurde. Die Eigenspannungsverläufe wurden mit einer Kombination aus der „Contour Method“ und Röntgendiffraktometrie untersucht. Das Ergebnis der Untersuchungen ist ein „M“-förmiger Verlauf mit Druckeigenspannungen von ca. -100 MPa an den Rändern und Zugeigenspannungen von maximal 58 MPa im Zentrum. Die Autoren verglichen die Ergebnisse mit den Untersuchungen von PRIME und HILL an kaltgewalztem Aluminium [PRIM02]. Die Verläufe der beiden Walzerzeugnisse ähneln sich bezüglich der Lage von Zug- und Druckeigenspannungen und weisen beide ein lokales Minimum im Zentrum auf. Die Autoren schließen aus diesen Ähnlichkeiten trotz der unterschiedlichen Prozesstemperaturen, dass der charakteristische Verlauf für Walzerzeugnisse wahrscheinlich in der plastischen Umformung während des Walzens seinen Ursprung hat. In der Studie wurde das warmgewalzte Ti-6Al-4V Werkstück ausgehend von dem industriell gewalzten Zustand einer Wärmebehandlung unterzogen. Diese bestand aus einer Erhitzung auf über 900 °C mit anschließender Luftabkühlung. Eine Haltezeit wird durch die Autoren nicht angegeben. Die Eigenspannungsmessungen wurden wieder mittels einer Kombination aus „Contour Method“ und Röntgendiffraktometrie durchgeführt. Im Verlauf ähnelt die wärmebehandelte Probe dem gewalzten Ausgangszustand. Sie weist ebenfalls Druckeigenspannungen an den Rändern, Zugeigenspannungen nahe dem Zentrum und ein lokales Minimum im Zentrum auf. Das Druckeigenspannungsmaximum ist mit -220 MPa stärker ausgeprägt als im Ausgangszustand. Diese stärkere Ausprägung ist auf der oberen Seite (y/t = 0) des Werkstücks zu erkennen und liegt wahrscheinlich in höheren Abkühlraten gegenüber denen des gewalzten Ausgangszustands begründet. Die Unterseite (y/t = 1) des Werkstücks weist geringere Eigenspannungen auf als die Oberseite. Die Autoren vermuten, dass an der Unterseite die Abkühlraten durch konduktive Kühlung geringer waren, da die Werkstücke dort durch Aufliegen nicht der Luft ausgesetzt waren. Aus den Ähnlichkeiten von Ausgangs- und wärmebehandeltem Zustand folgern sie, dass die Wärmebehandlung keinen vollständigen Abbau der Eigenspannungen aus dem Walzprozess bewirken konnte. Die Autoren geben zu bedenken, dass die Vergleichbarkeit der Ergebnisse nur untereinander gegeben ist, da die Werkstücke mittels Brennschneiden aus der Ursprungsplatte getrennt wurden. Dabei werden durch die erhöhten Temperaturen die Eigenspannungen in den Werkstücken beeinflusst. Eine Übertragbarkeit auf andere Studien ist somit nur bedingt gegeben. Abbildung 2.7 stellt die Eigenspannungsverläufe für den gewalzten unbehandelten und den gewalzten wärmebehandelten Zustand dar. [RAE18]

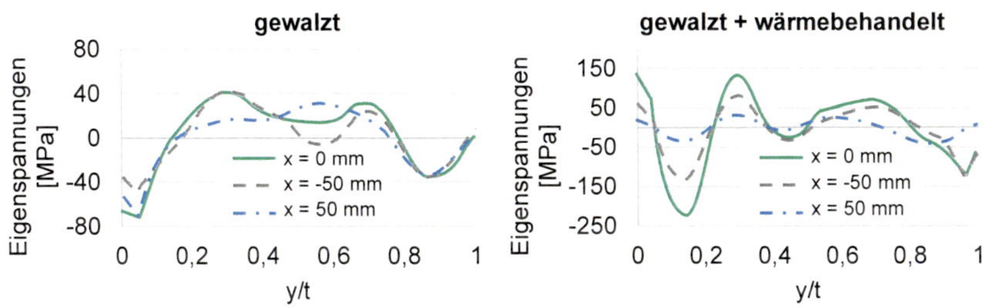

Abbildung 2.7: Initiale Eigenspannungen im Ausgangszustand (gewalzt) und nach der Wärmebehandlung über die relative Werkstückhöhe y/t an verschiedenen Positionen der Werkstückbreite x [RAE18]

Initial residual stresses in the initial state (rolled) and after heat treatment versus the relative workpiece height y/t at different positions of the workpiece width x

2.1.3 Induzierte Eigenspannungsentstehung bei der Fräsbearbeitung von Ti-6Al-4V

Induced Residual Stress Generation in Milling of Ti-6Al-4V

Induzierte Eigenspannungen sind Eigenspannungen, die infolge der zerspanenden Bearbeitung in das Werkstück eingebracht werden. In der Literatur finden sich widersprüchliche Aussagen bezüglich der Ausprägung von induzierten Eigenspannungen und des Einflusses von Prozessparametern auf diese Ausprägung bei der zerspanenden Bearbeitung von Titanlegierungen [NESP15, S. 20; ULUT11, S. 265]. NESPOR fasst in seiner Dissertation die Ergebnisse für die Legierung Ti-6Al-4V von verschiedenen Autoren zusammen [NESP15, S. 22]. Er teilt hierbei die Studien je nach untersuchtem Prozess in Kugelkopffräsen, Schaftfräsen und Drehen ein. Dargelegt werden die Einflüsse von Schnittgeschwindigkeit v_c, Zahnvorschub f_z bzw. Spanungsdicke h_{sp}, Spanwinkel γ, Schneidkantenrundung r_β, Schnitttiefe a_p, Arbeitseingriff a_e und Wechsel von Gleichlauf- zu Gegenlauffräsen. Die Zusammenfassung umfasst sowohl Informationen über die Ausprägung als auch die Richtung des Einflusses auf die Eigenspannungen. Abbildung 2.8 stellt die Zusammenfassung dar.

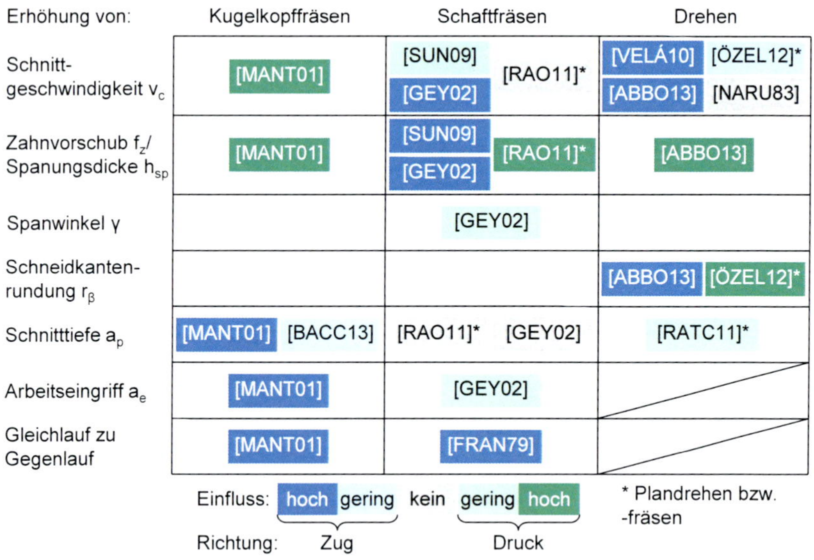

Abbildung 2.8: Relative Einflüsse der Prozess- und Werkzeugparameter auf die induzierten Eigenspannungen bei der Zerspanung von Ti-6Al-4V nach [NESP15, S. 22]

Relative influences of process and tool parameters on induced residual stresses in machining of Ti-6Al-4V

An diesem Beispiel wird bereits deutlich, wie unterschiedlich die Ergebnisse bei Veränderung eines Prozessparameters ausfallen können. So zeigten SUN und GEY jeweils, dass es bei Erhöhung des Zahnvorschubs f_z beim Fräsen mit Schaftfräser zu einer deutlichen Verschiebung der Eigenspannungen in Richtung Zug kommt, während RAO eine deutliche Verschiebung in Richtung Druckeigenspannungen maß [SUN09; GEY02; RAO11]. Auch für andere Prozesse bzw. Einstellgrößen lassen sich weitere Beispiele abweichender Ergebnisse finden.

Wie in Kapitel 2.1.1 beschrieben, können induzierte Eigenspannungen in der zerspanenden Bearbeitung auf mechanische, thermische und metallurgische Mechanismen zurückgeführt werden. NESPOR erläutert in seiner Dissertation, dass mehrere Autoren unabhängig voneinander gezeigt haben, dass bei der Zerspanung von Ti-6Al-4V keine Phasenumwandlungen stattfinden. Metallurgische Effekte können somit als Ursache von Eigenspannungen bei der Bearbeitung von Ti-6Al-4V ausgeschlossen werden. [NESP15, S. 20]

Hinsichtlich der thermomechanischen Werkstückbelastung unterteilt NESPOR in direkte mechanische, direkte thermische und indirekte thermische Effekte. Direkte mechanische Effekte treten beispielsweise beim Festwalzen durch Deformation des Gefüges und daraus resultierende Deformationsinkompatibilitäten auf. Direkte thermische Effekte können zum Beispiel bei Erwärmung durch einen Laser auftreten, wobei Deformationsinkompatibilitäten durch thermische Ausdehnung entstehen. Indirekte thermische Effekte liegen dann vor, wenn durch die erhöhte Temperatur Werkstoffeigenschaften, wie bspw. das Elastizitätsmodul, verändert werden. In der Folge werden die direkten mechanischen Effekte beeinflusst. Die resultierende Kurve des induzierten Eigenspannungsprofils unter der Werkstückoberfläche ergebe sich aus der Überlagerung der drei Effekte. Ob die jeweiligen Effekte dabei dominant oder vernachlässigbar sind, lasse sich tendenziell anhand der Profile erkennen. [NESP15, S. 82]

Für die Identifikation der dominanten bzw. vernachlässigbaren Effekte anhand des Eigenspannungsprofils unterscheidet NESPOR in Anlehnung an JACOBUS [JACO00] vier Fälle, die in Abbildung 2.9 dargestellt sind und wie folgt charakterisiert werden können [NESP15, S. 82f.]:

- **Fall 1:** Die Deformation resultiert aus der direkten mechanischen Belastung, während **direkte thermische Effekte vernachlässigbar** sind. In der Folge entstehen Druckeigenspannungen. Diese werden bei Überlagerung von indirekten thermischen Effekten etwas in Richtung Zug verschoben.
- **Fall 2:** Durch erhöhte Temperaturen bei der Zerspanung kommt es zu **direkten thermischen Effekten an der Oberfläche**. Der Eigenspannungswert an der Oberfläche kann sowohl im Zug- als auch im Druckbereich liegen. Er ist in jedem Fall größer als das Druckeigenspannungsmaximum, welches sich in größerem Abstand zur Oberfläche befindet. Mit zunehmendem Abstand zur Oberfläche nehmen die Eigenspannungen ab dem Druckeigenspannungsmaximum bis hin zum Wert der initialen Eigenspannungen ab.
- **Fall 3: Direkte thermische Effekte dominieren**. In der Folge entstehen Zugeigenspannungen.

- **Fall 4:** Es existiert kein relevanter thermischer Einfluss, sodass **direkte mechanische Effekte dominieren**. Dieser Fall trete etwa beim Festwalzen auf. Mit zunehmenden Walzdrücken verschiebe sich das Druckeigenspannungsmaximum in größere Tiefen unterhalb der Oberfläche, während an der Werkstückoberfläche eine Verschiebung der Eigenspannungen in Richtung Zug auftrete. Der positive Wert an der Oberfläche begründe sich durch zunehmende Oberflächenzerrüttung oder Rissbildung, während sich die Lage des Druckeigenspannungsmaximums aus der wirkenden HERTZ'schen Pressung ergebe. Bei dieser liegt das Vergleichsspannungsmaximum immer unterhalb der Werkstückoberfläche [BROS82, S. 424].

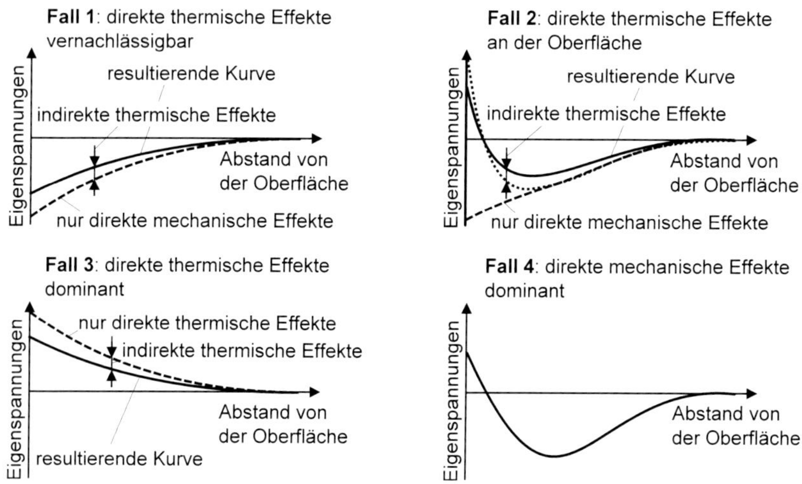

Abbildung 2.9: Eigenspannungsprofile in Abhängigkeit von der thermomechanischen Werkstückbelastung [JACO00; NESP15, S. 83]
Residual stress profiles as a function of the thermomechanical workpiece load

NESPOR untersuchte in seiner Dissertation unter anderem die Einflüsse des Kugelkopffräsens auf die Eigenspannungen bei der Rekonturierung von Ti-6Al-4V. Er beobachtet, dass bei Variation verschiedener Einstell- und Werkzeuggrößen, wie z. B. der Schnittgeschwindigkeit v_c, dem Anstellwinkel β und der Schneidkantenrundung r_β, primär Druckeigenspannungen unter der Oberfläche auftreten. Von 65 Eigenspannungsprofilen weisen 52 einen Verlauf ähnlich zu **Fall 1** auf. Direkte thermische Effekte seien somit in den meisten Fällen vernachlässigbar und die Eigenspannungen werden hauptsächlich durch direkte mechanische Effekte erzeugt. In 13 der 65 gemessenen Profile wurde ein Druckeigenspannungsmaximum mit etwas Abstand zur Oberfläche gemessen. Zur Klärung der Frage, ob diese Verläufe infolge direkter thermischer Effekte (**Fall 2**) oder infolge direkter mechanischer Effekte (**Fall 4**) aufgetreten sind, wurden weitere Versuche durchgeführt. Um thermische Effekte als Ursache der Eigenspannungen zu untersuchen, wurde die kritische Grenztemperatur T_{krit}

bestimmt, ab welcher Zugeigenspannungen durch thermische Belastung entstehen. Mittels eines analytischen Modells wurde für Ti-6Al-4V eine kritische Grenztemperatur von T_{krit} = 480 °C ermittelt. Das Modell wurde validiert, indem ein Werkstück aus Ti-6Al-4V mit einem Laser lokal erwärmt wurde und die oberflächennahen Eigenspannungen gemessen wurden. Für Ti-6Al-4V traten im Experiment ab ca. 600 °C Zugeigenspannungen auf. Es wurde somit gefolgert, dass das analytische Modell zur Bestimmung der minimalen Grenztemperatur geeignet sei. NESPOR erläutert, dass gemäß bestehenden Untersuchungen bei der Zerspanung von Titan allgemein Temperaturen von bis zu 1100 °C in der Kontaktzone auftreten können. Allerdings führe die schlechte Wärmeleitfähigkeit von Titan zu einem steilen Temperaturgradienten ab der Kontaktzone, sodass die theoretische Beeinflussungstiefe durch thermische Effekte bei maximal 5 µm liege. Des Weiteren zeigen sowohl seine als auch weitere Untersuchungen anderer Autoren, dass hauptsächlich Druckeigenspannungen nach der Titanzerspanung vorliegen. Außerdem sei die thermische Werkstückbelastung bei der Titanzerspanung nach Angaben der Literatur gering. Insgesamt schließt NESPOR daraus, dass es wahrscheinlicher ist, dass die Druckeigenspannungsmaxima durch direkte mechanische Effekte auftreten (**Fall 4**) und nicht durch direkte thermische Effekte (**Fall 2**). [NESP15, S. 85–94]

Im Anschluss an diesen Abschnitt zu den direkten thermischen Effekten beschäftigt sich NESPOR mit den direkten mechanischen Effekten (**Fall 4**). Diese seien nunmehr als Ursprung der 13 Profile mit Druckeigenspannungsmaximum unter der Oberfläche naheliegend. Er stellte fest, dass die Prozesskräfte nicht zur Beschreibung der Eigenspannungsentstehung bei der Rekonturierung mithilfe von Kugelkopffräsen geeignet sind. Die „oberflächengenerierenden Kräfte“ hingegen eignen sich zur Beschreibung der Eigenspannungen. Oberflächengenerierende Kräfte sind definiert als die Prozesskräfte, die sich den Spanungsgrößen (Spanungsdicke h_{sp} und Spanungsbreite b_{sp}) zuordnen lassen, die während der Oberflächengeneration wirken. Oberflächengeneration ist wiederum definiert als der Anteil des Zahneingriffs, bei dem ein Teil der finalen Oberfläche entsteht, welcher nicht durch nachfolgende Werkzeugumdrehungen oder Teilschnitte entfernt wird. Oberflächengenerierende Kräfte werden in der Arbeit von NESPOR auch beschrieben als „wirkende Prozesskräfte bezogen auf die finale Oberfläche“. Mithilfe der oberflächengenerierenden Kräfte in Kombination mit der Fläche, auf die diese Kräfte jeweils wirken, lasse sich der Eigenspannungswert des Druckeigenspannungsmaximums der Eigenspannungsprofile in guter Näherung bestimmen. Die Tiefe des Druckeigenspannungsmaximums lasse sich anhand der Gleichungen der HERTZ‘schen Pressung näherungsweise vorhersagen. Mithilfe dieser Methode gelang NESPOR eine gute Vorhersage des tendenziellen Verlaufs der Eigenspannungen bei der Rekonturierung von Ti-6Al-4V mittels Kugelkopffräsern. Zusammenfassend lässt sich festhalten, dass in den Untersuchungen von NESPOR beim Kugelkopffräsen von Ti-6Al-4V insbesondere direkte mechanische Effekte für die Entstehung von Eigenspannung verantwortlich sind (**Fall 1** und **Fall 4**), während direkte thermische Effekte vernachlässigbar sind. [NESP15, S. 94–138]

Für die Herstellung von Strukturbauteilen in der Luftfahrt wird häufig das Umfangsfräsen eingesetzt [WIMM20]. Beim Umfangsfräsen sind die Werkstücktemperaturen verglichen mit den Temperaturen beim Kugelkopffräsen höher [DENK14a, S. 356]. Fraglich ist, ob sich die Erkenntnis von NESPOR, dass vor allem mechanische Ursachen für die Entstehung von Eigenspannungen verantwortlich sind, während thermische Ursachen vernachlässigbar sind, vom Kugelkopffräsen auf das Umfangsfräsen übertragen lässt. In Anhang A.1 ist ein Überblick über einige Studien dargestellt, die induzierte Eigenspannungen beim Umfangsfräsen von Ti-6Al-4V untersucht haben. Demnach traten bei den Untersuchungen von YANG et al. [YANG16; YANG19b; YANG19a] Eigenspannungsprofile mit Ähnlichkeiten zu den Verläufen von **Fall 2** oder **Fall 4** auf. Die Oberflächenwerte lagen dabei je nach Versuchsparametern im Zug- oder Druckbereich. In einer Untersuchung von WIMMER et al. [WIMM20] wurden untypische Verläufe gemessen, die sich dem Schema aus Abbildung 2.9 nicht eindeutig zuordnen lassen. Während die Eigenspannungen in Vorschubrichtung größtenteils im Zugbereich liegen und Ähnlichkeiten zu **Fall 3** aufweisen, ähneln die Eigenspannungsprofile senkrecht zur Vorschubrichtung mehr **Fall 2** bzw. **Fall 4**, wobei sie vollständig im Druckbereich liegen. Im Gegensatz dazu wurden bei Untersuchungen von SUN und GUO [SUN09] sowie HUANG et al. [HUAN15b] ausschließlich Druckeigenspannungen an der Oberfläche gemessen.

Die Ergebnisse der vorgestellten Studien können nicht abschließend einem Fall aus Abbildung 2.9 zugeordnet werden. Insbesondere ist unklar, ob die Eigenspannungstiefenprofile dem **Fall 2** oder dem **Fall 4** angehören. Im **Fall 2** wären die lokalen Verschiebungen in Richtung Zug durch thermische Effekte und im **Fall 4** durch mechanische Effekte begründet. Weitere Untersuchungen von WIMMER et al. geben Aufschluss über die thermische Belastung des Werkstücks. In diesen Studien wurden die Temperaturen beim Umfangsfräsen von Ti-6Al-4V gemessen, wobei kein Kühlschmierstoff verwendet wurde. Es wurden dabei verschiedene Einstellungen bezüglich der Prozessparameter und der Werkzeuggeometrie untersucht. Die Temperaturmessung wurde mittels Thermoelemente durchgeführt. Die Werkstücke waren dafür so vorbereitet, dass die Thermoelemente direkt in die Scherzone integriert werden konnten. Die gemessenen Temperaturen lagen zwischen 106 °C und 206 °C. Die maximal gemessene Temperatur von 206 °C liegt somit unter der durch NESPOR bestimmten kritischen Temperatur von 480 °C, sodass in diesem Fall direkte thermische Effekte (**Fall 2**) ausgeschlossen werden können [NESP15, S. 85–94]. [WIMM19; WIMM21]

2.1.4 Verfahren zur Messung von Eigenspannungen
Methods for Measuring of Residual Stresses

Die Verfahren zur Messung von Eigenspannungen lassen sich in zerstörende und zerstörungsfreie Verfahren einteilen [SCHA13]. Die in dieser Dissertation verwendeten Verfahren sind die Röntgendiffraktometrie (zerstörungsfreies Verfahren) und die „Contour Method" (zerstörendes Verfahren). Im Folgenden werden diese beide Verfahren vorgestellt.

Röntgendiffraktometrie

Die Röntgendiffraktometrie gilt als das am häufigsten angewendete zerstörungsfreie Verfahren zur Messung von Eigenspannungen [BREI11]. Das Verfahren nutzt die

Beugung der Röntgenstrahlen an einzelnen Kristallgitterebenen zur Bestimmung der Gitterdehnungen, die durch Last- und Eigenspannungen verursacht werden. Mithilfe der Differenz der Gitterebenenabstände von eigenspannungsbehafteten und spannungsfreien Kristallen lässt sich die Gitterdehnung ermitteln, die wiederum proportional zur Eigenspannung ist [LU96]. Für die Messung von Eigenspannungen muss die Gitterdehnung in mindestens zwei, relativ zur Probenoberfläche exakt bekannten, Orientierungen gemessen werden. Über die BRAGG-Gleichung lässt sich der Abstand der Gitterebenen berechnen, woraus die Gitterdehnung resultiert. Aus dieser Dehnung lassen sich dann mit der $\sin^2\psi$-Methode die Eigenspannungen berechnen [DIN09]. Mittels der Röntgendiffraktometrie lassen sich bei metallischen Werkstoffen die Eigenspannungen bis zu einer Tiefe von 11 µm bestimmen [LU96]. Bei Messungen in tieferen Schichten muss der Werkstoff schichtweise abgetragen werden, wobei das Induzieren neuer Eigenspannungen in die Randzone vermieden werden sollte. Als beliebtes Verfahren hat sich hierzu das elektrochemische Abtragen etabliert. Durch die wiederholte Anwendung von Röntgendiffraktometrie und elektrochemisches Abtragen lassen sich Eigenspannungstiefenverläufe über die Bauteilrandzone messen Die Methode lässt sich insbesondere für die Messung von induzierten Eigenspannungen infolge eines Zerspanungsprozesses verwenden [BREI11].

Contour Method

Die „Contour Method" wurde 2011 von PRIME entwickelt. Bei dieser Methode wird ein Werkstück in der Mitte halbiert. Typischerweise wird der Schnitt durch Drahterodieren (W-EDM) erzeugt. Die Schnittflächen verformen sich in Schnittnormalenrichtung entsprechend den in dem Werkstück vorliegenden Eigenspannungen. Diese Verformungen werden taktil oder optisch gemessen und können zur Berechnung der Normalspannungen verwendet werden. Hierzu wird bspw. mithilfe eines FEM-Modells die invertierte Verformung auf eine Werkstückhälfte aufgebracht. Diese Berechnung liefert gemäß dem Superpositionsprinzip von BÜCKNER die ursprünglichen Eigenspannungen normal zur Schnittfläche. Das Funktionsprinzip der „Contour Method" ist in Abbildung 2.10 dargestellt. Im Vergleich zu anderen Methoden, bei denen die Eigenspannungen als 1D-Profil ermittelt werden, wird bei dieser Methode eine 2D-Kontur der Eigenspannungen berechnet. Die Methode ist somit sehr gut für die Messung von initialen Eigenspannungen in Halbzeugen geeignet. [PRIM01]

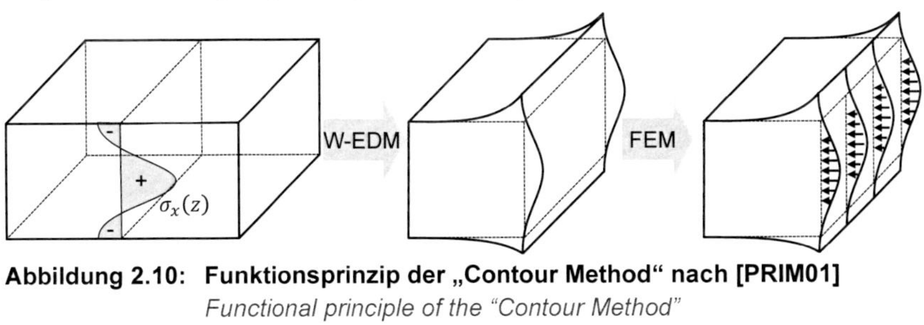

Abbildung 2.10: Funktionsprinzip der „Contour Method" nach [PRIM01]
Functional principle of the "Contour Method"

2.2 Eigenspannungsbedingter Bauteilverzug

Part Distortion Caused by Residual Stresses

In diesem Kapitel wird zunächst ein analytisches Erklärungsmodell zum eigenspannungsbedingten Bauteilverzug vorgestellt. Anschließend wird der Stand der Technik zum Einfluss von initialen und induzierten Eigenspannungen auf den Verzug von Bauteilen aus Ti-6Al-4V dargelegt.

2.2.1 Erklärungsmodell zum eigenspannungsbedingten Bauteilverzug

Explanatory Model for Part Distortion Caused by Residual Stresses

Verzug ist in diesem Kontext definiert als die elastische Verformung des Werkstücks, die sich infolge der im Werkstückinneren wirkenden Eigenspannungen einstellt. Es handelt sich demnach um eine Maßabweichung, die sich nicht durch Fehlmaterial bzw. Überschuss auszeichnet, sondern durch Form- und Lageabweichungen. [SIM10, S. 450]

Zur Beschreibung des Effekts der Eigenspannungen auf das Werkstück liefert die Balkentheorie mit der Biegelinie einen analytischen Erklärungsansatz. Die Ausgangsgleichung zur Bestimmung der Durchbiegung ist die Differentialgleichung der Biegelinie 2. Ordnung:

$$EI_y w''(x) = -M_y(x) \tag{1}$$

In dieser Gleichung beschreibt E das Elastizitätsmodul, I_y das Flächenträgheitsmoment 2. Ordnung bezüglich der y-Achse, $w''(x)$ die Veränderung des Neigungswinkels der Tangente an der Biegelinie an der Position x und $M_y(x)$ das Moment um die y-Achse an der Position x. Durch einmalige Integration lässt sich hieraus die Funktion für die Neigung der Tangente an der Biegelinie w'(x) und durch zweimalige Integration die Biegelinie w(x) bestimmen. Die zwei Integrationskonstanten können aus den kinematischen Randbedingungen bestimmt werden. [HOLZ12, S. 144]

In Abbildung 2.11 ist ein konkretes Beispiel für einen einseitig eingespannten Biegebalken dargestellt, der an der Oberfläche zerspanend bearbeitet wurde und dadurch Eigenspannungen in der Randzone aufweist.

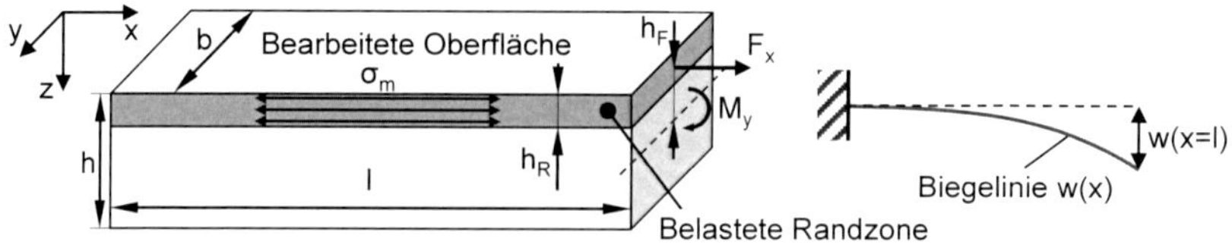

Abbildung 2.11: Beispiel der Biegelinie eines eingespannten Biegebalkens nach [DREI18, S. 58]

Example of the bending line of a clamped bending beam

Der Betrag dieser Eigenspannungen sei über die Tiefe der beeinflussten Randzone h_R konstant σ_m. Somit resultiert in der Mitte der Tiefe der beeinflussten Randzone eine Kraft F_x in x-Richtung mit:

$$F_x = \int_0^b \int_0^{h_R} \sigma_m \, \mathrm{d}z \, \mathrm{d}y = \sigma_m h_R b \tag{2}$$

Das resultierende Moment M_y ergibt sich durch den Abstand h_F zwischen dem Angriffspunkt der resultierenden Kraft F_x und der neutralen Faser des Werkstücks:

$$M_y = -F_x h_F = -\sigma_m h_R b h_F \tag{3}$$

Somit ergeben sich folgende Differentialgleichungen der Biegelinie:

$$EI_y w''(x) = -M_y \tag{4}$$

$$EI_y w'(x) = -M_y x + c_1 \tag{5}$$

$$EI_y w\,(x) = \frac{-M_y x^2}{2} + c_1 x + c_2 \tag{6}$$

Da für die eingespannte Seite sowohl Verdrehung als auch Verschiebung des Balkens durch die Einspannungen verhindert werden, ergeben sich folgende kinematische Randbedingungen:

$$w'(x = 0) = 0 \tag{7}$$

$$w\,(x = 0) = 0 \tag{8}$$

Die Integrationskonstanten c_1 und c_2 ergeben sich somit zu null. Das Flächenträgheitsmoment 2. Ordnung bezüglich der y-Achse I_y lautet wie folgt:

$$I_y = \frac{bh^3}{12} \tag{9}$$

Somit ergibt sich die Biegelinie insgesamt zu:

$$w(x) = \frac{-M_y x^2}{2EI_y} = \frac{\sigma_m h_R b h_F x^2}{2E\frac{bh^3}{12}} = \frac{6\,\sigma_m h_R h_F x^2}{Eh^3} \tag{10}$$

Abbildung 2.12 zeigt ein Beispiel für einen in der Realität möglichen Eigenspannungsverlauf infolge zerspanender Bearbeitung. Da die realen Eigenspannungsverläufe nicht einen konstanten Wert annehmen, muss über den Verlauf der Eigenspannung integriert werden, um eine resultierende Kraft zu bestimmen:

$$F_x = \int \sigma_x(z) \mathrm{d}A \tag{11}$$

Der Abstand zum Angriffspunkt dieser Kraft berechnet sich wie folgt:

$$h_F = \frac{\int \sigma_x(z) h_F(z) \mathrm{d}A}{\int \sigma_x(z) \mathrm{d}A} \tag{12}$$

Demnach entsteht das resultierende Moment M_y zu:

$$M_y = F_x h_F \tag{13}$$

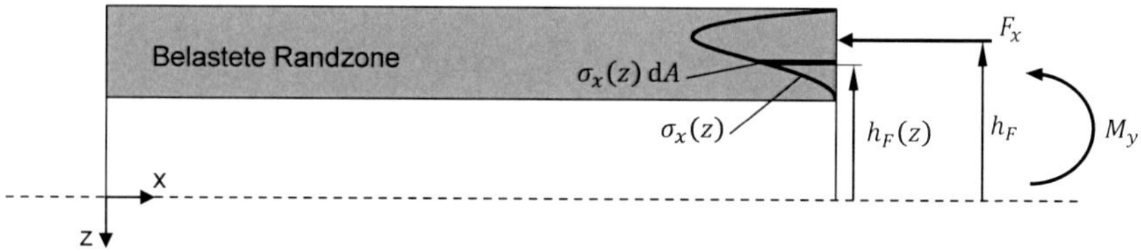

Abbildung 2.12: Bestimmung des Biegemoments anhand eines exemplarischen Eigenspannungsverlaufs [MADA18, S. 974]
Determination of the bending moment using an exemplary residual stress curve

Es sei erwähnt, dass sich analog zu dem in Abbildung 2.12 dargestellten induzierten Eigenspannungsverlauf und dem daraus resultierenden Biegemoment auch aus initialen Eigenspannungen Biegemomente ergeben können, wenn durch die zerspanende Bearbeitung und die damit einhergehende Materialabnahme das bestehende Gleichgewicht gestört wird. In realen Bauteilen liegen initiale und induzierte Eigenspannungen gemeinsam vor, sodass es zur Superposition der beiden Eigenspannungsarten kommt.

2.2.2 Einfluss von initialen und induzierten Eigenspannungen auf den Verzug von Bauteilen aus Ti-6Al-4V

Influence of Initial and Induced Residual Stresses on the Distortion of Parts made of Ti-6Al-4V

Aus dem Erklärungsmodell zum eigenspannungsbedingten Verzug aus Abschnitt 2.2.1 erschließt sich, dass sowohl initiale als auch induzierte Eigenspannungen Verzug verursachen können. Inwiefern eine der beiden Eigenspannungsarten in ihrem Effekt die andere überwiegt, ist von verschiedenen Faktoren abhängig. Nachfolgend werden einige Studien vorgestellt, die sich mit diesen Effekten beschäftigten.

In einer Studie von YANG et al. wurden die Haupteffekte von eigenspannungsbedingtem Verzug im Hinblick auf die zugrundeliegenden Eigenspannungsarten für die Titanlegierung Ti-6Al-4V untersucht. Die Halbzeuge wurden einer Glühbehandlung unterzogen, zu der keine Angaben hinsichtlich Haltezeiten, Temperaturen oder Abkühlbedingungen gegeben sind. Diese Glühbehandlung wurde mittels der Finite-Elemente-Methode (FEM) in einer Simulation analysiert, um die entstandenen initialen Eigenspannungen zu bestimmen. Validiert wurde die Simulation durch eine Eigenspannungsmessung bestehend aus einer Kombination der „Layer Removal Method“ und der Röntgendiffraktometrie. Die Simulation und das Experiment zeigten eine gute Übereinstimmung, sodass die simulierten initialen Eigenspannungen für die weitere Analyse verwendet wurden. Die induzierten Eigenspannungen wurden im FEM-Modell nicht direkt modelliert, sondern durch das thermo-mechanische Lastkollektiv, bestehend aus Kraft und Temperatur, eingebracht. Dieses thermomechanische Lastkollektiv wurde in vorangegangen Fräsexperimenten bestimmt. Sowohl die initialen Eigenspannungen als auch die Schnittlasten wurden als Input für ein zweistufiges FEM-Modell verwendet. Die erste Stufe bestand aus der Simulation des Fräsprozesses im eingespannten Zustand und die zweite Stufe bildete das Lösen der Einspannung und den Verzug des Bauteils ab. Um die Effekte der jeweiligen Eigenspannungsarten trennen zu können, wurde die Simulation für verschiedene Lastzustände (nur initial, nur induziert und kombiniert) wiederholt. Der Zerspanungsprozess wurde durch die „element deactivation method“ (häufig auch „concept of element death“ [WANG18], „active and deactive method“ [YANG14] oder „birth and death“ [LI17] genannt) abgebildet. Nähere Erläuterungen zu dieser Methode folgen in Abschnitt 2.3.2. Bei alleiniger Betrachtung der initialen Eigenspannungen fiel der Verzug in der Simulation mit einem Maximalwert von 0,186 µm deutlich geringer aus als der Verzug infolge des thermo-mechanischen Lastkollektivs mit einem Maximalwert von 41,7 µm. Bei gemeinsamer Betrachtung ergab sich ein Maximalwert von 43,7 µm. Die Simulationsergebnisse wurden experimentell validiert. Dafür wurde das Werkstück in Form eines vereinfachten Strukturbauteils aus einem entsprechend geglühten Halbzeug durch einen Fräsprozess hergestellt, welches mit Werten zwischen 6 MPa und 11 MPa nur geringe initiale Eigenspannungen aufwies. Sowohl die Position als auch der Wert des Maximums des Bauteilverzugs stimmten dabei gut mit den Ergebnissen aus den Simulationsreihen überein, in denen das thermo-mechanische Lastkollektiv enthalten war. Die Autoren folgern daraus, dass bei der Fräsbearbeitung von Ti-6Al-4V hauptsächlich das thermo-mechanische Lastkollektiv – also implizit die induzierten Eigenspannungen – für die Entstehung von Bauteilverzug verantwortlich sei. Gegen dieses Fazit ist einzuwenden, dass die Autoren in ihrer Studie lediglich einen Prozess und eine Geometrie betrachten. Der Einfluss von Eingangsgrößen wie unterschiedlichen Wärmebehandlungen, Bauteilsteifigkeiten und Prozessparametern ist daher nicht bekannt. Des Weiteren wurde ein Ausgangszustand verwendet, der nur geringe initiale Eigenspannungen aufwies, sodass deren Einfluss entsprechend gering ausfiel. [YANG14]

WANG et al. befassten sich in einer Studie mit dem eigenspannungsbedingten Bauteilverzug bei der Herstellung eines Triebwerkgehäuses aus Ti-6Al-4V. Sie inkludierten dabei den gesamten Herstellungsprozess bestehend aus mehrstufigem Schmieden, Ringwalzen, Wärmebehandlung und zerspanender Bearbeitung mittels Drehen und Bohren. Der erste Schmiedeprozess bestand aus den Schritten Stauchen und Stanzen. Beide Schritte wurden in einem achsensymmetrischen, zweidimensionalen FEM-Modell in der Software DEFORM modelliert. Das anschließende Ringwalzen wurde ebenfalls in DEFORM modelliert, allerdings als dreidimensionales FEM-Modell. Zuletzt wurde auch die Wärmebehandlung bestehend aus 800 °C bei einer Haltezeit von 1-2 h mit anschließender Luftabkühlung in DEFORM simuliert. Die induzierten Eigenspannungen infolge des Drehprozesses wurden mithilfe der FEM-Software AdvantEdge simuliert. Dabei wurden der Außen- und der Innendrehprozess getrennt betrachtet. Die simulierten Eigenspannungsprofile wurden anschließend experimentell anhand des Bohrlochverfahrens validiert. Die Ergebnisse ähnelten sich bezogen auf den qualitativen Verlauf, wiesen aber Unterschiede in den Beträgen insbesondere in größeren Eindringtiefen auf. Die Autoren vermuten, dass Unsicherheitsfaktoren wie Vibrationen, ungleichmäßige Werkstoffeigenschaften und Messfehler diese Fehler bedingt haben könnten. Für die Simulation des Verzugs wurde ein achsensymmetrisches, zweidimensionales FEM-Modell verwendet. Die initialen Eigenspannungen aus der Simulation von Schmieden, Ringwalzen und Wärmebehandlung wurden als Input für dieses Modell verwendet. Der Zerspanungsprozess wurde auch in dieser Untersuchung durch die „Element deactivation method“ abgebildet. Beide Eigenspannungsarten wurden im Modell implementiert. Für die Simulation des Drehprozesses wurden zwei verschiedene Bearbeitungsreihenfolgen ausgewählt. Durch die optimierte Bearbeitungsreihenfolge erhofften sich die Autoren eine bessere Kontrollierbarkeit des Verzugs durch eine frühzeitigere Freisetzung eines Großteils der Formänderungsenergie. Es könne so noch ein ausreichendes Aufmaß vorgesehen werden, um den entstandenen Formfehler zu korrigieren. Hinsichtlich des Anteils der jeweiligen Eigenspannungsarten an dem Bauteilverzug halten die Autoren fest, dass es mit der Entfernung des letzten von insgesamt sieben vorab definierten Segmenten zu einem starken Anstieg des relativen Einflusses der induzierten Eigenspannungen kommt. Insgesamt seien 47,1 % des finalen Verzugs auf induzierte Eigenspannungen zurückzuführen. In den vorherigen Zerspanungsschritten lag der Anteil der induzierten Eigenspannungen am Verzug meist unter 10 %. Die Autoren konstatieren, dass sowohl initiale als auch induzierte Eigenspannungen den Verzug beeinflussen. Zu Beginn des Prozesses dominieren die initialen Eigenspannungen in ihrem Effekt. Mit fortschreitendem Prozess nimmt die Steifigkeit des Werkstücks ab und die induzierten Eigenspannungen gewinnen an Wichtigkeit. Für den Bohrprozess wurden ebenfalls drei verschiedene Bearbeitungsabfolgen definiert. Auch in diesem Fall eigne sich die Abfolge, bei der frühzeitig viel Formänderungsenergie freigesetzt wird, um einen möglichst kontrollierten Prozess zu generieren. Die Simulation wurde durch die Herstellung eines Gehäuses basierend auf den optimierten Prozessabfolgen validiert. Das Verzugsverhalten ähnelte dabei dem Verhalten der Simulation bei der Entfernung der einzelnen Segmente. Die Autoren behaupten, dass durch die frühzeitige Verformung dem Formfehler im realen Prozess entgegengewirkt werden könne, sodass insgesamt ein geringerer Verzug als in der Simulation erzielt wurde. Bei dieser Überlegung beachteten die Autoren nicht, dass ggf. auch in der nicht optimierten Prozessabfolge der Verzug geringer ausfallen könnte als durch die Simulation vorhergesagt. Da die Validierung nur anhand einer Prozessroute durchgeführt wurde, ist nicht auszuschließen, dass die Simulation den Verzug generell überschätzen könnte. Des Weiteren zeigt sich bei Betrachtung der gefertigten Geometrie, dass eine kollisionsfreie Bearbeitung in einer einzigen Einspannung nicht möglich war. Die Veränderung der Bearbeitungsreihenfolge könnte somit zu einem Umspannen des Werkstücks geführt haben, dessen Einfluss auf den resultierenden Verzug aber nicht erfasst wurde. [WANG18]

In einer Studie von ZHANG et al. wurde der Verzug von dünnwandigen Bauteilen aus Ti-6Al-4V infolge von induzierten Eigenspannungen untersucht. Hierzu stellten die Autoren ein analytisches Modell auf, welches eine Berechnung der mittleren induzierten Eigenspannungen anhand von gemessenen Verzügen ermöglicht. Um den Einfluss der initialen Eigenspannungen so gering wie möglich zu halten, wurden die Proben einer Glühbehandlung unterzogen. Die initialen Eigenspannungen wurden dementsprechend im Modell nicht berücksichtigt. Es wurden dünnwandige, wärmebehandelte Platten einseitig plangefräst und die resultierenden Verzüge gemessen. Diese Verzugsmessungen dienten als Input für das analytische Modell, sodass die mittleren induzierten Eigenspannungen bestimmt werden konnten. Dafür wurde eine Annahme über die Wirktiefe der induzierten Eigenspannungen basierend auf bekannten Wirktiefen aus der Literatur getroffen. Diese Annahme wurde mittels einer Untersuchung der gefrästen Proben mithilfe der Röntgendiffraktometrie überprüft. Dazu wurde der Fehler bestimmt, den das Modell bezüglich der Vorhersage der induzierten Eigenspannungen bedingt, wenn entweder die gemittelten Literaturwerte oder die realen Wirktiefen verwendet werden. Die gemittelten Eigenspannungen wurden für zwei verschiedene Fräsprozesse bestimmt, die sich hinsichtlich des Zahnvorschubs unterschieden. Diese gemittelten induzierten Eigenspannungen dienten als Input für ein FEM-Modell zur Vorhersage des Verzugs. In diesem wurden in der FEM-Software ABAQUS die induzierten Eigenspannungen als Last auf die Geometrie des Bauteils aufgebracht. Dieses FEM-Modell wurde anhand zwei verschiedener Geometrien validiert: Einer dünnwandigen Platte und einer vereinfachten Schaufelgeometrie. Für beide Geometrien wurde eine gute Übereinstimmung bezüglich Form und Ausprägung der gemessenen mit den simulierten Verzügen nachgewiesen. Für die dünnwandige Platte wurden beide Fräseinstellungen verwendet. Dabei zeigte sich, dass die Unterschiede in den mittleren induzierten Eigenspannungen durch die verschiedene Wahl des Zahnvorschubs auch einen Unterschied in den Verzügen der Platte auslösten. Somit zeigten die Autoren, dass die Auswahl der Prozessparameter Einfluss auf den eigenspannungsbedingten Bauteilverzug hat. [ZHAN20]

Insgesamt lässt sich festhalten, dass bislang nur wenige Studien den Einfluss von initialen und induzierten Eigenspannungen auf den Bauteilverzug von Werkstücken aus Ti-6Al-4V untersucht haben. Die vorgestellten Studien zielen dabei vor allem auf die Vorhersage von eigenspannungsbedingtem Verzug und weniger auf die Analyse der Einflussgrößen ab. Darüber hinaus sind sie hinsichtlich der Auswahl der Geometrien, der Rahmenbedingungen bezüglich des Wärmebehandlungszustands und der ausgewählten Fräsprozesse oftmals eingeschränkt. Ein umfassender Überblick der Zusammenhänge von Prozesseingangsgrößen und resultierendem Verzug existiert daher bislang nicht. Somit kann auch keine Aussage getroffen werden, welche Faktoren entscheidend dafür sind, dass der Einfluss von initialen oder induzierten Eigenspannungen überwiegt.

2.3 Modellbasierte Vorhersage von eigenspannungsbedingtem Bauteilverzug

Model-based Prediction of Part Distortion Caused by Residual Stresses

Die Vorhersage von eigenspannungsbedingtem Bauteilverzug spielt eine wichtige Rolle in der Planung und Auslegung von Produktionsprozessen und kann dazu beitragen, dass zusätzliche Kosten durch Qualitätsmängel resultierend aus Bauteilverzug vermieden werden können [DREI18, S. 2; MA10, S. 3]. In diesem Kapitel werden die Vorhersagemodelle, aufgeteilt in analytische und numerische Modelle, für eigenspannungsbedingten Bauteilverzug vorgestellt.

2.3.1 Analytische Vorhersagemodelle

Analytical Prediction Models

Analytische Modelle haben im Vergleich zu numerischen Modellen Vorteile hinsichtlich geringerer Rechenzeiten, was einen prozessbegleitenden Einsatz der analytischen Modelle ermöglicht. Im Gegensatz dazu ist die abbildbare Komplexität von Prozessen und Bauteilen bei der Verwendung von analytischen Modellen begrenzt. Dies gilt insbesondere für die Vorhersage von eigenspannungsbedingten Bauteilverzug, bei der für die analytische Modellierung grobe Annahmen getroffen werden müssen, die die Vorhersagegenauigkeit einschränken können. [AURR22]

Viele analytische Modelle basieren auf der Berechnung von Biegemomenten infolge von initialen Eigenspannungen. Als Wegbereiter dieser Methode gilt die Arbeit von SHIN [SHIN95]. Am Beispiel eines einfachen Balkens wurde diese Methode bereits in Kapitel 2.2.1 erläutert. Für die Berechnung von komplexeren Geometrien, wie z. B. gerippte prismatische Werkstücke, wurde das Konzept des „äquivalenten Querschnitts" angewendet [LLAN19]. Allerdings ist dieses Konzept fehlerbehaftet, da es weder die Position der Rippen noch deren Verzug durch Torsion berücksichtigt [POOD18].

Darüber hinaus entwickelten NERVI et al. ein analytisches Modell, mit dem auf Basis von induzierten Eigenspannungen der Verzug von Luftfahrtbauteilen vorhergesagt werden kann [NERV09]. Das Modell basiert auf der Annahme eines linearelastischen Werkstoffverhaltens und vernachlässigt induzierte Eigenspannungen. Zudem ist das Modell auf Plattengeometrien beschränkt. Als Ergebnis wurde gezeigt, dass das Modell für dickwandige Bauteile eine gute Vorhersagegenauigkeit aufweist. Allerdings nimmt diese für dünnwandige Bauteile durch die fehlende Berücksichtigung der induzierten Eigenspannungen sehr stark ab. In einer Studie von JIANG et al. wird ein mathematisches Modell dargelegt, welches den resultierenden Bauteilverzug, verursacht durch induzierte Eigenspannungen, bei häufig wechselnden Zerspanungsbedingungen vorhersagt [JIAN14]. Das Modell ist jedoch nur für quaderförmige Werkstücke zulässig und es werden keine Randbedingungen (z. B. die Aufspannung des Werkstücks) und initiale Eigenspannungen berücksichtigt. FERGANI et al. stellen eine neue Methode zur Vorhersage von Verzug bei dünnen Platten vor [FERG14]. Das Modell verwendet einen Algorithmus für elasto-plastisches Werkstoffverhalten zur Vorhersage von plastischen und elastischen Dehnungen. Ausgehend von den daraus ermittelten Eigenspannungen werden die resultierenden Verzüge berechnet. Anhand einer experimentellen Validierung zeigten die Autoren, dass die Vorhersagegenauigkeit ca. 70 % beträgt. ENGHOLM et al. präsentieren in ihrer Arbeit eine allgemeine Vorhersagemethode für eine mehrschichtige anisotrope Platte [ENGH16]. Auch in diesem Fall gilt das Modell nur für dünnwandige Platten, bei denen ein zweiachsiger Spannungszustand angenommen werden kann. Das Modell wurde anhand von FEM-Ergebnissen verglichen und zeigte eine Vorhersagegenauigkeit von ca. 98 %. Ein weiteres Modell für den Verzug von dünnwandigen Platten, basierend auf zweiachsigen Eigenspannungen, wurde durch Gao et al. entwickelt [GAO17]. Das Modell basiert auf der Annahmen, dass die Eigenspannungen in Längs- und Breitenrichtung in allen Tiefen des Werkstücks die gleichen Werte annehmen. Der Einfluss des Spannsystems und der induzierten Eigenspannungen werden explizit vernachlässigt, wodurch insgesamt eine eingeschränkte Nutzbarkeit des Modells resultiert. Ein sehr ähnliches analytisches Modell entwickelten auch Wang et al. [WANG19]. Ähnlich wie zuvor ist dieses Modell auch nur für Plattengeometrien gültig und berücksichtigt keine induzierten Eigenspannungen.

2.3.2 Numerische Vorhersagemodelle

Numerical Prediction Models

Viele Studien aus den vergangenen Jahren nutzten numerische Modelle unter Verwendung der Finite-Elemente-Methode (FEM) und setzten dabei kommerzielle Software wie FORGE, MSC. Marc, Abaqus, ANSYS, DEFORM und CalculiX ein [LI17]. Grundsätzlich lassen sich die Studien in die Verwendung der Methoden „Einschrittmethode" und „Mehrschrittmethoden" einteilen. In Abbildung 2.13 sind die Methoden gegenüberstellend dargestellt.

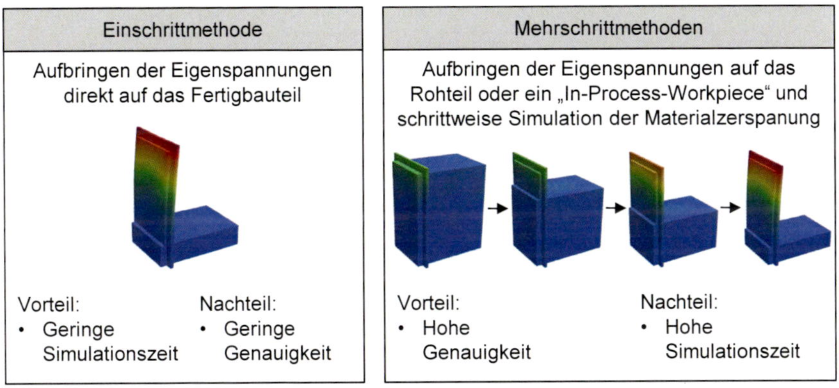

Abbildung 2.13: Einschrittmethode (links) und Mehrschrittmethoden (rechts)

One-step method (left) and multi-step methods (right)

Die „Einschrittmethode" ist die älteste der aufgelisteten Methoden, wird jedoch bis heute von einigen Autoren verwendet [BI09; WEI07; MARU08; JAYA13; RICH13; DENK14b; DREI18; ZHAN20; WEBE21b; WEBE21a]. Mit dieser Methode lässt sich in einem Simulationsschritt der zu erwartende eigenspannungsbedingte Bauteilverzug vorhersagen. Hierzu werden direkt die initialen und/oder induzierten Eigenspannungen auf das Fertigbauteil aufgebracht und der resultierende Verzug berechnet. Die Simulationszeit ist dementsprechend als gering einzustufen. Bei dieser Methode wird allerdings die zeitlich-örtliche Materialzerspanung vernachlässigt, sodass keine Verzüge während der Bearbeitung simuliert werden können. Je nach Anwendungsfall können Vorhersageungenauigkeiten entstehen.

Dem gegenüber stehen die „Mehrschrittmethoden", bei denen die zeitlich-örtliche Materialzerspanung mitberücksichtigt wird. Innerhalb dieser Gruppe ist weiterhin zwischen einer vordefinierten („multi-step procedure based on pre-defined maching paths“) und einer in Abhängigkeit von dem Verzug definierten Materialzerspanung („multi-step procedure with path-dependent material removal“) zu unterscheiden [AURR22]. Es existieren drei verschiedene „Mehrschrittmethoden“: Die „element deactivation method“, die bereits in Kapitel 2.2.2 erwähnt wurde, die „massive removal method“ und die „level set method“ [LI17].

Die „element deactivation method“ ist die am häufigsten verwendete Methode [ZHON10; TANG13; YANG14; HUAN15a; WANG18; MADA18; MA19]. Bei dieser Methode werden die Elemente, die im durch die Werkzeugbahnen entfernten, vordefinierten Material liegen, deaktiviert [WANG04]. Der Vorteil dieser Methode liegt in der einfachen Implementierung, da sie in kommerzieller Software häufig bereits integriert ist. Allerdings können mit dieser Methode nur bedingt Bauteile mit komplexen Geometrien abgebildet werden. Außerdem entspricht das durch Deaktivierung entfernte Volumen in der Simulation nicht dem real entfernten Volumen, da eine Veränderung der Geometrie durch Verzug des Bauteils während des Zerspanungsprozesses nicht abgebildet werden kann. Zudem wird die Geometrie des Werkzeugs nicht in der Simulation erfasst [CERU15, S. 256].

Um diesen Nachteilen entgegenzuwirken entwickelten MA et al. sowie CERUTTI und MOCELLIN die „massive removal method“ [MA10; CERU15]. Bei dieser Methode wird die Vorhersage von Bauteilverzug bei komplexeren Geometrien ermöglicht, da Tetraeder-Elemente verwendet werden. Um die Materialentfernung bei diesem unstrukturierten Netz zu realisieren, werden BOOLE'sche Operationen verwendet. Dazu wird das Materialvolumen, welches durch die Zerspanung entfernt wird, direkt durch eine CAD/CAM-Software generiert und von der aktuellen Geometrie des Bauteils subtrahiert. Somit wird in dieser Methode eine bessere Annäherung des realen und des simulierten zerspanten Volumens erzielt. Die Veränderung der Geometrie durch Verzug während des Zerspanungsprozesses kann dabei durch Anwendung einer mehrstufigen Simulation realisiert werden. Dazu wird das Bauteil nach jeder Materialentfernung neu vernetzt. Je kleiner dabei das entfernte Volumen pro Simulationsstufe ist, umso genauer entspricht die Simulation der Realität. Allerdings führt diese feinschrittige Simulation auch zu einem enormen Anstieg der Simulationszeit, da zu jedem Simulationsschritt eine Neuvernetzung der Geometrie erfolgen muss. Ein weiterer Nachteil der Methode ist, dass sie für die Abbildung des durch die Zerspanung wirkenden thermo-mechanischen Lastkollektivs nicht geeignet ist, sodass induzierte Eigenspannungen nicht berücksichtigt werden. [CERU15]

D'ALVISE et al. entwickelten auf Basis der „level set method“ einen Ansatz zur Materialzerspanung, der zu einer Verbesserung der Effizienz bei mehrstufigen Simulationen führen soll. Die Rechenzeit kann verkürzt werden, indem nur die Bereiche der Geometrie neu vernetzt werden, die an die „level set“-Flächen angrenzen. Die Methode kann jedoch nicht in kommerzieller FEM-Software implementiert werden, sondern verwendet stattdessen die „eXtended Finite Element Method“ (XFEM). Hintergrund ist, dass sich diese besser zur Abbildung von Material-Inhomogenität eignet, da Ansatzfunktionen höheren Grades verwendet werden können. In der Studie wird die Methode zur Vorhersage des Verzugs eines Tragflächenprofils verwendet. Dazu wurde insbesondere an den Kanten der betrachteten Geometrie ein feines Netz verwendet, um die stark nichtlinearen Regionen ausreichend abbilden zu können. Die „level set method" wurde in der Forschung zur Vorhersage von eigenspannungsbedingtem Bauteilverzug bislang nur in einer weiteren Studie von CASUSO et al. untersucht [CASU20]. [D'AL15]

Tabelle 2.1: Numerische Modelle zur Vorhersage von Bauteilverzug
Numerical models for the prediction of part distortion

Quelle	Methode	Initiale ES	Induzierte ES	Werkstoff für Validierung
[WEI07]	Einschrittmethode	Peeling method	-	EN AW 7050- T7451
[MARU08; JAYA13]	Einschrittmethode	Datenbank (Messungen)	Datenbank (FEM-Simulationen)	EN AW 7050-T7451
[BI09]	Einschrittmethode	Layer removal method	-	EN AW 7050-T7451
[MA10]	Massive removal method	FEM-Simulationen	-	Ti64, U720, IN718
[ZHON10]	Element deactivation method	FEM-Simulationen	-	EN AW 7075-T7451
[TANG13]	Element deactivation method	Crack compliance method	Röntgendiffraktometrie	EN AW 7050-T7451
[RICH13]	Einschrittmethode	Layer removal method	-	EN AW 7075-T73
[CERU14; CERU15]	Massive removal method	Layer removal method	-	AIRWARE 2050-T84
[YANG14]	Element deactivation method	FEM-Simulationen	FEM-Simulationen	Ti64, EN AW 7075
[DENK14b; DREI18]	Einschrittmethode	Layer removal method	Röntgendiffraktometrie	EN AW 7075-T651
[D'AL15]	Level set method und XFEM	Slitting method	-	EN AW 2024-T3
[HUAN15a]	Element deactivation method	Crack compliance method	Röntgendiffraktometrie	EN AW 7050-T7451
[WANG18]	Element deactivation method	FEM-Simulation	FEM-Simulation	Ti64
[MADA18]	Element deactivation method	Contour method	Bohrlochmethode	EN AW 7175-T7351
[MA19]	Element deactivation method	Crack compliance method	FEM-Simulation	EN AW 7050-T7451
[ZHAN20]	Einschrittmethode	-	Analytisch	Ti64
[WEBE21a; WEBE21b]	Einschrittmethode	Slitting method	Bohrlochmethode	EN AW 7050-T74, T7451

Tabelle 2.1 gibt einen Überblick über die erforschten numerischen Modelle zur Vorhersage von eigenspannungsbedingtem Bauteilverzug. Innerhalb dieser Tabelle ist außerdem festgehalten, ob und wie initiale und induzierte Eigenspannungen (ES) berücksichtigt wurden und anhand welcher Werkstoffe die experimentelle Validierung durchgeführt wurde.

Viele der verwendeten FEM-Modelle zur Vorhersage von eigenspannungsbedingtem Verzug nutzen lineare Tetraeder als Netztyp zur Vernetzung der Bauteile. Dieser Netztyp ist gut geeignet, um komplexe Geometrien abzubilden, während die Rechenzeit als gering eingestuft wird. Für die ausreichende Abbildung von Eigenspannungsverläufen mit starken Gradienten wird allerdings eine hohe Netzdichte benötigt, um den Bauteilverzug in guter Näherung vorhersagen zu können. Daher werden alternativ häufig Hexaeder eingesetzt, da sie mehr Integrationspunkte verwenden, an denen die Eigenspannungen dem Modell übergeben werden können. Um die Rechenzeit zu verringern, wurden in der Literatur allerdings vermehrt lineare Hexaeder verwendet, die nur über einen Integrationspunkt verfügen. ALBINO et al. zeigten in ihrer Studie, dass lineare Hexaeder einen besseren Kompromiss zwischen Modellgenauigkeit und Rechenzeit bieten als Tetraeder. Sie empfehlen daher die Verwendung von linearen Hexaedern mit angemessener Netzverfeinerung. Wenn die Geometrie nicht ausreichend genau mittels Hexaedern diskretisiert werden kann, empfehlen die Autoren die Verwendung von quadratischen statt linearen Tetraedern. [ALBI19]

Neben der Verwendung von FEM-Modellen wurde in der Literatur auch vereinzelt die Finite Difference Method (FDM) zur Vorhersage von Bauteilverzug verwendet [WU16; ZHU20]. AURREKOETXEA et al. vermuten, dass die Anwendung der FDM zur Vorhersage von Bauteilverzug nicht weit verbreitet ist, weil ihre Anwendung auf unterschiedliche Geometrien eine Überarbeitung der Formulierung von Grund auf erfordert [AURR22].

Demgegenüber wurden in den letzten Jahren vermehrt hybride Modelle zur Simulation von Bauteilverzug verwendet. Es handelt sich dabei um eine Kombination verschiedener Modellierungs-Ansätze mit dem Ziel, die jeweiligen Stärken zu vereinen und damit die Nachteile zu reduzieren. GULPAK et al. kombinierten ein Regressionsmodell mit einem FEM-Modell, wobei das Regressionsmodell zur Berechnung der Randbedingungen verwendet wurde [GULP13]. RODRIGUEZ-SANCHEZ et al. verwendeten ein künstliches neuronales Netz und trainierten dieses auf Basis von FEM Ergebnissen. Es gelang ihnen damit, den Bauteilverzug bei Variation der Eingangsgrößen schneller, im Vergleich zur FEM-Simulation, zu berechnen [RODR20].

Insgesamt ist festzuhalten, dass in den vergangenen Jahren viel im Bereich der Vorhersage von eigenspannungsbedingtem Bauteilverzug mittels FEM geforscht wurde, dass allerdings nach wie vor Herausforderungen hinsichtlich der Genauigkeit und der Rechenzeit dieser Modelle bestehen bleiben. Diese Herausforderungen begründen sich unter anderem in der Komplexität des Zerspanungsprozesses, den Unsicherheiten im Werkstoffverhalten und in der Komplexität und Unsicherheit von Eigenspannungsverteilungen. [LI17; ZHAN20]

2.4 Grundlagen der Finite Cell Method

Fundamentals of the Finite Cell Method

Die Finite Cell Method (FCM) wurde erstmals 2007 von PARVIZIAN et al. vorgestellt [PARV07]. Es handelt sich um eine Modifikation der Finite Elemente Method (FEM), welche den Nachteilen der FEM hinsichtlich der Netzgenerierung bestimmter Geometrien oder Anwendungsfällen entgegenwirkt [ZAND17; RUES13]. Beispielsweise eignet sich die FEM nur bedingt zur Abbildung von Strukturen, die mittels bildgebender Verfahren wie Röntgentomographiemessungen definiert werden oder bei Problemen, bei denen sich die Geometrie verändert. Letzteres ist in der Simulation von Materialzerspanung der Fall, da durch die Entfernung von Material die Grenzflächen der Geometrie immer wieder verändert werden, was in der FEM eine ständige Neuvernetzung der Geometrie notwendig macht.

Bislang ist nur eine wissenschaftliche Veröffentlichung bekannt, in der die FCM für den Anwendungsfall der Materialzerspanung mittels Fräsen verwendet wird. Dabei handelt es sich um eine Studie von WANG et al., in der eine Voxel-basierte Variante der FCM zur Vorhersage von elastischen Werkstückverformungen infolge der im Prozess wirkenden Kräfte eingesetzt wird [WANG20]. Als Werkstück verwendeten die Autoren ein dünnwandiges Werkstück (62 x 50 mm) aus einer Aluminiumlegierung mit einer initialen Wandstärke von 3 mm. In den Untersuchungen wurde das Werkstück am oberen Ende (nur eine axiale Zustellung) mithilfe eines angestellten Kugelkopffräsers (Durchmesser 6 mm) auf eine Wandstärke von 1,5 mm gefräst. Unter anderem wurde eine Frässtrategie mit drei radialen Zustellungen von jeweils 0,5 mm untersucht. In der Simulation wurden die Werkzeugbahnen in Zahnvorschub-Schritte diskretisiert, sodass für jeden Zahneingriff des Fräsers mit dem Werkstück eine elastische Werkstückverformung berechnet werden konnte. Als Ergebnis wurde eine durchschnittliche Abweichung zwischen Simulations- und Messergebnis von 0,21 mm ermittelt. Als mögliche Fehlerursache nennen die Autoren Werkstückschwingungen, die in der Simulation vernachlässigt wurden. Darüber hinaus wurde die FCM außerdem erfolgreich im Zusammenhang mit der additiven Fertigung zur Simulation von Temperaturfeldern eingesetzt [KOLL22].

Die FCM weist in der Regel vier charakteristische Merkmale auf [SCHI15]:

1. *Fictitious domain approach*: Die Erweiterung des Berechnungsgebietes auf einen fiktiven Bereich jenseits des physischen Festkörpers
2. *Adaptive integration scheme*: Die Berücksichtigung der tatsächlichen physisch vorhandenen Geometrie über eine angepasste Integration
3. *Weak enforcement of essential boundary conditions*: Die schwache Formulierung von Randbedingungen
4. *Higher-order finite element methods*: Die Verwendung von Finite-Elemente Ansätzen höherer Ordnung

Für die innerhalb dieser Arbeit zu lösende Problemstellung sind vor allem die ersten beiden Merkmale von hoher Relevanz, weshalb im Folgenden nur diese beiden Merkmale erläutert werden.

„Fictitious domain approach"

Bei dem „fictitious domain approach" wird der physikalische Bereich Ω_{phys} der eigentlichen Geometrie um einen fiktiven Bereich Ω_{fikt} zu dem erweiterten Bereich Ω_{erw} erweitert. Dieser ist größer als der physikalische Bereich und weist eine einfachere Form, z. B. eine Rechteckform, auf. Die Diskretisierung des erweiterten Bereichs kann beispielsweise mittels kartesischen Gitternetzes erfolgen. Das Grundprinzip dieses Ansatzes ist in Abbildung 2.14 dargestellt. [SCHI15]

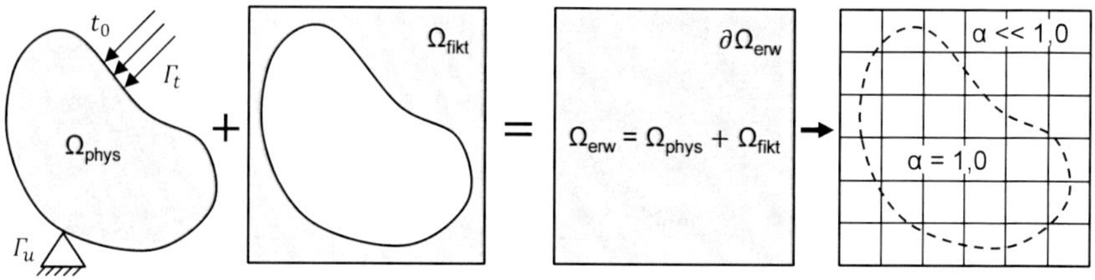

Abbildung 2.14: Grundprinzip des „fictitous domain approach" [SCHI15]
Basic principle of the "fictitious domain approach"

Analog zu der FEM wird die FCM für linear-elastische Probleme aus dem Prinzip der virtuellen Arbeit abgeleitet. Die virtuelle Arbeit ist ein Konzept der analytischen bzw. technischen Mechanik und bezeichnet sowohl die Arbeit, die eine Kraft an einem System bei einer virtuellen Verschiebung verrichtet, als auch die Arbeit, die eine virtuelle Kraft an einer realen Verschiebung leistet. Das Prinzip wird zur Berechnung des Gleichgewichts in der Statik und zum Aufstellen von Bewegungsgleichungen verwendet [BATH14; SCHI15]:

$$\delta W(\boldsymbol{u}, \delta \boldsymbol{u}) = \int_{\Omega_{\mathrm{erw}}} \boldsymbol{\sigma}_\alpha \cdot \delta \boldsymbol{\varepsilon} \, dv - \int_{\Omega_{erw}} \delta \boldsymbol{u} \cdot \boldsymbol{p}_\alpha \, dv - \int_{\Gamma_t} \delta \boldsymbol{u} \cdot \boldsymbol{t}_0 \, da = 0 \tag{14}$$

mit $\boldsymbol{u} = \boldsymbol{u}_0$ und $\forall \boldsymbol{x} \in \Gamma u$

Dabei bezeichnet $\boldsymbol{\sigma}_\alpha$ den Cauchy-Spannungstensor, $\boldsymbol{p}_\alpha$ den Vektor der Volumenkräfte, $\boldsymbol{t}_0$ den Vektor der Oberflächenkräfte sowie $\delta\boldsymbol{\varepsilon}$ und $\delta\boldsymbol{u}$ jeweils die Variation des Dehnungstensors und des virtuellen Verschiebungsvektors [BATH14; HUGH00].

Die NEUMANN-Randbedingungen werden über den Rand des erweiterten Bereichs Ω_{erw}, wo die Spannungsrandbedingungen definitionsgemäß null sind, und für Γ_t des physikalische Bereichs Ω_{phys}, durch den Vektor der Oberflächenkräfte $\boldsymbol{t}_0$ festgelegt. Die DIRICHLET-Randbedingungen werden über Γ_u des physikalischen Bereichs Ω_{phys} durch vordefinierte Verschiebungen $\boldsymbol{u}_0$ festgelegt.

Der Elastizitätstensor **C** [BATH14; HUGH00], der Spannungen $\boldsymbol{\sigma}$ und Dehnungen $\boldsymbol{\varepsilon}$ mathematisch verknüpft,

$$\boldsymbol{\sigma}_\alpha = \alpha\boldsymbol{\sigma} = \alpha\boldsymbol{C} \cdot \boldsymbol{\varepsilon} \tag{15}$$

wird mit dem festgelegten, skalaren Faktor α multipliziert. Die Steifigkeit im physikalische Bereich Ω_{phys} bleibt dadurch unverändert, wohingegen die Steifigkeit im fiktiven Bereich Ω_{fikt} verschwindend gering wird.

$$\alpha = \begin{cases} 1{,}0 & \forall \boldsymbol{x} \in \Omega_{\text{phys}} \\ 10^{-q} & \forall \boldsymbol{x} \in \Omega_{\text{fikt}} \end{cases} \tag{16}$$

Innerhalb des fiktiven Bereichs wird α nicht exakt zu null gesetzt, da dies zu einer Fehlkonditionierung der Steifigkeitsmatrix führen würde [DÜST08]. Stattdessen wird ein sehr kleiner Wert zwischen 10^{-5} und 10^{-10} ausgewählt. Analog zu Gleichung (15) wird auch der Vektor der Volumenkräfte mit α multipliziert, da nur im physikalischen Bereich Volumenkräfte wirken:

$$\boldsymbol{p}_\alpha = \alpha \boldsymbol{p} \tag{17}$$

Unter Verwendung eines strukturierten Netzes von Elementen höherer Ordnung (siehe Abbildung 2.14 rechts), die im Folgenden als finite Zellen bezeichnet werden, können die Verschiebungen $\boldsymbol{u}$ und die virtuellen Verschiebungen $\delta\boldsymbol{u}$ entsprechend diskretisiert werden:

$$\boldsymbol{u} = \sum_{a=1}^{n} N_a \boldsymbol{U}_a = \boldsymbol{N}^T \boldsymbol{U} \tag{18}$$

$$\delta\boldsymbol{u} = \sum_{a=1}^{n} N_a \delta\boldsymbol{U}_a = \boldsymbol{N}^T \delta\boldsymbol{U} \tag{19}$$

Die Summe von N_a bezeichnet eine endliche Menge von n Ansatzfunktionen höherer Ordnung. Der Vektoren für die Verschiebung und die virtuelle Verschiebung können durch Multiplikation von N_a mit den entsprechenden Koeffizienten $\boldsymbol{U}_a$ und $\delta\boldsymbol{U}_a$ je Ansatzfunktion approximiert werden. Die Gleichungen (18) und (19) können auch durch eine Interpolationsmatrix $\boldsymbol{N}$ und einen globalen Vektor von Koeffizienten $\boldsymbol{U}$ bzw. $\delta\boldsymbol{U}$ dargestellt werden [BONE08; HUGH00]. Gemäß der letztgenannten Schreibweise können die Dehnungen $\boldsymbol{\varepsilon}$ von Gleichung (15) wie folgt approximiert werden:

$$\boldsymbol{\varepsilon} = \boldsymbol{B}^T \boldsymbol{U} \tag{20}$$

Hierbei bezeichnet $\boldsymbol{B}$ die Verzerrungs-Verschiebungs-Matrix, die die partiellen Ableitungen von (18) in Bezug auf die Raumkoordinaten beinhaltet [HUGH00].

Werden die Gleichungen (15), (17), (18), (19) und (20) in (14) eingesetzt, ergibt sich die folgende Gleichung:

$$\delta\boldsymbol{U} \int_{\Omega_{\text{erw}}} \boldsymbol{B}^T \alpha \boldsymbol{C} \boldsymbol{B} \, dv \, \boldsymbol{U} = \delta\boldsymbol{U} \left(\int_{\Omega_{erw}} \boldsymbol{N}^T \alpha \boldsymbol{p} \, dv + \int_{\Gamma_t} \boldsymbol{N}^T \boldsymbol{t}_0 \, da \right) \tag{21}$$

Nach Elimination der beliebigen virtuellen Verschiebung $\delta\boldsymbol{U}$ ergibt sich das lineare Gleichungssystem:

$$\boldsymbol{K}\boldsymbol{U} = \boldsymbol{P} \tag{22}$$

In dieser Gleichung steht $\boldsymbol{K}$ für die Steifigkeitsmatrix, $\boldsymbol{U}$ für den Vektor der unbekannten Verschiebungen und $\boldsymbol{P}$ Für den Lastvektor.

„Adaptive integration scheme"

In der klassischen FEM wird die GAUß-Quadratur [HUGH00] zur Integration der Steifigkeitsmatrizen verwendet. In der FCM würden Steifigkeitssprünge innerhalb einer Zelle entlang der Grenze des physikalischen Bereiches jedoch zu Unstetigkeiten und damit zu Ungenauigkeiten bei der numerischen Integration führen [DÜST08; PARV07]. Aus diesem Grund wird in der FCM die Integration abschnittsweise durchgeführt [DÜST08; YANG12]. Die Grenze zwischen den Integrationsbereichen ist bestenfalls mit der geometrischen Grenze identisch. Umgesetzt wird dies in der Praxis durch eine hierarchische Zerlegung der ursprünglichen Zellen in sogenannte Subzellen. In Abbildung 2.15 ist die Erzeugung von Subzellen in zwei Dimensionen nach dem allgemeinen Verfahren der rekursiven Halbierung, das in zwei Dimensionen im Sinne eines „Quadtree" [SAME90] implementiert werden kann, dargestellt. Die finiten Zellen in der ursprünglichen Vernetzung werden nur dann in feinere Subzellen aufgeteilt, wenn sie eine Grenze der Geometrie enthalten. Der Grad der Verfeinerung hängt von der Wahl des Detaillierungsgrads der Zellteilung k ab. Der „Quadtree"-Ansatz kann leicht auf eine oder drei Dimensionen übertragen werden, wenn „Binärbaume" oder „Octrees" verwendet werden [DÜST08; SAME90]. Die adaptive Integration ist einfach zu implementieren, behält die regelmäßige Gitterstruktur bei und erfordert erheblich weniger Rechenaufwand als nicht adaptive Verfahren [PARV07]. Die Unterteilung in Subzellen ist nur für die Integration relevant und führt zu keinen zusätzlichen Freiheitsgraden. [SCHI15]

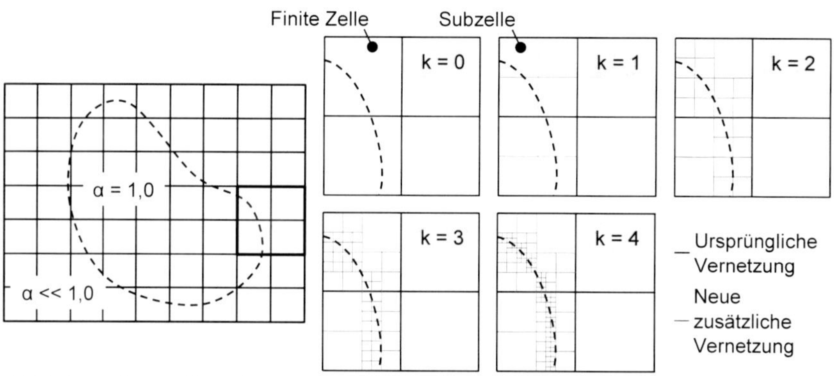

Abbildung 2.15: Grundprinzip des „adaptive integration scheme"
Basic principle of the "adaptive integration scheme"

2.5 Zwischenfazit

Interim Conclusion

In der Zerspanung von metallischen Bauteilen können Eigenspannungen Bauteilverzug verursachen, welcher zu zusätzlichen Kosten und Aufwänden in der Produktion führen kann und daher zu vermeiden ist. Dabei sind mechanische, thermische und metallurgische Entstehungsmechanismen und deren Wechselwirkungen die Ursache für die Entstehung der Eigenspannungen. Bezüglich der Entstehung von Eigenspannungen im Herstellungsprozess von Bauteilen aus Ti-6Al-4V wurden in diesem Kapitel die initialen und induzierten Eigenspannungen näher betrachtet.

Hinsichtlich der initialen Eigenspannungsentstehung wurde der Halbzeugherstellungsprozess von Luftfahrtbauteilen aus Ti-6Al-4V analysiert. Dabei wurde festgestellt, dass bislang wenige Studien zur Eigenspannungsverteilung in gewalzten und wärmebehandelten Erzeugnissen zu diesem Werkstoff existieren. Darüber hinaus weisen diese Studien Defizite wie fehlende experimentelle Validierungen für Simulationen, Beschränkung auf Oberflächenmessungen oder Probleme hinsichtlich der Messung oder der Vorbereitung auf. Es bedarf somit in diesem Bereich weiterer Untersuchungen, insbesondere experimenteller Art.

Zur induzierten Eigenspannungsentstehung bei der Zerspanung von Ti-6Al-4V finden sich zwar mehr Studien als zur initialen Eigenspannungsentstehung, allerdings ergibt sich auch hier Forschungsbedarf insbesondere bezüglich des häufig verwendeten Umfangsfräsens. Existierende Untersuchungen zum Umfangsfräsen beschäftigen sich hauptsächlich mit den resultierenden Eigenspannungsprofilen bzw. Oberflächeneigenspannungen. Die zugrundeliegenden Entstehungsmechanismen wurden dabei bislang für das Umfangsfräsen nicht näher analysiert, sodass es in diesem Bereich weiterer detaillierter Untersuchungen bedarf.

Der Einfluss von Eigenspannungen auf den Bauteilverzug wurde anhand eines Biegebalken-Modells erklärt. Bezüglich des Verzugs von Bauteilen aus Ti-6Al-4V infolge von initialen und induzierten Eigenspannungen wurden bislang nur wenige Untersuchungen durchgeführt. Ziel dieser Studien war weniger die Analyse der Einflussgrößen auf den Verzug, sondern mehr die Vorhersage von eigenspannungsbedingtem Bauteilverzug. Darüber hinaus sind sie hinsichtlich der Auswahl der Bauteilgeometrien, der Rahmenbedingungen bezüglich des Wärmebehandlungszustands und der ausgewählten Fräsprozesse oftmals eingeschränkt. Ein umfassender Überblick der Zusammenhänge von Prozesseingangsgrößen und resultierenden Verzug existiert bislang nicht.

Im Bereich der Vorhersage von eigenspannungsbedingtem Verzug stellen numerische Modelle in Form von FEM-Modellen die wichtigste Methode dar. Numerische Modelle ermöglichen die Simulation von komplexen Geometrien, wohingegen analytische Modelle auf einfache Geometrien wie Platten oder Balken limitiert sind. Trotz Fortschritten durch umfangreiche Forschung in den vergangenen Jahren gibt es nach wie vor Herausforderungen bei diesen Modellen. Der Kompromiss zwischen Genauigkeit und Rechenzeit der Modelle, insbesondere bei mehrstufigen Simulationen von komplexen Zerspanungsprozessen, bleibt bislang bestehen, da innerhalb des FEM-Modells nach jedem Fräsprozess eine Neuvernetzung des Bauteils durchgeführt werden muss. Ein vielversprechender Lösungsansatz zur Vermeidung der ständigen Neuvernetzung stellt die Finite Cell Method dar. Bislang wurde diese Methode aber noch nicht zur modellbasierten Vorhersage von eigenspannungsbedingtem Bauteilverzug verwendet.

3 Zielsetzung und Vorgehensweise

Objectives and Procedure

3.1 Problemstellung und Definition der Forschungsfragen

Problem and Definition of Research Questions

In den vorangegangen Kapiteln Einleitung sowie Grundlagen und Stand der Technik wurde dargelegt, dass bei der Zerspanung von dünnwandigen Bauteilen aus Ti-6Al-4V, z. B. in Form von Strukturbauteilen, eigenspannungsbedingter Bauteilverzug entstehen kann. Die Folge sind oftmals Form- und Lageabweichungen, welche zeit- und kostenaufwändige Kompensationsmaßnahmen entlang der gesamten Prozesskette erfordern oder zu unerwünschtem Bauteilausschuss führen.

Aus wissenschaftlicher Sicht lassen sich diese Verzüge auf die initialen und induzierten Eigenspannungen sowie die zeitlich-örtliche Materialzerspanung zurückführen. Hinsichtlich der initialen Eigenspannungen von Halbzeugen aus Ti-6Al-4V weisen aktuelle Studien Defizite wie fehlende experimentelle Validierung für Simulationen, Beschränkung auf Oberflächenmessungen oder Probleme in Bezug auf die Messung oder die Versuchsvorbereitung auf. Bezüglich induzierter Eigenspannungen bei der Zerspanung von Ti-6Al-4V existieren deutlich mehr Studien, allerdings ergibt sich auch hier Forschungsbedarf hinsichtlich des häufig verwendeten Umfangsfräsens, welches vor allem für die Fräsbearbeitung von Strukturbauteilen relevant ist. Bezüglich des Bauteilverzugs von Ti-6Al-4V infolge von initialen und induzierten Eigenspannungen wurden bislang nur wenige Untersuchungen durchgeführt, die keinen umfassenden Überblick der Zusammenhänge von Prozesseingangsgrößen und resultierendem Verzug darstellen.

Für die modellbasierte Vorhersage von eigenspannungsbedingtem Bauteilverzug stellen numerische Modelle in Form von FEM-Modellen die wichtigste Methode dar. Obwohl numerische Modelle analytische Modelle insbesondere aufgrund der besseren Abbildung von komplexen Geometrien übertreffen, gibt es nach wie vor Herausforderungen bei diesen Modellen. Zur Modellierung der zeitlich-örtlichen Materialzerspanung bedarf es einer ständigen Neuvernetzung des Bauteils in der FEM, wodurch insgesamt hohe Simulationszeiten resultieren. Der Forschungsbedarf in diesem Bereich ist damit nicht abgedeckt.

Mit der Einführung der Finite Cell Method (FCM) wurde 2007 ein vielversprechender Lösungsansatz zur Vermeidung einer ständigen Neuvernetzung des Bauteils vorgestellt. So wurde die FCM bereits erfolgreich zur Vorhersage von elastischen Werkstückverformungen infolge der im Prozess wirkenden Kräfte eingesetzt.

Ausgehend von den zuvor genannten Forschungsdefiziten ist die Zielstellung dieser Arbeit:

Ziel der Arbeit
Das Ziel der Arbeit ist die Modellierung und Vorhersage des eigenspannungsbedingten Bauteilverzugs bei der Fräsbearbeitung von dünnwandigen Bauteilen aus Ti-6Al-4V mit der Finite Cell Method (FCM).

Basierend auf der beschriebenen Problemstellung und Zielsetzung wird folgende Forschungshypothese abgeleitet:

Forschungshypothese
Der eigenspannungsbedingte Bauteilverzug von gefrästen Bauteilen aus Ti-6Al-4V kann mithilfe einer FCM-basierten Simulation unter Berücksichtigung der zeitlich-örtlichen Materialzerspanung sowie den initialen und induzierten Eigenspannungen vorhergesagt werden.

Zur Untersuchung der Forschungshypothese werden die folgenden drei Forschungsfragen beantwortet:

Forschungsfragen
1. Wie beeinflussen initiale und induzierte Eigenspannungen den Verzug von gefrästen Bauteilen aus Ti-6Al-4V?
2. Wie kann der eigenspannungsbedingte Bauteilverzug auf Basis der Finite Cell Method modelliert werden und wie lassen sich damit die Einflüsse von initialen und induzierten Eigenspannungen auf den Verzug erklären?
3. Wie hoch ist die Vorhersagegenauigkeit des Modells bei Anwendung in der Fräsbearbeitung eines komplexen Strukturbauteils aus Ti-6Al-4V?

3.2 Forschungsmethodik und Aufbau der Arbeit

Research Methodology and Structure of the Thesis

Die Vorgehensweise in dieser Arbeit orientiert sich am Forschungsprozess der angewandten Wissenschaft nach ULRICH [ULRI01]. Gemäß ULRICH beginnt dieser in der Praxis, ist zur Hauptsache auf die Untersuchung des Anwendungszusammenhangs gerichtet und endet in der Praxis [ULRI01, S. 44]. Die angewandten Wissenschaften verfolgen die Erfassung typischer Probleme der Praxis mit dem Ziel, Erklärungs-, Entscheidungs- oder Gestaltungsmodelle im Anwendungszusammenhang zu entwickeln und damit „neue Realitäten zu schaffen“ [ULRI01, S. 29]. Der beschriebene Forschungsprozess nach ULRICH entspricht der Vorgehensweise in dieser Arbeit, da hier die Problemstellung und Zielsetzung zum eigenspannungsbedingten Bauteilverzug bei der Fräsbearbeitung von Ti-6Al-4V aus der Praxis resultieren, die Ergebnisse zu einem Vorhersagemodell zur Prädiktion und Reduzierung von eigenspanungsbedingtem Bauteilverzug führen und dessen Anwendung für die Praxis bestimmt ist. In Abbildung 3.1 ist die Gliederung der Arbeit in Anlehnung an die sieben Teilschritte des Forschungsprozesses nach ULRICH dargestellt.

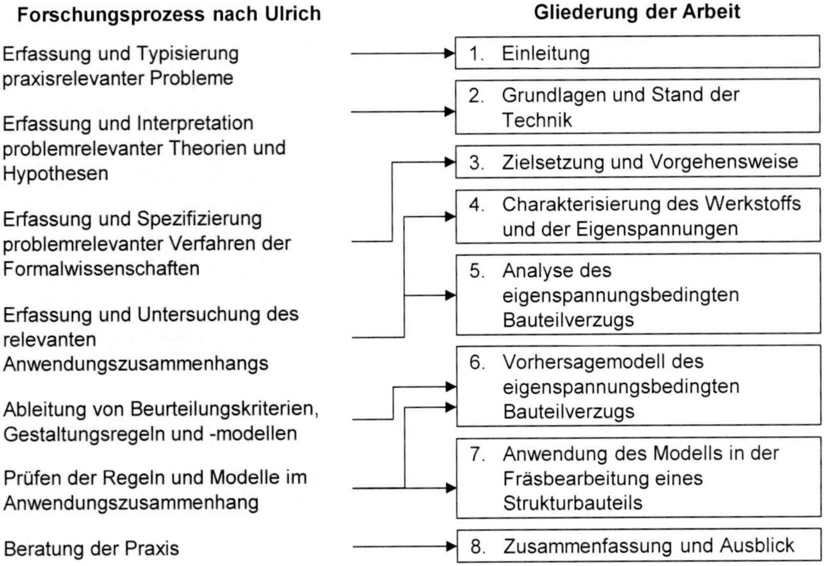

Abbildung 3.1: Gliederung der Arbeit in Anlehnung an den Forschungsprozess nach [ULRI01]
Structure of the thesis according to the research process of ULRICH

Die „Erfassung und Typisierung praxisrelevanter Probleme“ erfolgte in der Einleitung (Kapitel 1). Hierbei wurden der allgemeine Anwendungszusammenhang in der Praxis und die Motivation zur Erforschung der Thematik erläutert. Die zur Lösung der erkannten Probleme existierenden Theorien und Hypothesen wurden in den Grundlagen und Stand der Technik (Kapitel 2) herausgearbeitet und diskutiert. Hieraus wurden der Forschungsbedarf, die Problemstellung und Zielsetzung der Arbeit sowie die Forschungshypothese abgeleitet (Kapitel 3).

Die „Erfassung und Untersuchung des relevanten Anwendungszusammenhangs“ beginnt mit der Eingrenzung des Untersuchungsraums durch eine Charakterisierung des Werkstoffs und der Eigenspannungen (Kapitel 4). Hierfür wird zunächst der Ausgangzustand des Werkstoffs Ti-6Al-4V und die durchgeführten Wärmebehandlungen beschrieben. Anschließend erfolgt die Quantifizierung der initialen Eigenspannungen experimentell mit der „Contour Method“ als auch mithilfe einer thermomechanischen Simulation. Im nächsten Schritt werden die induzierten Eigenspannungen auf Basis von Referenzuntersuchungen mithilfe der Röntgendiffraktometrie gemessen. Die weitere „Erfassung und Untersuchung des relevanten Anwendungszusammengangs“ wird durch die Analyse des eigenspannungsbedingten Bauteilverzugs (Kapitel 5) fortgeführt. Hierzu werden Zerspanungsuntersuchungen in Abhängigkeit von verschiedenen initialen und induzierten Eigenspannungen sowie verschiedenen Werkstückvarianten durchgeführt und unter Einbeziehung der Ergebnisse zu den Eigenspannungen aus Kapitel 4 diskutiert. Nach Abschluss von Kapitel 5 wird die erste Forschungsfrage beantwortet.

Die „Ableitung von Beurteilungskriterien, Gestaltungsregeln und -modellen“ erfolgt mit der Entwicklung eines Vorhersagemodells für den eigenspannungsbedingten Bauteilverzug (Kapitel 6). Da das Vorhersagemodell auf der innovativen Finite Cell Method basiert, werden zunächst die Ziele, Anforderungen und Systemgrenzen definiert. Im nächsten Schritt wird die Modellierung der initialen und induzierten Eigenspannungen sowie der zeitlich-örtlichen Materialzerspanung erläutert. Hierauf folgt die Validierung des entwickelten Vorhersagemodells anhand eines analytischen Modells und eines FEM-Modells. Außerdem erfolgt eine Analyse des Systemverhaltens hinsichtlich Konvergenz bei verschiedenen Diskretisierungen. Als Ergebnis von Kapitel 6 wird die zweite Forschungsfrage beantwortet.

Das „Prüfen der Regeln und Modelle im Anwendungszusammenhang“ erfolgt am Ende von Kapitel 6 im Rahmen einer experimentellen Validierung des Vorhersagemodells sowie in Kapitel 7 anhand der Anwendung des Modells in der Fräsbearbeitung eines Strukturbauteils. Hierzu werden in einem ersten Schritt experimentelle Untersuchungen bei der Fräsbearbeitung mit einem konventionellen Spannsystem vorgestellt. Die Messergebnisse werden dann mit den Simulationsergebnissen verglichen. In einem zweiten Schritt erfolgt die Fräsbearbeitung mit einem modularen Spannsystem, um eine verzugsreduzierte Fräsbearbeitung zu realisieren. Anschließend erfolgt erneut ein Vergleich zwischen experimentellen und simulativen Ergebnissen. Die dritte Forschungsfrage wird nach Abschluss dieses Kapitels beantwortet.

Die Arbeit schließt mit einer Zusammenfassung der Ergebnisse und einem Ausblick (Kapitel 8) ab. Dazu werden die in dieser Arbeit gewonnenen Erkenntnisse zusammengefasst und kritisch reflektiert. Zudem wird ein Ausblick auf die neu entstandenen und zukünftig relevanten Fragestellungen zur Vorhersage und Reduzierung des eigenspanungsbedingtem Bauteilverzugs bei der Fräsbearbeitung von Ti-6Al-4V gegeben.

4 Charakterisierung des Werkstoffs und der Eigenspannungen

Characterization of the Material and Residual Stresses

Das Ziel dieses Kapitels ist die Eingrenzung des Untersuchungsraums zur Beantwortung der ersten Forschungsfrage sowie die Charakterisierung des Werkstoffs und der Eigenspannungen. In Kapitel 4.1 erfolgt zunächst die Beschreibung des verwendeten Werkstoffs sowie der zusätzlich durchgeführten Wärmebehandlungen. Daran anknüpfend werden in Kapitel 4.2 die Durchführung und Ergebnisse der initialen Eigenspannungsuntersuchung vorgestellt. Analog erfolgt in Kapitel 4.3 die Beschreibung des Versuchsaufbaus, der Durchführung und der Ergebnisse für die induzierten Eigenspannungsuntersuchungen. Abschließend werden die Erkenntnisse dieser Grundlagenuntersuchungen in Kapitel 4.4 zusammengefasst.

4.1 Werkstoff und Wärmebehandlung

Material and Heat Treatment

In diesem Kapitel werden der Ausgangszustand des Werkstoffs, die Auswahl und Durchführung der Wärmebehandlung sowie die Ergebnisse der Werkstoffcharakterisierung vorgestellt.

4.1.1 Ausgangszustand des Werkstoffs

Initial State of the Material

Die verwendeten Werkstücke für alle empirischen Untersuchungen in dieser Arbeit stammen aus einer warmgewalzten Platte aus der α+β-Legierung Ti-6Al-4V. Diese Platte ist 1500 mm lang, 600 mm breit und 41 mm hoch (siehe Abbildung 4.1).

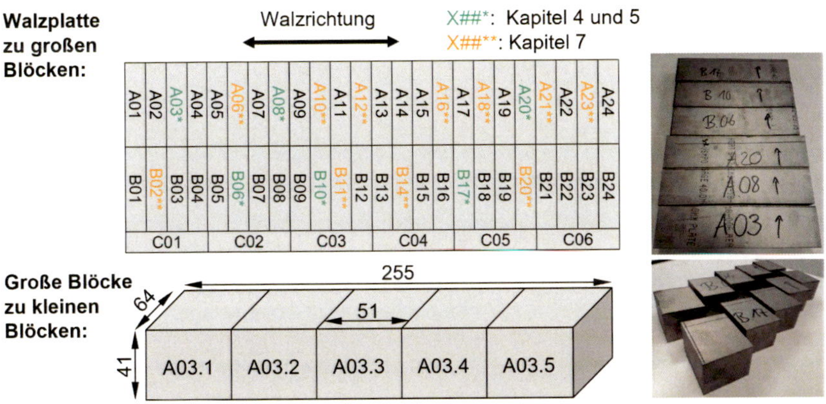

Abbildung 4.1: Lage der Werkstücke in der Walzplatte
Position of the workpieces in the rolling plate

Die Walzrichtung liegt in Längsrichtung der Platte. Der Werkstoffzustand ist spezifiziert nach AIMS 03-18-006 sowie ABS 5125 B und entspricht damit den Anforderungen für die Luftfahrt. Nach dem Warmwalzprozess wurde die Platte bei 790 °C für 5 h gehalten und dann zunächst im Ofen auf 200 °C und anschließend an der Luft bis auf Raumtemperatur abgekühlt. Mittels Wasserstrahlschneiden wurden Blöcke mit den Maßen 255 mm x 64 mm x 41 mm aus dieser Platte getrennt, deren Längsrichtung senkrecht zur Walzrichtung liegt. Sechs dieser Blöcke wurden anschließend mittels Drahterodieren (W-EDM) in je fünf Blöcke mit den Maßen 64 mm x 51 mm x 41 mm geschnitten, sodass die Längsrichtung wieder in Walzrichtung liegt. Die Lage der für die Zerspanungsuntersuchungen in Kapitel 4, 5 und 7 verwendeten Blöcke in der Walzplatte und ihre Kennzeichnung vor und nach dem W-EDM-Schnitt, kann der Abbildung 4.1 entnommen werden.

4.1.2 Auswahl und Durchführung der Wärmebehandlung

Selection and Conducting of Heat Treatment

In Kapitel 2.1.2 wurde dargelegt, dass bislang nur wenige Forschungsarbeiten die initiale Eigenspannungsentstehung infolge des Halbzeugherstellungsprozesses von Werkstücken aus Ti-6Al-4V erforschten. Daher werden neben dem Ausgangszustand – einem wärmebehandelten Walzzustand (nachfolgend „**WBH0**“ genannt) – noch zwei weitere Wärmebehandlungszustände untersucht. In Anlehnung an RAE und RAHIMI wurde bei beiden Wärmebehandlungen zunächst ein Lösungsglühen bei 900 °C für eine Stunde mit anschließendem Wasserabschrecken durchgeführt [RAE20]. Ziel des Lösungsglühens war es, den Einfluss des Walzens auf den initialen Eigenspannungsverlauf möglichst zu reduzieren. Danach wurde jeweils ein Spannungsarmglühprozess bei verschiedenen Temperaturen durchgeführt, um gezielt die Höhe der initialen Eigenspannungen einzustellen. Bei der Wärmebehandlung „**WBH1**“ wurde die Temperatur von 500 °C für eine Stunde gehalten. Durch diese geringe Temperatur sollte ein betragsmäßig hoher initialer Eigenspannungszustand resultieren. Dem Gegenüber wurde bei der Wärmebehandlung „**WBH2**“ die Temperatur von 650 °C für eine Stunde gehalten. Die Temperatur von 650 °C entspricht der Empfehlung von RAE und RAHIMI, wonach bei dieser Temperatur ein guter Kompromiss zwischen der Reduktion der initialen Eigenspannungen und den Festigkeitseigenschaften des Werkstoffs erzielt werden kann [RAE20]. Der Grund dafür ist, dass die Fließspannung von metallischen Werkstoffen mit zunehmender Temperatur sinkt. Die anschließende Abkühlung erfolgte für beide Wärmebehandlungen an der Luft.

Die Durchführung der Wärmebehandlung erfolgte in einem Ofen der Firma Carbolite. Dem Ofen wurde während aller Prozesse 9-10 L/min Argon als Schutzgas zugeführt. Bei beiden Wärmebehandlungen wurde die Ofentemperatur und die Wassertemperatur im Abschreckbecken sowie die oberflächennahe Temperatur und die Kerntemperatur eines Werkstücks mithilfe von Thermoelementen gemessen. Der Beginn der Haltezeit von je einer Stunde pro Wärmebehandlungsschritt wurde mithilfe des Thermoelements im Werkstückkern festgelegt. Sobald näherungsweise die Zieltemperatur für den jeweiligen Schritt erreicht wurde, wurde der entsprechende Zeitgeber gestartet. Abbildung 4.2 zeigt den verwendeten Ofen und den schematischen Aufbau der beiden Wärmebehandlungen inklusive Bezeichnung der wärmebehandelten Werkstücke. Bei WBH1 wurde nur ein Stein zur Auflage des Gitterrosts in der Mitte verwendet sowie ein weiterer kleinerer Stein zur Fixierung des Thermoelements für die Ofentemperaturmessung. Bei der WBH2 wurde aufgrund der Anzahl der Werkstücke ein größerer Gitterrost verwendet. Dieser wurde auf sechs Steinen aufgelegt, die entlang der Außenwände hochkant aufgestellt waren. Das Thermoelement für die Ofentemperaturmessung befand sich unter dem Gitterrost im Innenraum der aufgestellten Steine.

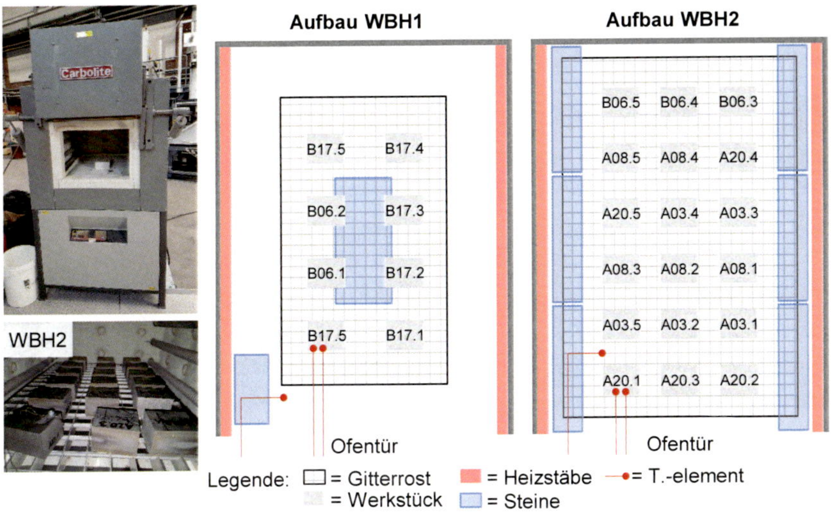

Abbildung 4.2: Ofen und Aufbauschemata der beiden Wärmebehandlungen
Furnace and layout plans of the two heat treatments

4.1.3 Werkstoffcharakterisierung
Workpiece Characterization

In Kapitel 4.1.1 wurde bereits erwähnt, dass die Werkstücke im Ausgangszustand WBH0 aus einer Walzplatte stammen. Die chemische Zusammensetzung der Walzplatte ist in Tabelle 4.1 aufgelistet.

Tabelle 4.1: Chemische Zusammensetzung der Ti-6Al-4V-Walzplatte
Chemical composition of the Ti-6Al-4V rolled plate

Al [Mass.-%]	V [Mass.-%]	O [Mass.-%]	Fe [Mass.-%]	C [Mass.-%]	N [Mass.-%]
6,33 - 6,41	4,15 - 4,34	0,178 - 0,181	0,18 - 0,19	0,022 - 0,026	<0,002 - 0,004

Des Weiteren wurden an allen drei Zuständen (WBH0, WBH1 und WBH2) Zugversuche durchgeführt. Dabei wurden von WBH0 drei und bei WBH1 und WBH2 je vier Proben in Längsrichtung der Blöcke – also in Walzrichtung der Platte – entnommen. Die Mittelwerte (MW) von den drei bzw. vier Proben sind in Tabelle 4.2 angegeben. Es ist zu erkennen, dass die beiden wärmebehandelten Zustände WBH1 und WBH2 jeweils eine höhere Dehngrenze und Zugfestigkeit als der Ausgangszustand WBH0 aufweisen. Die Bruchdehnung, Gleichmaßdehnung und das Elastizitätsmodul der wärmebehandelten Zustände liegen jeweils niedriger als die des Ausgangszustands. Es hat demnach eine Festigkeitssteigerung durch die Wärmebehandlungen stattgefunden.

Tabelle 4.2: Mittelwerte (MW) der Ergebnisse der Zugversuche
Mean values (MW) of the tensile test results

Zugfestigkeit R_m [N/mm²]	Bruch-dehnung A [%]	Gleichmaßdehnung A_g [%]	Dehngrenze $R_{p\,0,2}$ [N/mm²]	Elastizitätsmodul E [N/mm²]
WBH0: 998	WBH0: 14,88	WBH0: 8,53	WBH0: 921	WBH0: 125.562
WBH1: 1.131	WBH1: 11,72	WBH1: 3,57	WBH1: 1.003	WBH1: 117.581
WBH2: 1.054	WBH2: 13,85	WBH2: 5,54	WBH2: 956	WBH2: 114.686

4.2 Untersuchung von initialen Eigenspannungen

Investigation of Initial Residual Stresses

Dieses Kapitel stellt die experimentellen und simulativen Untersuchungen zur Bestimmung von initialen Eigenspannungen vor. Abschließend erfolgt ein Vergleich zwischen den experimentellen und simulativen Ergebnissen.

4.2.1 Durchführung und Ergebnisse der Contour Method

Execution and Results of the Contour Method

Zur Quantifizierung der initialen Eigenspannungen für die verschiedenen Wärmebehandlungszustände wurde die in Kapitel 2.1.4 vorgestellte „Contour Method" durchgeführt. Hierzu wurden die folgenden Werkstücke untersucht: WBH0 (Werkstück B10.1), WBH1 (B06.1 und B17.1) und WBH2 (A03.3 und A03.5). Die W-EDM-Schnitte wurden mit einem Draht aus Messing mit einem Durchmesser von 0,25 mm durchgeführt. Die Vorschubgeschwindigkeit betrug ca. 0,22 mm/min. Um eine gleiche Verformung der beiden Werkstückhälften zu gewährleisten, wurde das Werkstück beidseitig gespannt.

Zur Messung der Verformung der Oberflächen wurde ein Koordinatenmessgerät (KMG) des Typs ZEISS Prismo Vast verwendet. Das Werkstück wurde in einen Schraubstock mit geringer Spannkraft eingespannt, um Verzüge durch Spannkräfte zu vermeiden. Alle Oberflächen wurden mit 0,5 mm Randabstand und 1 mm Punktabstand abgetastet. Für die Schnittfläche in Längsrichtung ergibt sich somit eine Gesamtanzahl von 41 x 51 Punkten. Die Messkoordinatensysteme wurden dabei so gelegt, dass die Messpunkte der beiden Hälften auf dem gleichen Netz auf der Schnittfläche vorliegen. Im Anschluss an die Messungen wurden die folgenden Vorbereitungsschritte durchgeführt, bevor die Daten als Input für ein FEM-Modell genutzt werden konnten:

1. Die Rohdaten wurden händisch um Ausreißer bereinigt, die beispielsweise durch Verschmutzungen auf der Messfläche auftreten können.
2. Die beiden Hälften wurden zu einem arithmetischen Mittelwert zusammengefasst, um den Einfluss von Schnittfehlern zu reduzieren.

3. Am Anfang des Schnitts entstand eine Einkerbung, die das Ergebnis der Messung verfälschen könnte. Diese Messpunkte wurden daher für die Anwendung einer Glättungsfunktion gelöscht.
4. Damit die Oberflächenrauheit nicht zu starken Schwankungen der resultierenden Eigenspannungen führte, wurden die Messdaten mit einer Funktion ($R^2 > 0,74$) geglättet.
5. Die geglätteten Daten wurden ebenfalls durch eine Ebene angenähert. Diese Ebene wurde anschließend von den als Input verwendeten Daten subtrahiert. Damit konnten eventuell auftretende Verschiebungen der Schnittebene korrigiert werden, sodass die Integration über die Eigenspannungen ungefähr null ergibt.

In Abbildung 4.3 sind qualitativ die einzelnen Schritte für die Vorbereitung der Messdaten von Werkstück A03.5 (WBH2) dargestellt. Die Darstellung der Verarbeitungsschritte für die anderen Werkstücke und die Bestimmtheitsmaße aller Werkstücke finden sich in Anhang A.2.

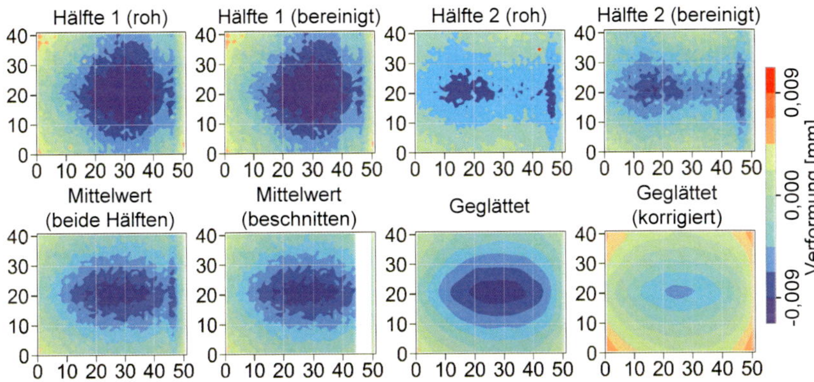

Abbildung 4.3: Messdatenverarbeitung für das Werkstück A03.5 (WBH2)
Measuring data processing for workpiece A03.5 (WBH2)

Die verarbeiteten Messdaten wurden als Input für ein FEM-Modell in der Software ANSYS Workbench 19.1 genutzt. Dieses Modell enthält die Geometrie der Werkstückhälfte, dessen Unterseite fixiert gelagert ist. Anschließend wurden die vorverarbeiteten Verformungen als Knotenverschiebungen auf die Oberseite aufgebracht. Die resultierenden Spannungen normal zur Fläche wurden anschließend invertiert, um auf die zugrundeliegenden Eigenspannungen zu schließen. Die E-Module wurden entsprechend der Tabelle 4.2 ausgewählt und die Querkontraktionszahl betrug für alle Zustände 0,33. Das Werkstück wurde mit 1 mm großen Hexaeder-Elementen und quadratischer Ansatzfunktion diskretisiert. Diese Elementgröße wurde basierend auf der Netzweite der gemessenen Punkte auf der Oberfläche festgelegt.

Das Ergebnis der „Contour Method“ für das Werkstück B10.1 (WBH0) ist in Abbildung 4.4 dargestellt. Innerhalb der Abbildung sind die gemessenen Eigenspannungen σ_{zz} als Konturdiagramm sowie als Profilschnitte an verschiedenen Positionen X_{CM} und Y_{CM} dargestellt. Die gemittelten Eigenspannungen σ_{zz} über alle Profile sind mit „MW“ gekennzeichnet. Es wurden initiale Eigenspannungen σ_{zz} von ca. ±30 MPa gemessen. Bezogen auf die Höhe des Werkstücks liegen Zugeigenspannungen in der Mitte und Druckeigenspannungen an den Rändern vor. Über die Breite des Werkstücks ist der Eigenspannungsverlauf näherungsweise konstant, nur nah an den Rändern verschiebt sich der Verlauf in Richtung Druckeigenspannungen. Der für Walzplatten charakteristische „M“-förmige Verlauf, der beispielsweise in der Untersuchung von RAE und RAHIMI [RAE18] gemessen und in Abbildung 2.7 dargestellt wurde, ist für diese Walzplatte nur in Tendenzen zu erkennen. Zwar liegt in diesem Fall nur ein Zugeigenspannungsmaximum in der Mitte des Werkstücks vor, allerdings lassen sich leicht außermittig zwei Verschiebungen in Richtung Zugeigenspannungen erkennen. Möglicherweise wurde der Eigenspannungsverlauf durch die durchgeführte Wärmebehandlung der Walzplatte (beschrieben in Kapitel 4.1.1) verändert.

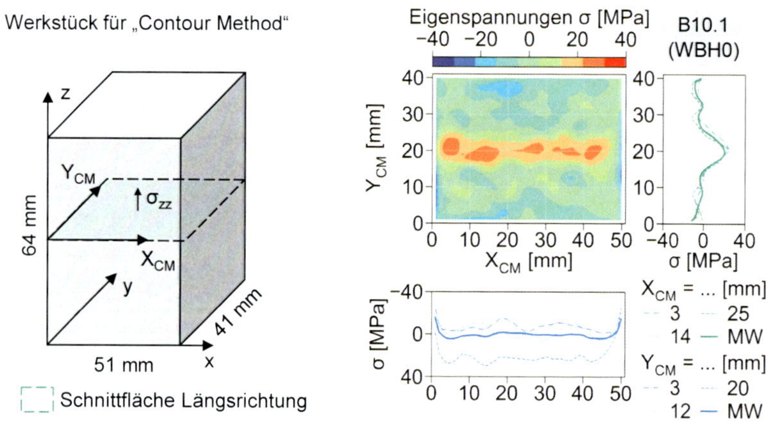

Abbildung 4.4: Werkstück für „Contour Method“ und Initiale Eigenspannungen σ_{zz} für B10.1 (WBH0)

Workpiece for “Contour Method” and initial residual stresses σ_{zz} for B10.1 (WBH0)

Der wärmebehandelte Zustand WBH1 mit den Werkstücken B06.1 und B17.1 (siehe Abbildung 4.5) weist die betragsmäßig höchsten Eigenspannungen σ_{zz} auf. Für B06.1 wurden Eigenspannungen σ_{zz} ca. zwischen -290 MPa und 200 MPa und für B17.1 zwischen -300 MPa und 220 MPa gemessen. Die Verteilung entspricht näherungsweise den Verläufen für lösungsgeglühte, abgeschreckte und spannungsarmgeglühte Werkstücke aus der Untersuchung von RAE und RAHIMI [RAE20], die in Abbildung 2.6 dargestellt ist. Es liegen somit Zugeigenspannungen im Kern und Druckeigenspannungen nahe den Oberflächen vor. Die Verläufe der beiden Werkstücke ähneln sich stark, sodass von einer guten Wiederholgenauigkeit des Wärmebehandlungsprozesses einerseits und der „Contour Method“ andererseits ausgegangen wird.

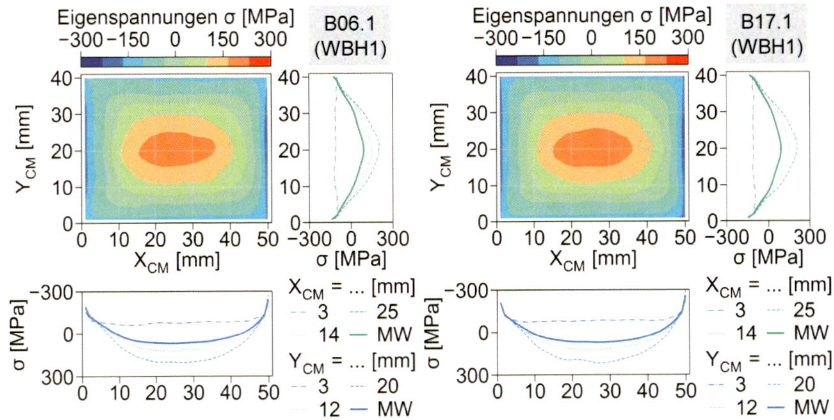

Abbildung 4.5: Initiale Eigenspannungen σ_{zz} für B06.1 (WBH1) und B17.1 (WBH1)

Initial residual stresses σ_{zz} for B06.1 (WBH1) and B17.1 (WBH1)

Für die Werkstücke im wärmebehandelten Zustand WBH2 (A03.3 und A03.5) liegen niedrigere Eigenspannungen σ_{zz} vor als für WBH1. Für A03.3 wurden Eigenspannungen σ_{zz} zwischen -63 MPa und 40 MPa und für A03.5 zwischen -68 MPa und 49 MPa gemessen. Wie bei WBH1 liegen Zugeigenspannungen im Kern und Druckeigenspannungen nahe der Oberfläche vor. Auch für diese Wärmebehandlung ist eine gute Wiederholgenauigkeit gegeben. Die Ergebnisse sind in Abbildung 4.6 dargestellt.

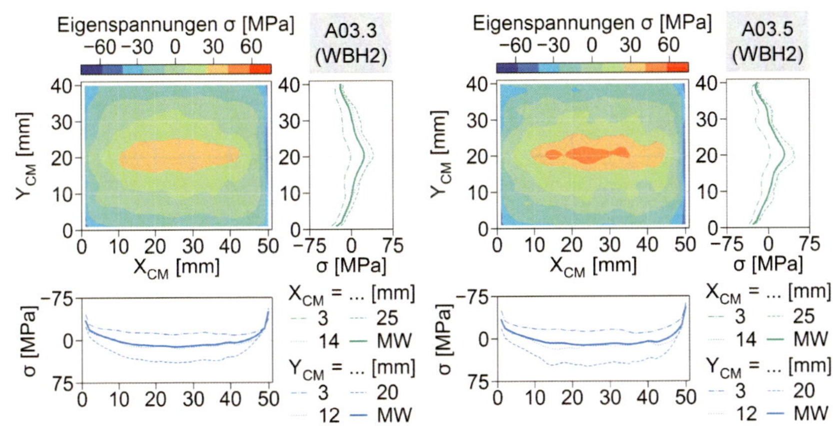

Abbildung 4.6: Initiale Eigenspannungen σ_{zz} für A03.3 (WBH2) und A03.5 (WBH2)

Initial residual stresses σ_{zz} for A03.3 (WBH2) and A03.5 (WBH2)

Der Vergleich der Wärmebehandlungen WBH1 und WBH2 bestätigt die auf Basis von Simulationen gewonnen Erkenntnisse von RAE und RAHIMI [RAE20]. Die höhere Temperatur von 650 °C statt 500 °C des Spannungsarmglühens führt zu deutlich verringerten initialen Eigenspannungen σ_{zz}. Aufgrund einer ähnlichen minimalen Werkstückbreite stimmen die Beträge bei den jeweiligen Temperaturen näherungsweise mit denen der Studien von RAE und RAHIMI überein. Außerdem zeigen die Ergebnisse der Zugversuche in Tabelle 4.2, dass die Wärmebehandlung Einfluss auf die Festigkeitseigenschaften des Werkstoffs hat. WBH1 zeigt mit höherem E-Modul und höherer Zugfestigkeit bei geringerer Gleichmaßdehnung spröderes Verhalten als WBH2. WBH2 ähnelt hinsichtlich der Ergebnisse des Zugversuchs wieder mehr dem Ausgangszustand. Dementsprechend erscheint die Empfehlung der Autoren RAE und RAHIMI hinsichtlich der Auswahl von 650 °C als Spannungsarmglühtemperatur als sinnvoll. Wie in der Empfehlung beschrieben stellt sich ein guter Kompromiss zwischen den Festigkeitseigenschaften und den erzielten initialen Eigenspannungen ein.

In Ergänzung zu den vorgestellten Messergebnissen wurden für den Zustand WBH2 zusätzlich die Eigenspannungen in Querrichtung σ_{xx} innerhalb des Werkstücks A03.5 gemessen. Das entsprechende Konturdiagramm ist in Anhang A.3 dargestellt und ähnelt qualitativ den Messergebnissen in Längsrichtung. Die gemessenen Eigenspannungen σ_{xx} liegen ca. zwischen -80 MPa und 50 MPa.

4.2.2 Thermomechanische Simulation der Wärmebehandlung

Thermomechanical Simulation of the Heat Treatment

Im vorherigen Kapitel wurde gezeigt, dass mithilfe der „Contour Method" die initialen Eigenspannungen in eine Richtung an einem Werkstückquerschnitt ermittelt werden können. Zur Bestimmung des gesamten Eigenspannungstensors für ein Werkstück wären weitere Messungen erforderlich, die zeit- und kostenaufwändig sind. Aus diesem Grund wurde zusätzlich eine thermomechanische FEM-Simulation zur Vorhersage von initialen Eigenspannungen infolge der durchgeführten Wärmebehandlungen verwendet [LAND21b]. Dabei wurden die Wärmebehandlungszustände WBH1 und WBH2 von der Access e.V. mit der Software Abaqus simuliert. Der wärmebehandelte Walzzustand WBH0 konnte nicht simuliert werden, da in der Simulation der Walzprozess nicht berücksichtigt wurde. Als Eingangsgröße verwendet das Modell: Wärmeleitfähigkeit, thermische Dehnung, Strahlung, Wärmeübertragung an Wasser und Luft an den Oberflächen und das elastoplastische mechanische Verhalten des Werkstücks. Die Daten stammten entweder aus einer bestehenden Datenbank zu dem Werkstoff Ti-6Al-4V oder wurden durch entsprechende Versuche an Proben aus der Walzplatte gemessen. Der Wärmeausdehnungskoeffizient wurde basierend auf einer Veröffentlichung von ELMER et al. [ELME05] ausgewählt. Die plastische Verformung wurde mit dem klassischen deviatorischen Metall-Kriechmodell unter Verwendung des VON MISES Spannungspotenzials modelliert. Thermische und mechanische Gleichungen wurden in einer vollständig gekoppelten Simulation gelöst. Das Volumen wurde mit 1 mm großen linearen Hexaeder-Elementen diskretisiert. [LAND21b]

Das Temperaturverhalten der Werkstücke in der Simulation hängt von den gewählten Wärmeübergangskoeffizienten zu Luft und zu Wasser und von dem Emissionsgrad der Oberfläche ab. Diese Einstellgrößen wurden daher ausgehend von einem erfahrungsbasierten Startwert iterativ verändert, bis eine gute optische Übereinstimmung der Temperaturkurven aus der Messung mittels Thermoelement und der Simulation vorlag. Dabei wurde der Fokus auf die Temperaturmessung im Kern des Werkstücks gelegt. Die resultierenden Wärmeübergangskoeffizienten sind 2500 W/m^{2}K für Wasser und 30 W/m^{2}K für Luft und der Emissionsgrad der Oberfläche beträgt 0,65. Die Simulation bildet keine Bildung von Luftblasen, Wasserströmung etc. ab, sondern basiert auf der Annahme perfekter Abkühlbedingungen während des Abschreckprozesses. [LAND21b]

Abbildung 4.7 enthält die Ergebnisse der thermomechanischen Simulation für WBH1 (links) und WBH2 (rechts). Dargestellt ist ausschließlich die Eigenspannungskomponente σ_{zz}, die auch in der „Contour Method" in Längsrichtung untersucht wurde. Die Ergebnisse der Eigenspannungskomponenten σ_{xx} und σ_{yy} sind in Anhang A.4 dargestellt. Für beide Wärmebehandlungen liegen Zugeigenspannungen im Kern und Druckeigenspannungen nahe der Oberfläche vor. Die maximale Druckeigenspannung von WBH1 beträgt ca. -150 MPa und die maximale Zugeigenspannung ca. 260 MPa. Für WBH2 beträgt die maximale Druckeigenspannung ca. -40 MPa und die maximale Zugeigenspannung ca. 65 MPa. Beide Simulationsergebnisse zeigen zur Oberfläche hin stark abflachendes Verhalten. In der 2D-Ansicht der Ergebnisse lässt sich außerdem ein „X"-förmiges Verhalten erkennen. Die einzelnen Verläufe an definierten Positionen in X_{CM} und Y_{CM} sind daher – insbesondere für WBH2 – am Rand leicht abfallend, in den Bereichen X_{CM} = 8-10 mm und X_{CM} = 42-50 mm sowie Y_{CM} = 8-10 mm und Y_{CM} = 32-40 mm stark abfallend und im Kern konstant. Insgesamt bestätigt die Simulation, dass die initialen Eigenspannungen infolge einer höheren Temperatur beim Spannungsarmglühen signifikant vermindert werden können.

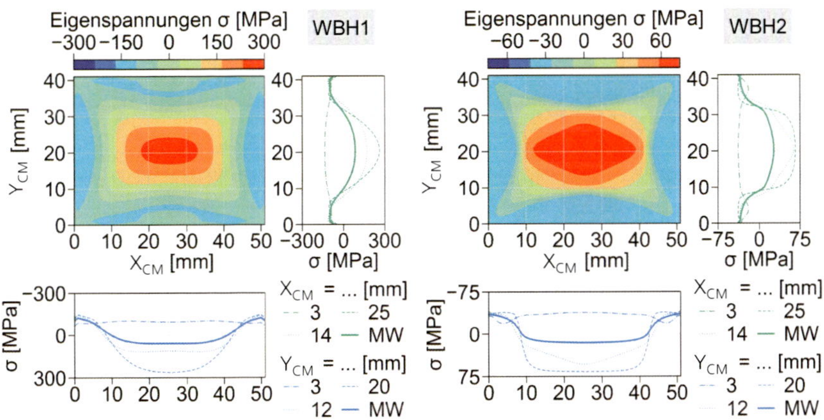

Abbildung 4.7: Simulierte initiale Eigenspannungen σ_{zz} für WBH1 und WBH2
Simulated initial residual stresses σ_{zz} for WBH1 and WBH2

4.2.3 Vergleich der experimentellen und simulierten initialen Eigenspannungen

Comparison of Experimental and Simulated Initial Residual Stresses

Die thermomechanische Simulation bietet gegenüber der „Contour Method“ zwei Vorteile als potenzieller Input für ein Vorhersagemodell von Bauteilverzug: Erstens enthält das Ergebnis den Spannungstensor für das gesamte Werkstück und nicht nur für einen Querschnitt und eine Spannungsrichtung und zweitens muss kein Bauteil zerstörend untersucht werden. Nachfolgend werden die initialen Eigenspannungen σ_{zz} aus der „Contour Method“ und die entsprechende Komponente der simulierten Eigenspannungen anhand des Querschnitts in Längsrichtung verglichen.

Für die Wärmebehandlung WBH1 wurden zunächst die zwei experimentellen Ergebnisse von Werkstück B06.1 und B17.1 gemittelt. Anschließend wurde dieses Ergebnis von dem Simulationsergebnis subtrahiert (siehe Abbildung 4.8 links). Die Differenz liegt ungefähr im Bereich zwischen -127 MPa und 185 MPa. In der Form der Abweichung lässt sich eine „X“-Form erkennen. Die simulierten Eigenspannungen sind in den Bereichen X_{CM} = 8-10 mm und X_{CM} = 42-50 mm sowie Y_{CM} = 8-10 mm und Y_{CM} = 32-40 mm stärker abfallend als die gemessenen Eigenspannungen. Neben der Differenz wurde auch das Verhältnis von Simulationsergebnis und Messergebnis analysiert (siehe Abbildung 4.8 rechts). Es ist zu erkennen, dass in einem weiten Bereich das Verhältnis zwischen den beiden Ergebnissen bei nahezu konstanten Werten um 1 liegt. Genauer liegt der Median des Verhältnisses bei 1,18, das 25 % Quantil bei 0,83 und das 75 % Quantil bei 1,33. Durch die kantigere Form des Simulationsergebnisses ergeben sich ungefähr im Bereich der Wendepunkte der Eigenspannungsverläufe größere Werte. Insgesamt liegt eine gute Übereinstimmung für den Zustand WBH1 vor.

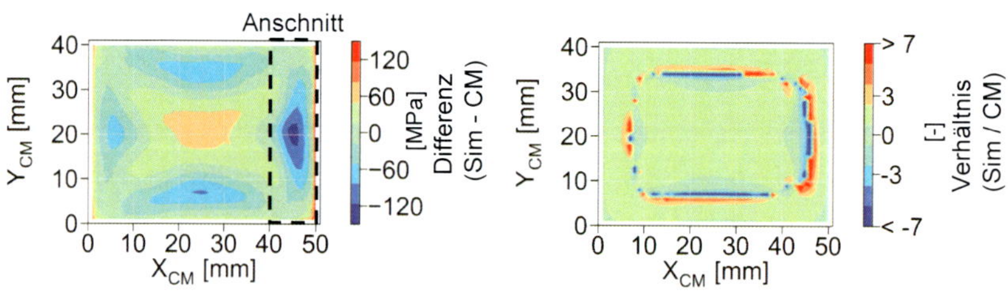

Abbildung 4.8: Vergleich von Simulation und „Contour Method“ von WBH1 durch Differenz (links) und Verhältnis (rechts) für σ_{zz}

Comparison of simulation and “Contour Method” of WBH1 by difference (left) and ratio (right) for σ_{zz}

Analog zu WBH1 sind in Abbildung 4.9 die Ergebnisse für WBH 2 dargestellt. Auch in diesem Fall ist eine „X“-Form für die Abweichungen erkennbar. Anders als bei der WBH1 lässt sich hier allerdings keine wesentlich stärkere Abweichung auf Seiten des Anschnitts erkennen. Die Differenz liegt ungefähr zwischen -65 MPa und 47 MPa. Anhand der Division der Ergebnisse ist zu erkennen, dass auch hier große Bereiche ein nahezu konstantes Verhältnis zwischen Simulation und Messung aufweisen. Diese Bereiche sind insgesamt etwas kleiner und schwanken anders als bei der WBH1 nicht um den Faktor 1 sondern um den Faktor 2. Konkret beträgt der Median 2,16, das 25 % Quantil 1,26 und das 75 % Quantil 3,21. Der Streuungsbereich ist also größer als bei der WBH1. Auch die Bereiche mit höheren Werten rund um die Wendepunkte der Eigenspannungsverläufe sind für die WBH2 größer. Teilweise liegt dies in den größeren relativen Schwankungen der Ergebnisse der „Contour Method" begründet. Diese wiederum begründen sich in der kleineren Spannweite der Verformungsergebnisse, wodurch Unebenheiten beispielsweise durch Rauheit oder das Schnittverhalten des W-EDM-Schnitts relativ gesehen einen größeren Einfluss haben können. Insgesamt ist die Übereinstimmung der Form von Simulation und Messung für diesen Zustand also weniger gut.

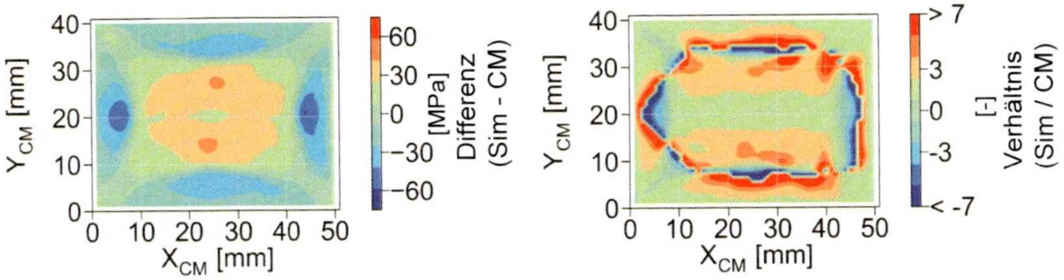

Abbildung 4.9: Vergleich von Simulation und „Contour Method" von WBH2 durch Differenz (links) und Verhältnis (rechts) für σ_{zz}
Comparison of simulation and "Contour Method" of WBH2 by difference (left) and ratio (right) for σ_{zz}

4.3 Untersuchung von induzierten Eigenspannungen

Investigation of Induced Residual Stresses

Inhalt dieses Kapitels ist die Untersuchung von induzierten Eigenspannungen. Hierzu wird im Folgenden der Versuchsplan und -aufbau, die Ergebnisse der Röntgendiffraktometriemessung sowie die Einflussanalyse und zugrundeliegende Effekte vorgestellt und diskutiert.

4.3.1 Versuchsplan und -aufbau

Experimental Design and Setup

Zur Beantwortung der ersten Forschungsfrage werden neben verschiedenen initialen Eigenspannungszuständen auch verschiedene induzierte Eigenspannungszustände benötigt. Aus dem Stand der Technik (vgl. Kapitel 2.1.3) ist bekannt, dass der Zahnvorschub f_z einen großen Einfluss auf die induzierten Eigenspannungen bei der Fräsbearbeitung von Ti-6Al-4V hat. Zur Quantifizierung des Einflusses wurden daher Zerspanungsuntersuchungen an einem Werkstück in dem Zustand WBH0 (B10.2) unter Variation von f_z durchgeführt. Die Schnittgeschwindigkeit v_c, die Schnitttiefe a_p und der Arbeitseingriff a_e wurden über alle Versuchspunkte (VP) konstant gehalten (siehe Tabelle 4.3).

Tabelle 4.3: Versuchspunkte (VP) zur Untersuchung der induzierten Eigenspannungen
Test points (VP) for the investigation of induced residual stresses

Versuchspunkte VP	Zahnvorschub f_z [mm]	Schnittgeschwindigkeit v_c [m/min]	Schnitttiefe a_p [mm]	Arbeitseingriff a_e [mm]
1.1	0,09	80	15	0,2
1.2	0,09	80	15	0,2
2.1	0,05	80	15	0,2
2.2	0,05	80	15	0,2
3	0,035	80	15	0,2

Insgesamt wurde f_z dreistufig variiert, wobei die ersten beiden VP jeweils einmal wiederholt wurden. Vor jedem Referenzschnitt wurde ein vorbereitender Schnitt durchgeführt, um gleichmäßige Eingriffsbedingungen für die Referenzschnitte sicherzustellen. Als Bearbeitungsstrategie wurde das Umfangsfräsen im Gleichlauf verwendet. Die Bearbeitung erfolgte auf einem Mikron HPM 800U HD-Bearbeitungszentrum. Das Werkstück wurde mit Spannbacken gespannt. Während der Bearbeitung wurden die Zerspankraftkomponenten in X-, Y- und Z-Richtung sowie das Moment um die Z-Achse mit einem rotierenden 4-Komponenten-Dynamometer (RCD Model 9170A) der Firma Kistler gemessen. Als Fräswerkzeuge wurde ein Torusfräser des Typs IMX16C4HV160R10016 der Firma MMC Hartmetall GmbH eingesetzt. Es handelt sich um ein Vollhartmetall-Werkzeug mit vier Schneiden, Durchmesser D = 16 mm, Schneidenlänge L_S = 16 mm und Eckenradius r_ε = 1 mm. Der Drallwinkel ε_{Drall} der Schneiden beträgt abwechselnd ε_{Drall} = 42° und ε_{Drall} = 45°. Die Schneidkantenrundung r_β eines neuen Werkzeugs wurde mit einem Messgerät vom Typ Alicona Infinite Focus G5 gemessen. Der Mittelwert aller vier Schneiden ergab sich zu r_β = 6,3 µm. Der Verschleißfortschritt wurde durch die gewählten Schlichtfräsparameter und die geringe Anzahl an Schnitten als gering eingeschätzt, weshalb insgesamt nur ein Werkzeug für die Fräsbearbeitung aller Flächen eingesetzt wurde. Das Werkzeug wurde während des Prozesses von außen mittels Kühlschmierstoff-Emulsion gekühlt. Der Versuchsaufbau und die Werkzeugparameter sind in Abbildung 4.10 dargestellt.

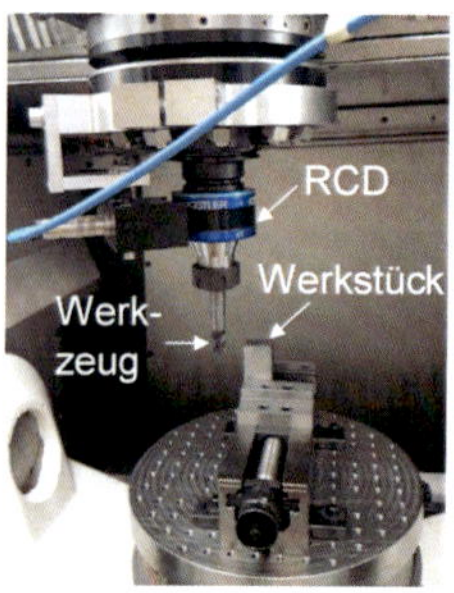

Werkzeugparameter	Werte
Durchmesser D [mm]	16
Anzahl der Schneiden [-]	4
Eckenradius r_ε [mm]	1
Drallwinkel ε_{Drall} [°]	42 – 45
Schneidkantenverrundung r_β [µm]	6,3
Keilwinkel β_0 [°]	72
Spanwinkel γ [°]	9

Abbildung 4.10: Versuchsaufbau und Werkzeugparameter
Test setup and tool parameters

4.3.2 Ergebnisse der Röntgendiffraktometriemessung

Results of the X-Ray Diffraction Measurement

Zur Messung der induzierten Eigenspannungen wurde das in Kapitel 2.1.4 beschriebene zerstörungsfreie Verfahren der Röntgendiffraktometrie eingesetzt. Hierzu wurde das Röntgendiffraktometer des Typs XSTRESSS G2R der Firma Stresstech GmbH verwendet. Auf jeder gefrästen Oberfläche wurden drei Messstellen definiert: Links (L), mittig (M) und rechts (R). Die Messstellen sind mittig in Abbildung 4.11 dargestellt. Die Tabelle rechts in Abbildung 4.11 gibt einen Überblick, welche Messstellen für welchen VP verwendet wurden und wie groß die jeweilige Messtiefe war. Bei jeder Messung wurden die Eigenspannungen in Vorschubrichtung (φ = 0°) und senkrecht dazu (φ = 90°) gemessen.

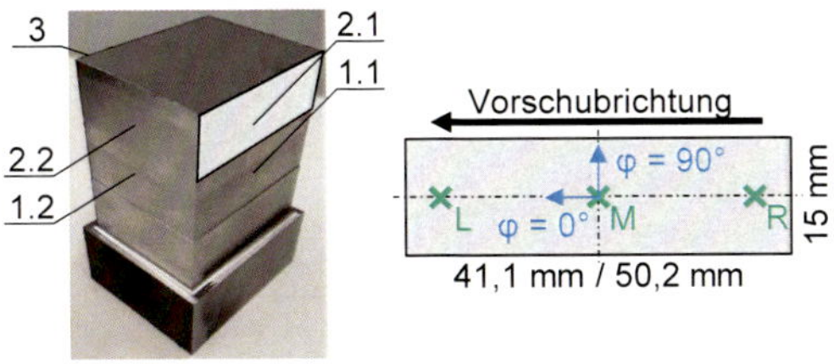

VP	Messstellen	Messtiefe [µm]
1.1	L; M; R	180; 162; 120
1.2	M	127
2.1	L; M; R	175; 160; 155
2.2	M	125
3	M	165

Abbildung 4.11: Informationen zu den Röntgendiffraktometriemessungen
Information on the x-ray diffraction measurements

Die Eigenspannungsprofile inklusive Messschwankungen in Vorschubrichtung (φ = 0°) und senkrecht dazu (φ = 90°) für den VP 2.1 an der Messtelle M sind in Abbildung 4.12 links exemplarisch dargestellt. Beide Profile weisen an der Oberfläche Druckeigenspannungen auf. Diese Druckeigenspannungen erreichen knapp unterhalb der Oberfläche einen Maximalwert. Anschließend fallen die Druckeigenspannungen ab und nähern sich null. In diesem Beispiel wurden betraglich größere Eigenspannungen in Vorschubrichtung als senkrecht dazu gemessen, wobei diese Aussage nicht für alle weiteren Einzelergebnisse (siehe Anhang A.5) zutrifft. In Abbildung 4.12 sind rechts alle Eigenspannungsprofile der durchgeführten Messungen ohne Zuordnung und Messschwankung abgebildet. Insgesamt weisen bis auf eine Ausnahme alle Messungen ein Eigenspannungsprofil mit lokalem Druckeigenspannungsmaximum knapp unter der Oberfläche auf. Gemäß der Einordnung nach NESPOR (siehe Abbildung 2.9) handelt es sich bei den zugrundeliegenden Wirkmechanismen somit wahrscheinlich um **Fall 2** – also eine Überlagerung von thermischen Effekten an der Oberfläche und mechanischen Effekten in der Tiefe – oder um **Fall 4** – also direkte mechanische Effekte. Eine Diskussion zur genauen Zuordnung zu einem der Fälle erfolgt in Kapitel 4.3.3.

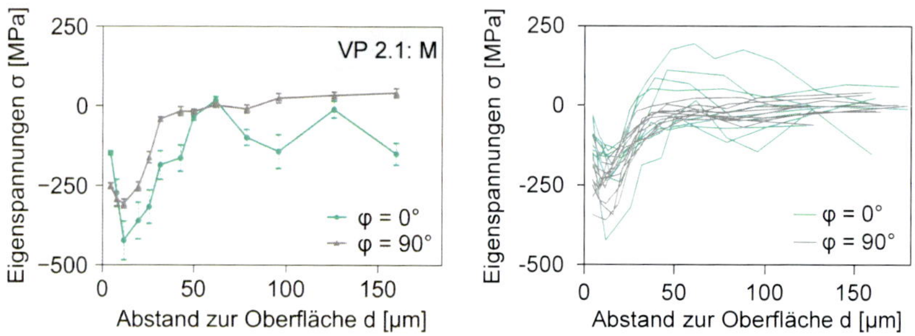

Abbildung 4.12: Eigenspannungsprofile der Einzelmessung VP 2.1: M (links) und aller Messungen (rechts)

Residual stress profiles of the single measurement VP 2.1: M (left) and of all measurements (right)

Einige Messungen in Vorschubrichtung weisen deutliche Schwankungen in den Zugeigenspannungsbereich auf. In Vorschubrichtung liegen die Oberflächeneigenspannungen aller Messungen zwischen -30 MPa und -149 MPa, die Druckeigenspannungsmaxima zwischen -142 MPa und -423 MPa und die maximalen Zugeigenspannungen bei 195 MPa. Senkrecht zur Vorschubrichtung liegen die Oberflächeneigenspannungen der Messungen zwischen -96 MPa und -341 MPa und die Druckeigenspannungsmaxima zwischen -185 MPa und -395 MPa. Deutliche Maxima in den Zugeigenspannungen treten senkrecht zur Vorschubrichtung nicht auf. Insgesamt nähern sich die Eigenspannungsprofile senkrecht zur Vorschubrichtung bereits ab ca. 50 µm null an. Die Eigenspannungsprofile in Vorschubrichtung schwanken auch in größeren Tiefen noch stärker. Eine mögliche Ursache hierfür könnte die Gefügestruktur des gefrästen Werkstücks (B10.2 im Zustand WBH0) sein, da es sich um ein gewalztes Werkstück handelt. Die Walzrichtung lag in diesem Fall längs zur Werkstücklänge, sodass das Gefüge wahrscheinlich in diese Richtung gestreckt ist. Entsprechend liegt die Messung senkrecht zur Vorschubrichtung in die gestreckte Richtung, welche weniger Schwankungen unterliegt, während die Messungen in Vorschubrichtung senkrecht zur Streckrichtung stärkeren Schwankungen unterliegen.

Aufgrund der Vermutung, dass das Eigenspannungsprofil teilweise von der Walzrichtung abhängt, wurden für die Einflussanalyse nur die VP herangezogen, die in einheitlicher Richtung hinsichtlich der Walzrichtung liegen. Konkret sind in Abbildung 4.13 die Eigenspannungsprofile von VP 1.1, VP 2.1 und VP 3 jeweils an der Messstelle M, getrennt nach Messwinkel dargestellt. In Vorschubrichtung ist keine eindeutige Tendenz erkennbar. Das Eigenspannungsprofil mit dem niedrigsten Zahnvorschub f_z = 0,035 mm (VP 3) weist die geringsten Druckeigenspannungen auf und schwankt stark in den Zugbereich. Das Eigenspannungsprofil mit dem höchsten Zahnvorschub f_z = 0,09 mm (VP 1.1) weist mittlere Druckeigenspannungen auf und das Profil mit dem mittleren Zahnvorschub f_z = 0,05 mm (VP 2.1) weist die höchsten Druckeigenspannungen auf. Senkrecht zur Vorschubrichtung lässt sich hingegen eine klare Tendenz erkennen. Sowohl die Druckeigenspannungen an der Oberfläche als auch der Wert des Druckeigenspannungsmaximums verringern sich mit zunehmendem Zahnvorschub. Inwiefern sich diese Tendenz begründen lässt, wird in Kapitel 4.3.3 erläutert.

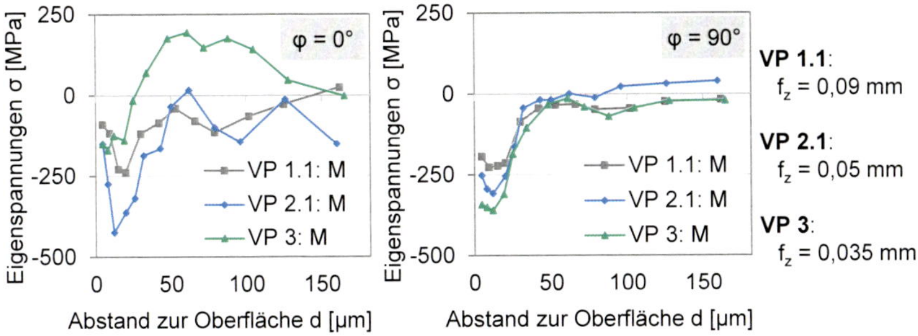

Abbildung 4.13: Eigenspannungen in und senkrecht zur Vorschubrichtung
Residual stresses in and perpendicular to the feed direction

Wie in Abbildung 4.11 gezeigt, wurden für VP 1 und VP 2 jeweils noch Wiederholungsmessungen an einer anderen Fläche und an abweichenden Messstellen (L und R) durchgeführt. Die Ergebnisse dieser Messungen im Vergleich sind im Anhang A.6 dargestellt. Die Abweichung zwischen den wiederholenden VP 1.1 und 1.2 bzw. 2.1 und 2.2 an der Messstelle M ist insbesondere in Vorschubrichtung hoch. Wie bereits erläutert, könnte dies auf die unterschiedliche Gefügestruktur durch den Walzprozess zurückzuführen sein. Senkrecht zur Vorschubrichtung sind die Abweichungen geringer. Außerdem zeigen die Ergebnisse einen deutlichen Einfluss der Messstelle (L, M und R) auf die Eigenspannungsprofile. Ein möglicher Grund könnte sein, dass sich die Eingriffsbedingungen während des Fräsens vom Anschnitt bis zum Austritt verändern.

4.3.3 Einflussanalyse und zugrundeliegende Effekte

Influence Analysis and Underlying Effects

Um den Einfluss des Zahnvorschubs auf die induzierten Eigenspannungen zu analysieren, wurden zunächst einige Kenngrößen definiert. Diese sind die Eigenspannungen an der Oberfläche $\sigma_{Oberfläche}$, die maximalen Druckeigenspannungen $\sigma_{Druck,\ max}$, die durchschnittlichen Eigenspannungen über die gesamte Messtiefe $\sigma_{m,\ Messtiefe}$, die durchschnittlichen Eigenspannungen bis zu einem definierten Grenzwert σ_m, die Position des Druckeigenspannungsmaximums $d_{Druck,\ max}$ und die Wirktiefe der durchschnittlichen Eigenspannungen bei definiertem Grenzwert d_m. Die durchschnittlichen Eigenspannungen über die gesamte Messtiefe $\sigma_{m,\ Messtiefe}$ berechnen sich gemäß folgender Formel:

$$\sigma_{m,\ Messtiefe} = \frac{\int_0^{d_{Messtiefe}} \sigma(d)\,\mathrm{d}d}{d_{Messtiefe}} \tag{23}$$

Die Kenngröße σ_m wird analog zu $\sigma_{m,\ Messtiefe}$ bestimmt. Anstelle der Messtiefe ($d_{Messtiefe}$) wird hierfür der Abstand zur Oberfläche verwendet, bei dem die Eigenspannungen nach Erreichen ihres Maximalwertes betraglich 30 MPa unterschreiten

(d_m). Dieser Grenzwert wurde in Anlehnung an ZHANG et al. [ZHAN20] ausgewählt, da einige der Eigenspannungsprofile die Nulllinie nicht kreuzen, jedoch trotzdem einen starken Rückgang verzeichnen. σ_m bietet gegenüber $\sigma_{m,\ Messtiefe}$ den Vorteil, dass starke Schwankungen in größerem Abstand zur Oberfläche nicht berücksichtigt werden. Somit werden Einflüsse vermindert, die mehr auf das Gefüge und weniger auf den Fräsprozess zurückzuführen sind. Die Ergebnisse aller Kenngrößen zur Charakterisierung der induzierten Eigenspannungsprofile aller VP sind im Anhang A.7 dargestellt.

Der Einfluss von f_z auf die Kenngrößen $\sigma_{Oberfläche}$, $\sigma_{Druck,\ max}$ und σ_m ist in Abbildung 4.14 dargestellt. Für $\sigma_{Oberfläche}$ verringern sich die Druckeigenspannungen in beiden Richtungen mit steigendem f_z von -149 MPa auf -90 MPa in Vorschubrichtung und von -341 MPa auf -190 MPa senkrecht dazu. Die Werte für $\sigma_{Druck,\ max}$ in Vorschubrichtung erhöhen sich zwischen f_z = 0,035 mm und f_z = 0,050 mm von -169 MPa auf -241 MPa und verringern sich anschließend wieder bei f_z = 0,090 mm auf -203 MPa. Senkrecht zur Vorschubrichtung verringern sich $\sigma_{Druck,\ max}$ mit wachsendem f_z von -359 MPa auf -239 MPa. Die Ergebnisse für σ_m in Vorschubrichtung liegen für f_z = 0,035 mm mit 84 MPa im Zug- und für f_z = 0,05 mm mit -130 MPa und f_z = 0,09 mm mit -93 MPa im Druckeigenspannungsbereich. Senkrecht zur Vorschubrichtung verringert sich σ_m mit zunehmendem f_z von -178 MPa auf -87 MPa.

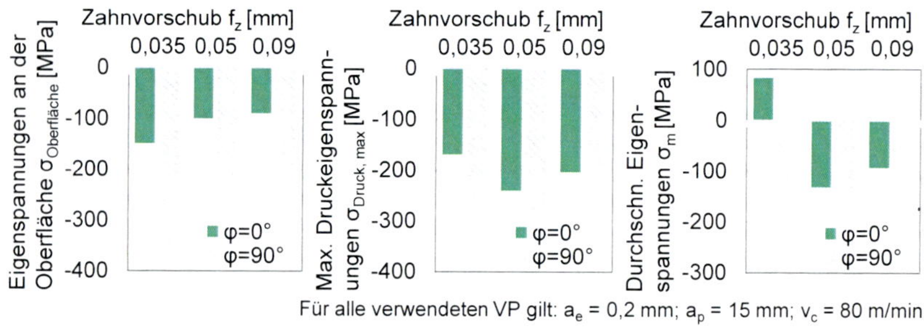

Abbildung 4.14: Einfluss von f_z auf die Kenngrößen der Eigenspannungen
Influence of f_z on the characteristics of residual stresses

Zur Analyse der zugrundeliegenden Effekte wurden die gemessenen Zerspankraftkomponenten F_x, F_y und F_z ausgewertet. In Abbildung 4.15 sind die Mittelwerte dieser in Abhängigkeit von f_z dargestellt. Bei einer Erhöhung von f_z von 0,035 mm auf 0,09 mm steigt F_x von 244 N auf 282 N, F_y von 254 N auf 313 N und F_z von 18 N auf 44 N. Die resultierende Kraft F_{res} steigt von 353 N auf 423 N.

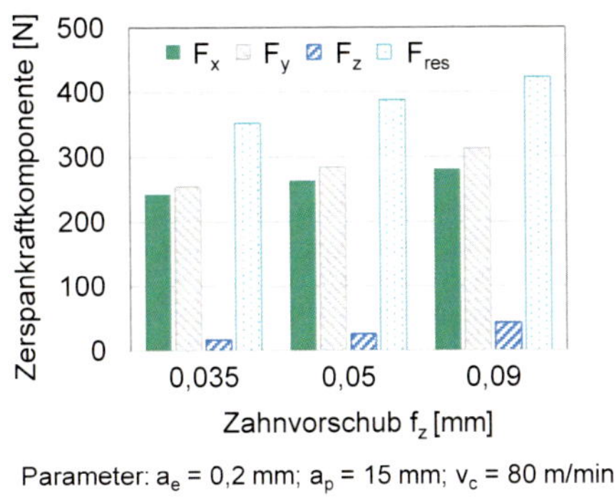

Abbildung 4.15: Einfluss von f_z auf die Zerspankraftkomponenten
Influence of f_z on cutting force components

Bei gemeinsamer Analyse der Veränderung der Kenngrößen der induzierten Eigenspannungsprofile und der Zerspankraftkomponenten ist zunächst kein klarer Zusammenhang erkennbar. Beispielsweise liegen bei geringem f_z gemäß Abbildung 4.14 höhere Druckeigenspannungen senkrecht zur Vorschubrichtung vor, obwohl gemäß Abbildung 4.15 die Zerspankraftkomponenten für diesen VP am geringsten waren. Da Druckeigenspannungen durch Kompression der Oberfläche entstehen, wäre die Vermutung naheliegend, dass sie mit der Kraft zusammenhängen. Diese Vermutung wird allerdings durch die Messergebnisse nicht bestätigt.

In Kapitel 2.1.3 wurde der Begriff der „oberflächengenerierenden Kräfte" eingeführt [NESP15]. Dabei handelt es sich um die Prozesskräfte, die sich den Spanungsgrößen (Spanungsdicke h_{sp} und Spanungsbreite b_{sp}) zuordnen lassen, die während der Oberflächengeneration wirken. Oberflächengeneration ist wiederum definiert als der Anteil des Zahneingriffs, bei dem ein Teil der finalen Oberfläche entsteht, welche nicht durch nachfolgende Werkzeugumdrehungen oder Teilschnitte entfernt wird. Da beim Umfangsfräsen ein proportionaler Zusammenhang zwischen der Spanungsdicke h_{sp} und f_z besteht, werden im Folgenden die oberflächengenerierenden Kräfte vereinfacht als Verhältnis von Zerspankraftkomponente und f_z betrachtet. In Abbildung 4.16 ist links die Korrelation zwischen f_z, den Zerspankraftkomponenten und den oberflächengenerierenden Komponenten auf der y-Achse und den Kenngrößen der induzierten Eigenspannungsprofile in und senkrecht zur Vorschubrichtung auf der x-Achse dargestellt. Hierbei ist nur der Betrag und nicht das Vorzeichen der Korrelation visualisiert. Die Korrelationen zwischen f_z und den Kenngrößen der induzierten Eigenspannungen senkrecht zur Vorschubrichtung sind mit Beträgen von ca. 0,5 – 0,75 bereits relativ hoch. Die Korrelation zwischen den Zerspankraftkomponenten und den induzierten Eigenspannungskenngrößen ist mit Beträgen kleiner 0,4 gering. Werden im Vergleich die oberflächengenerierenden Komponenten betrachtet, so liegt deren Korrelation insbesondere für F_x, F_y und F_{res} in den meisten Fällen höher. Exemplarisch sind rechts die Streudiagramme der Kombinationen F_{res} zu σ_m (φ = 90°) und F_{res}/f_z zu σ_m (φ = 90°) dargestellt. Die Korrelation zwischen F_{res} und σ_m

senkrecht zur Vorschubrichtung liegt nur bei 0,04. Das Streudiagramm zeigt keine klare Steigung der Punktewolke. Die Korrelation von F_{res}/f_z und σ_m senkrecht zur Vorschubrichtung liegt bei 0,82. Im zugehörigen Streudiagramm lässt sich entsprechend eine klare Steigungstendenz der Punktewolke erkennen. Je höher F_{res}/f_z ist, umso mehr verschieben sich die Werte von σ_m in Richtung Druckeigenspannungen. Es ist somit nicht F_{res} allein entscheidend, sondern vielmehr F_{res}/f_z. Die Beobachtung von NESPOR für das Kugelkopffräsen lässt sich somit im Ansatz auf das Umfangsfräsen übertragen. Für F_z wird durch die Division mit f_z die Korrelation nicht signifikant erhöht. Diese Zerspankraftkomponente wirkt auf die durch den Zahnvorschub definierten Spanungsgrößen nicht als Normal- sondern als Schubkraft. Vermutlich sind die Spanungsgrößen für den Zusammenhang zwischen Kraft und Spannung für diese Richtung daher weniger relevant.

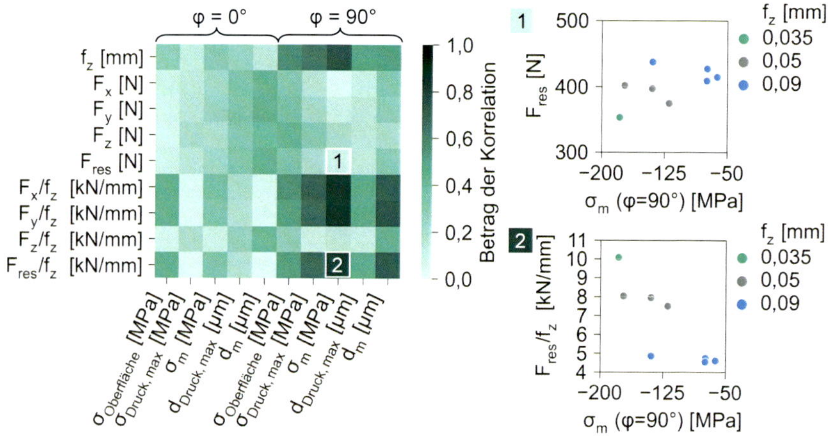

Abbildung 4.16: Korrelationsmatrix (links) und Streudiagramme von zwei Kombinationen (rechts)

Correlation matrix (left) and scatter plots of two combinations (right)

Zusammenfassend zeigen die Ergebnisse, dass die Veränderung der induzierten Eigenspannungen insbesondere senkrecht zur Vorschubrichtung zu einem signifikanten Anteil durch die oberflächengenerierenden Zerspankraftkomponenten erklärt werden kann. Es ist somit wahrscheinlich, dass der charakteristische Verlauf der Eigenspannungsprofile auf den **Fall 4** aus Abbildung 2.9 – also auf direkte mechanische Effekte – zurückzuführen ist.

4.4 Zusammenfassung und Zwischenfazit

Summary and Interim Conclusion

Werkstoff und Wärmebehandlung

Als Ausgangszustand (WBH0) wurde eine warmgewalzte Platte aus der α+β-Legierung Ti-6Al-4V, spezifiziert nach AIMS 03-18-006 und ABS 5125 B, verwendet.

Aus dieser Platte wurden alle Werkstücke für die empirischen Untersuchungen in dieser Arbeit herausgetrennt. Einige Werkstücke wurden zusätzlich lösungsgeglüht, dann in Wasser abgeschreckt und anschließend einem Spannungsarmglühprozess mit den Temperaturen von 500 °C (WBH1) und 650 °C (WBH2) unterzogen.

Initiale Eigenspannungen

Zur Quantifizierung der initialen Eigenspannungen für die Zustände WBH0, WBH1 und WBH2 wurde die „Contour Method" angewandt, für die eine angepasste Vorgehensweise zur Verarbeitung der KMG-Messdaten entwickelt wurde. Für den Zustand WBH0 wurden initiale Eigenspannungen von ±30 MPa mit einer „M"-förmigen Tendenz im Verlauf gemessen, was die Ergebnisse von RAE und RAHIMI [RAE18] im Ansatz bestätigt. Für den Zustand WBH1 liegen die gemessenen initialen Eigenspannungen zwischen -300 MPa und 220 MPa und damit deutlich höher als für den Zustand WBH0. Der Verlauf ist typisch für ein abgeschrecktes Werkstück mit Zugeigenspannungen im Zentrum und Druckeigenspannungen an der Oberfläche. Im Gegensatz dazu wurden für den Zustand WBH2 initiale Eigenspannungen zwischen -68 MPa und 49 MPa gemessen, die einen ähnlichen Verlauf wie WBH1 aufweisen.

Zusätzlich wurde eine thermomechanische Simulation zur Vorhersage von initialen Eigenspannungen infolge von WBH1 und WBH2 verwendet. Es zeigte sich eine gute Übereinstimmung von empirischen und simulativen Ergebnissen für WBH1 (siehe Abbildung 4.8), aber eine schlechte Übereinstimmung für WBH2 (siehe Abbildung 4.9). Sowohl die empirischen als auch die simulativen Ergebnisse bestätigen die auf Basis von Simulationen gewonnene Erkenntnis von RAE und RAHIMI [RAE20], dass eine höhere Temperatur beim Spannungsarmglühen zu geringeren initialen Eigenspannungen führt.

Induzierte Eigenspannungen

Zur Einflussanalyse des Zahnvorschubs f_z auf die induzierten Eigenspannungen wurden zunächst Kenngrößen zur Beschreibung der induzierten Eigenspannungsprofile definiert. Die Steigerung von f_z = 0,035 mm auf f_z = 0,09 mm führte zu einer Abnahme der oberflächlichen Druckeigenspannungen senkrecht zur Vorschubrichtung von -149 MPa auf -90 MPa.

Die Korrelation zwischen den Zerspankraftkomponenten und den Eigenspannungskenngrößen ist mit Beträgen < 0,4 gering. Bezogen auf den jeweiligen Zahnvorschub f_z erhöhten sich die Korrelationen deutlich auf bis zu 0,82. Dies bestätigt im Ansatz die Beobachtung von NESPOR [NESP15] zur Wirkung der oberflächengenerierenden Kräfte auf die induzierte Eigenspannungsentstehung beim Kugelkopffräsen. Da dies ein rein mechanischer Beschreibungsansatz ist, sind auf Basis der hier beschriebenen empirischen Untersuchungen direkte mechanische Effekte bei der Entstehung von induzierten Eigenspannungen beim gekühlten Umfangsfräsen von Ti-6Al-4V sehr wahrscheinlich dominant (**Fall 4**).

5 Analyse des eigenspannungsbedingten Bauteilverzugs

Analysis of Part Distortion caused by Residual Stresses

Aufbauend auf den Ergebnissen aus dem vorherigen Kapitel erfolgt in diesem Kapitel die Analyse des eigenspannungsbedingten Bauteilverzugs anhand von Zerspanungsuntersuchungen. Hierzu wird zunächst in Kapitel 5.1 der Versuchsplan und -aufbau vorgestellt. Anschließend werden in Kapitel 5.2 die Versuchsergebnisse dargelegt und in Kapitel 5.3 diskutiert. Final wird in Kapitel 5.4 ein Zwischenfazit gezogen und FF1 beantwortet:

FF1: *Wie beeinflussen initiale und induzierte Eigenspannungen den Verzug von gefrästen Bauteilen aus Ti-6Al-4V?*

5.1 Versuchsplan und -aufbau

Experimental Design and Setup

Zur Beantwortung von FF1 wurde ein Versuchsplan aufgestellt, der sich in die zwei Versuchsreihen „**Initiale Eigenspannungen**" und „**Induzierte Eigenspannungen**" aufteilt. Das Ziel der beiden Versuchsreihen ist jeweils die getrennte Einflussanalyse von initialen und induzierten Eigenspannungen auf den Verzug. Ein wesentlicher Unterschied der beiden Versuchsreihen ist die Zielgeometrie des Bauteils. Bei beiden Varianten wird eine frei auskragende, dünnwandige Platte mit Sockel aus den wärmebehandelten Blöcken (vgl. Kapitel 4.1) gefräst. Insgesamt wurden drei verschiedene Geometrievarianten definiert, die in Abbildung 5.1 dargestellt sind. Die Vorderansicht ist für alle drei Varianten identisch und ist links in der Abbildung gezeigt.

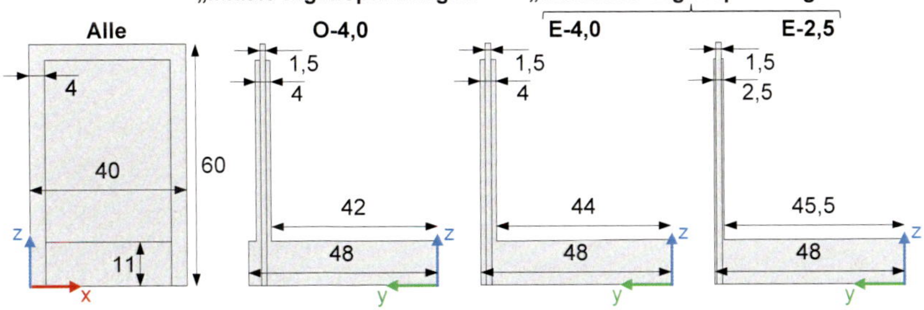

Abbildung 5.1: Geometrievarianten der Fertigteile für die Versuchsreihen
Geometry variants of the final parts for the test series

Bei der Benennung der Geometrien steht „**O**" für die Variante mit Offset (O = Offset) und „**E**" für die Variante, bei der die Platte an der Kante des Bauteils liegt (E = Edge). Außerdem enthält die Kurzbezeichnung die jeweilige Wandstärke in Millimeter. Für die Versuchsreihe „Initiale Eigenspannungen" wurde die Variante „O-4,0" gewählt, sodass eine beidseitige Fräsbearbeitung der Platte erforderlich war. Hierdurch sollte der Einfluss der induzierten Eigenspannungen auf den Verzug minimiert werden, da von beiden Seiten idealerweise identische Eigenspannungen in die Platte eingebracht werden. In der Theorie entstehen betragsmäßig identische aber entgegengerichtete Biegemomente, die sich gegenseitig kompensieren würden. Der eigenspannungsbedingte Verzug sollte somit in dieser Versuchsreihe hauptsächlich aus den initialen Eigenspannungen resultieren. Für die Versuchsreihe „Induzierte Eigenspannungen“ wurden die Varianten „E-4,0“ und „E-2,5“ definiert. In beiden Fällen erfolgt eine einseitige Fräsbearbeitung, da die Platte jeweils am Rand des Bauteils positioniert ist. Die Wandstärke der Platte beträgt entweder 4 mm oder 2,5 mm. Hintergrund ist, dass die Wirktiefe der induzierten Eigenspannungen bei dünneren Bauteilen einen höheren relativen Anteil gemessen an der Wandstärke hat. Daher wird erwartet, dass der Einfluss der induzierten Eigenspannungen bei dünnen Bauteilen größer ist. Laut MA et al. [MA10] überwiegt der Einfluss der induzierten Eigenspannungen auf den Verzug ab einer Wandstärke ≤ 3 mm. Aus diesem Grund wurden eine dickere (4 mm) und eine dünnere (2,5 mm) Wandstärke als ebendiese 3 mm ausgewählt.

Zur Beantwortung der FF1 wurde neben der Geometrie auch der Wärmebehandlungszustand und der Zahnvorschub f_z für den Schlichtfräsprozess variiert. Die Untersuchung der Versuchsreihe „Initiale Eigenspannungen“ erfolge auf Basis aller drei Wärmebehandlungszustände (WBH0, WBH1 und WBH2). Die Prozessparameter wurden in diesem Fall konstant gewählt. Hingegen fand für die Versuchsreihe „Induzierte Eigenspannungen“ nur der Wärmebehandlungszustand WBH2 Verwendung, da gemäß Kapitel 4.2 für diesen Zustand ein geringer initialer Eigenspannungszustand vorliegt und der Einfluss auf den Verzug damit minimiert wird. Stattdessen wurde auf Basis der Ergebnisse aus Kapitel 4.3 der Zahnvorschub mit f_z = 0,05 mm und f_z = 0,09 mm für die Schlichtfräsbearbeitung ausgewählt, um unterschiedlich stark ausgeprägte induzierte Eigenspannungen in die Platte einzubringen. Für die Versuchsreihe „Initial“ wurden drei VP und für die Versuchsreihe „Induziert“ vier VP vorgesehen (siehe Tabelle 5.1). Jeder VP wurde drei Mal wiederholt, sodass in Summe 21 Versuche resultieren.

Tabelle 5.1: Versuchsplan
Experimental design

Kurzbezeichnung	Versuchsreihe	Wärmebehandlung	Offset	Wandstärke	f_z (Schlichten)
W0-O-4,0-0,05	Initial	WBH0	Ja	4 mm	0,05 mm
W1-O-4,0-0,05	Initial	WBH1	Ja	4 mm	0,05 mm
W2-O-4,0-0,05	Initial	WBH2	Ja	4 mm	0,05 mm
W2-E-4,0-0,09	Induziert	WBH2	Nein	4 mm	0,09 mm
W2-E-4,0-0,05	Induziert	WBH2	Nein	4 mm	0,05 mm
W2-E-2,5-0,09	Induziert	WBH2	Nein	2,5 mm	0,09 mm
W2-E-2,5-0,05	Induziert	WBH2	Nein	2,5 mm	0,05 mm

Der Versuchsaufbau erfolgte grundsätzlich analog zu den beschriebenen Referenzuntersuchungen aus Kapitel 4.3.1. Konkret wurde dasselbe Bearbeitungszentrum und Fräswerkzeuge desselben Typs eingesetzt. Alle Werkstücke wurden mittels Fräsen extern vorbereitet, sodass die jeweils gegenüberliegenden Flächen zueinander plan waren und die Werkstücke über einen 4 mm breiten und 1,5 mm dicken Rahmen verfügten. Hierbei gilt zu beachten, dass es durch diese Vorbereitung bereits zu einer Einbringung von induzierten Eigenspannungen in die entsprechenden Flächen kam. Diese wiederum können einen Einfluss auf den finalen Bauteilverzug haben und damit sowohl das Mess- als auch das Simulationsergebnis verfälschen. Als Frässtrategie wurde das Umfangsfräsen verwendet. Jedes Werkstück war in drei Blöcke mit einer Höhe von je 15 mm aufgeteilt, die nacheinander gefräst wurden (siehe Abbildung 5.2). Zunächst wurde in jedem Block das Schruppfräsen mit einem radialen Aufmaß von 0,2 mm zur Zielgeometrie durchgeführt. Das verbleibende Aufmaß wurde anschließend in einem Schlichtfräsprozess entfernt, bevor mit der Fräsbearbeitung des nächsten Blocks begonnen wurde. Um den Einfluss von fortschreitendem Werkzeugverschleiß zu minimieren, kamen für das Schruppen und Schlichten jeweils eigene Werkzeuge zum Einsatz. Es wurden maximal drei Werkstücke mit einem Werkzeug gefräst. Während des Fräsprozesses wurde das Werkzeug von außen mittels Kühlschmierstoff-Emulsion gekühlt.

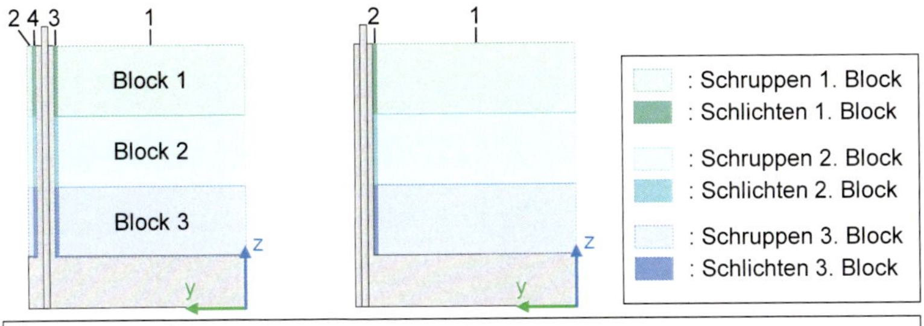

Prozessparameter:				
Schruppen:	f_z = 0,09 mm	v_c = 80 m/min	a_e = 1 mm	a_p = 15 mm
Schlichten:	f_z = 0,05; 0,09 mm	v_c = 80 m/min	a_e = 0,2 mm	a_p = 15 mm

Abbildung 5.2: Frässtrategie und Prozessparameter
Milling strategy and process parameter

Zur Quantifizierung des eigenspannungsbedingten Verzugs der freistehenden Platte wurde ein maschineninterner Messtaster vom Typ m&h IRP40.01 mit einer Auskraglänge von 85 mm und 6 mm Durchmesser der Tastkugel verwendet. Abbildung 5.3 stellt die Messpunkte entlang des Rahmens dar. Der Rahmen, der bereits im Vorfeld eingebracht wurde, dient als Referenzgeometrie für den Verzug. Er ist mit 1,5 mm Dicke dünner als die minimale Wandstärke der Platte von 2,5 mm, sodass der Rahmen während der Fräsbearbeitung des Werkstücks nicht berührt wurde. Dies hat den Vorteil, dass beim Abtasten des Rahmens Maßabweichungen infolge von Werkzeug- und Werkstückabdrängung oder Einflüsse der gefrästen Oberfläche nicht das Ergebnis der Messung des Verzugs beeinflussen. Es gilt jedoch zu beachten, dass auf den Rahmenflächen induzierte Eigenspannungen eingebracht wurden, die zu einer Verfälschung der Verzugsergebnisse führen können. Das Messprogramm wurde sowohl für das Rohteil als auch für alle Zwischenstufen nach den gefrästen Blöcken durchgeführt. Es wurde jeweils die Vorder- und Rückseite des Bauteils abgetastet, sodass ein Mittelwert für jeden Messpunkt berechnet werden konnte.

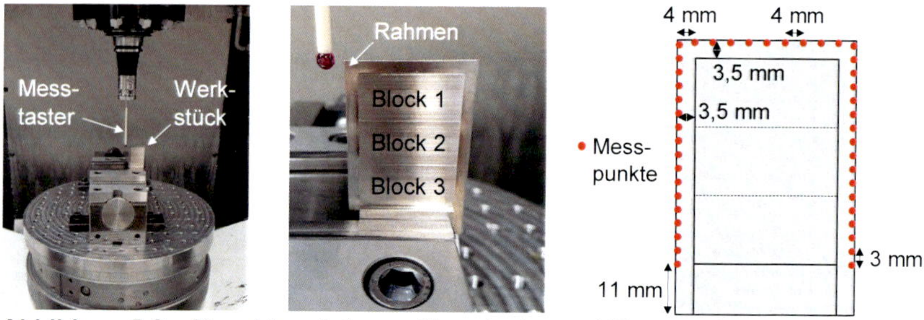

Abbildung 5.3: Maschineninterner Messtaster und Messpunkte
In-machine touch probe and measuring points

5.2 Versuchsergebnisse

Experimental Results

Die Position und Orientierung des Rahmens im Raum hängen unter anderem von der Einspannung des Werkstücks ab und können zu einer Fehlinterpretation der Messergebnisse führen. Aus diesem Grund wurden die Messergebnisse des eingespannten Rohteils jeweils von den Messergebnissen nach den Fräsprozessen subtrahiert. Diese korrigierten Werte werden im Folgenden als „Verzug" bezeichnet. Abbildung 5.4 stellt die Rohmessdaten und das „korrigierte" Ergebnis exemplarisch anhand des linken Rahmens, jeweils für das Rohteil und nach der Fräsbearbeitung der drei Blöcke des Werkstücks B06.2 (Versuchsgruppe W1-O-4,0-0,05), dar. Aus diesem Beispiel ist ersichtlich, dass der Rahmen bereits bei der Messung des Rohteils eine Schieflage aufweist und somit eine Korrektur der Messungen notwendig ist.

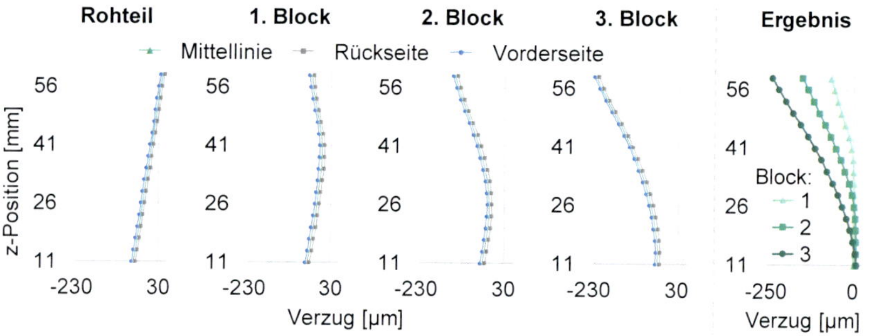

Abbildung 5.4: Rohmessdaten und Verzug des linken Rahmens von Werkstück B06.2 (W1-O-4,0-0,05)
Raw measurement data and distortion of the left frame of workpiece B06.2 (W1-O-4,0-0,05)

5.2.1 Versuchsreihe "Initiale Eigenspannungen"

Test Series "Initial Residual Stresses"

In der Versuchsreihe „Initiale Eigenspannungen" wurden die Versuchsgruppen W0-O-4,0-0,05, W1-O-4,0-0,05 und W2-O-4,0-0,05 untersucht. Es wurden jeweils drei Bauteile je Versuchsgruppe gefräst, dessen Positionen innerhalb der Walzplatte in Abbildung 4.1 dargestellt sind. Abbildung 5.5 stellt alle Ergebnisse der Verzugsmessungen der drei Bauteile (B10.3, B10.4 und B10.5) sowie der Mittelwert für die Versuchsgruppe W0-O-4,0-0,05 nach jedem Block dar. Um den gesamten Verzug des Rahmens in einem Graphen darstellen zu können, wurde eine Umlaufkoordinate ϑ definiert, die mit dem ersten Messpunkt am unteren linken Rahmen startet und im Uhrzeigersinn die weiteren Messpunkte erfasst. Im Diagramm ist jeweils der Verzug des linken Rahmens, dann der des oberen Rahmens und zuletzt der des rechten Rahmens geplottet. Die dicken Linien stellen die Mittelwerte der drei Wiederholversuche dar. Nach der Fräsbearbeitung des ersten Blocks wurde ein maximaler Verzug von 5 µm am obersten Messpunkt des rechten Rahmens gemessen. Dieser Wert steigt auf 25 µm nach dem zweiten Block an. Am obersten Messpunkt des linken Rahmens beträgt der Verzug 17 µm, sodass ein asymmetrisches Verzugsverhalten gemessen wurde. Nach dem dritten und letzten Block beträgt der Verzug am obersten Punkt des linken Rahmens 55 µm und am obersten Punkt des rechten Rahmens 57 µm. Das Verzugsverhalten ist damit nahezu symmetrisch. Die maximal gemessenen Abweichungen zwischen zwei Punkten der drei Messergebnisse liegt bei 6,9 µm. Gemessen am maximalen Verzug entspricht dies einer Abweichung von 12 %.

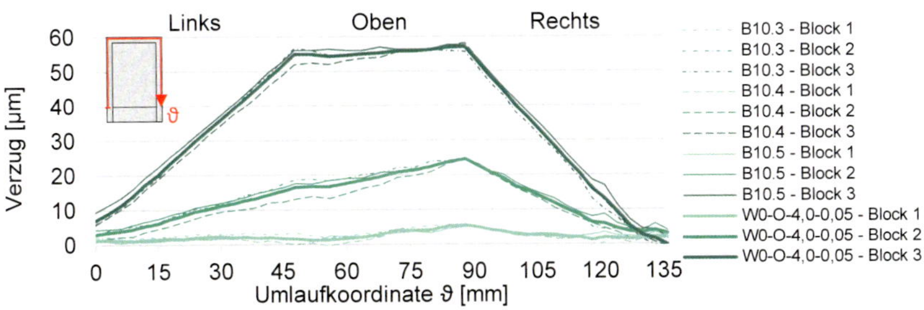

Abbildung 5.5: Verzugsmessungen der Versuchsgruppe W0-O-4,0-0,05
Distortion measurements of the test group W0-O-4,0-0,05

Die Verzugsmessungen der Versuchsgruppe W1-O-4,0-0,05 sind in Abbildung 5.6 dargestellt. Im Vergleich zu den vorherigen Ergebnissen wurden bei dieser Versuchsgruppe ausschließlich negative Verzüge gemessen. Negativ bzw. positiv bedeutet in diesem Kontext, dass das Werkstück in negative bzw. positive Y-Richtung verzogen ist. Nach dem ersten Block beträgt der durchschnittliche Verzug am oberen Ende des linken Rahmens -68 µm und am rechten Rahmen -67 µm. In Tendenzen ist bereits ein bogenförmiger Verzug des oberen Rahmens zu erkennen. Nach der Fräsbearbeitung des zweiten Blocks steigt der Verzug am oberen linken Rahmen auf -152 µm und am oberen rechten Rahmen auf -148 µm. In der Mitte des oberen Rahmens beträgt der Verzug -139 µm. Nach dem dritten Block wurde ein Verzug am oberen Ende des linken Rahmens von -250 µm, in der Mitte des oberen Rahmens von -238 µm am oberen Ende des rechten Rahmens von -252 µm gemessen. Der obere Rahmen ist somit bogenförmig verzogen. Die maximal gemessene Abweichung zwischen den drei Werkstücken beträgt 36 µm, was einer relativen Abweichung von 14 % entspricht. Bei dieser Versuchsgruppe ist hervorzuheben, dass das Verzugsverhalten des linken und rechten Rahmens dem Verhalten eines einseitig eingespannten Biegebalkens mit konstant wirkendem Moment ähnelt (siehe Abbildung 2.11). Insbesondere ist zu erkennen, dass sich die Position, ab der die Biegelinie beginnt, entsprechend der Höhe der gefrästen Blöcke stufenweise verändert.

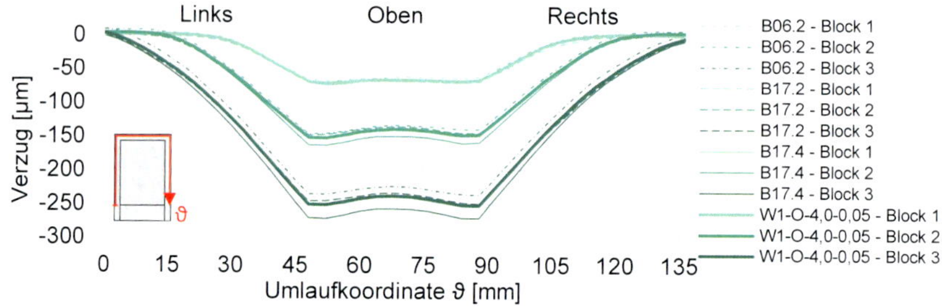

Abbildung 5.6: Verzugsmessungen der Versuchsgruppe W1-O-4,0-0,05
Distortion measurements of the test group W1-O-4,0-0,05

In Abbildung 5.7 sind die Verzugsmessungen der Versuchsgruppe W2-O-4,0-0,05 dargestellt. Es fällt auf, dass sowohl negative als auch positive Verzüge gemessen wurden. Nach Block 1 beträgt der maximale Verzug am oberen Punkt des linken Rahmens -9 µm und des rechten Rahmens -3 µm. Nach dem zweiten Block verringert sich der Verzug am oberen Ende des linken Rahmens auf -7 µm. Der obere Punkt des rechten Rahmens verzieht sich in positive Y-Richtung um 5 µm. Nach dem dritten Block wurde ein maximaler Verzug von 25 µm am oberen Ende des linken Rahmens und von 32 µm am oberen Ende des rechten Rahmens gemessen. Die maximale Messabweichung zwischen den Verzügen beträgt 14,7 µm. Dies entspricht relativ zum maximalen Verzug einer Abweichung von 46 %. Ursächlich sind wahrscheinlich die insgesamt niedrigen Beträge des Verzugs. Hervorzuheben ist das umschwenkende Verzugsverhalten im Laufe des Fräsprozesses.

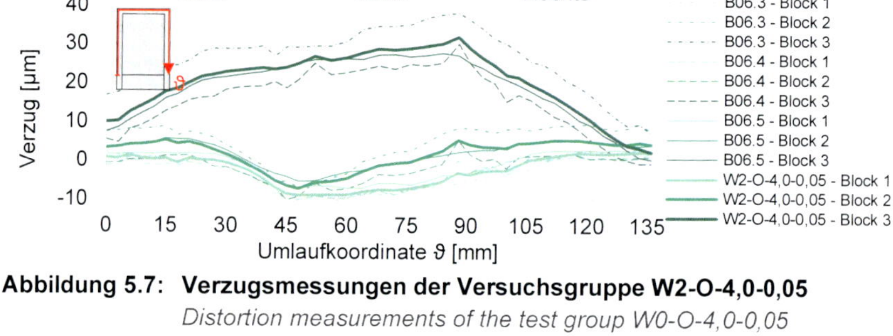

Abbildung 5.7: Verzugsmessungen der Versuchsgruppe W2-O-4,0-0,05
Distortion measurements of the test group W0-O-4,0-0,05

In Abbildung 5.8 sind die Mittelwerte der drei Versuchsgruppen für die Versuchsreihe „Initiale Eigenspannungen" im Vergleich dargestellt. Die maximal gemessen Verzüge nach dem dritten Block betragen 57 µm für W0-O-4,0-0,05, -252 µm für W1-O-4,0-0,05 und 32 µm für W2-O-4,0-0,05. Die Richtung und die Höhe des Verzugs sind somit eindeutig von der durchgeführten Wärmebehandlung abhängig. Interessant ist, dass sich die Reihenfolge der höchsten Beträge des maximalen Verzugs nicht mit der Reihenfolge der größten Spannweite der initialen Eigenspannungen deckt. Bei den Ergebnissen der „Contour Method" in Kapitel 4.2.1 weist WBH1 mit 505 MPa die größte Spannweite der initialen Eigenspannungen im mittleren Querschnitt auf, WBH2 mit 111 MPa die zweitgrößte und WBH0 mit 60 MPa die geringste. Inwiefern sich das Verhalten im Versuch erklären lässt, wird in Kapitel 5.3 diskutiert.

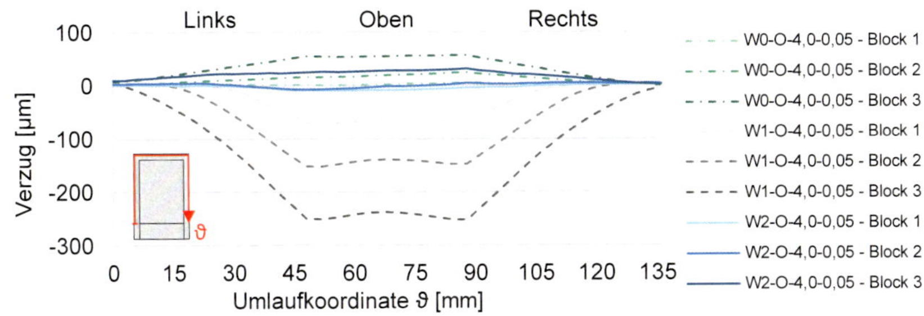

Abbildung 5.8: Ergebnisse der Versuchsreihe „Initiale Eigenspannungen"
Results of the test series "initial residual stresses"

5.2.2 Versuchsreihe „Induzierte Eigenspannungen"

Test Series "Induced Residual Stresses"

In der Versuchsreihe „Induzierte Eigenspannungen" wurden die Versuchsgruppen W2-E-4,0-0,09, W2-E-4,0-0,05, W2-E-2,5-0,09 und W2-E-2,5-0,05 untersucht. Die Auswertung und Darstellung der Verzugsmessungen erfolgen analog zu dem vorherigen Kapitel. Abbildung 5.9 stellt die Verzugsmessungen der Versuchsgruppe W2-E-4,0-0,09 dar. Nach dem ersten Block beträgt der maximale Verzug am oberen Ende des linken Rahmens -38 µm und am oberen Ende des rechten Rahmens -33 µm. In der Mitte des oberen Rahmens wurde ein Verzug von -28 µm gemessen, sodass der obere Rahmen einen bogenförmigen Verzug aufweist. Nach dem zweiten Block steigt der Verzug am oberen Ende des linken Rahmens auf -85 µm, in der Mitte des oberen Rahmens auf -65 µm und am oberen Ende des rechten Rahmens auf -76 µm an. Nach dem letzten Block steigen diese Werte weiter auf -107 µm (links), -89 µm (mittig) und -105 µm (rechts) an. Die maximale Messabweichung zwischen den drei Werkstücken liegt bei 11,5 µm. Dies entspricht einer relativen Abweichung von 11 %. Das Verzugsverhalten ähnelt dem eines einseitig eingespannten Biegebalkens mit konstant wirkendem Biegemoment, wobei der Verzug eine leichte Schiefe aufweist.

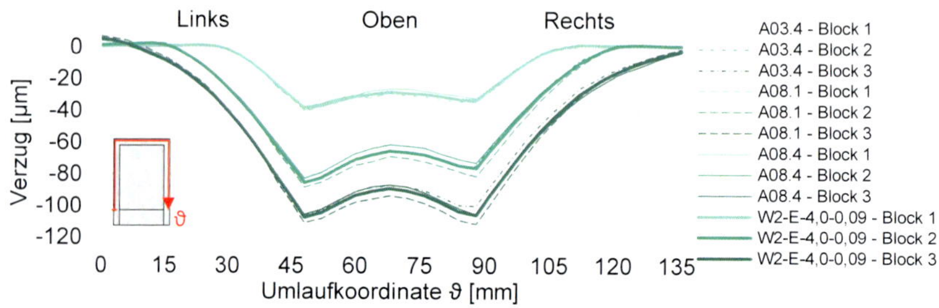

Abbildung 5.9: Verzugsmessungen der Versuchsgruppe W2-E-4,0-0,09
Distortion measurements of the test group W2-E-4,0-0,09

Abbildung 5.10 stellt die Ergebnisse der Verzugsmessungen der Versuchsgruppe W2-E-4,0-0,05 dar. Nach der Bearbeitung des ersten Blocks beträgt der Verzug am oberen Messpunkt des linken Rahmens -37 µm, in der Mitte des oberen Rahmens -26 µm und am oberen Messpunkt des rechten Rahmens -33 µm. Nach der Bearbeitung des zweiten Blocks erhöht sich der maximale Verzug am oberen Messpunkt des linken Rahmens auf -84 µm, in der Mitte des oberen Rahmens auf -63 µm und am oberen Messpunkt des rechten Rahmens auf -76 µm. Nach dem dritten Block steigt der Verzug weiter an und beträgt am oberen Ende des linken und rechten Rahmens jeweils -114 µm und in der Mitte des oberen Rahmens -95 µm. Die maximale Messabweichung zwischen den Verzügen der drei Werkstücke liegt bei 8,9 µm. Dies entspricht einer relativen Abweichung von 8 %. Auch diese Versuchsgruppe weist das Verzugsverhalten eines einseitig eingespannten Biegebalkens unter Momentlast auf.

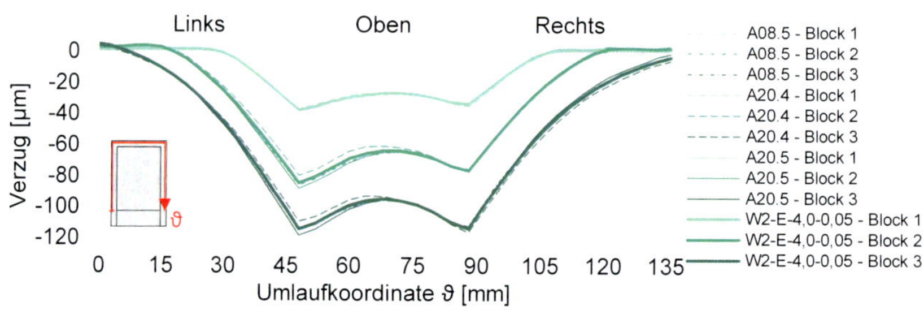

Abbildung 5.10: Verzugsmessungen der Versuchsgruppe W2-E-4,0-0,05
Distortion measurements of the test group W2-E-4,0-0,05

Die Messungen der Versuchsgruppe W2-E-2,5-0,09 sind in Abbildung 5.11 dargestellt. Nach der Zerspanung des ersten Blocks liegt der maximale Verzug am oberen Ende des linken Rahmens bei -78 µm, in der Mitte des oberen Rahmens bei -57 µm und am oberen Ende des rechten Rahmens bei -68 µm. Nach dem zweiten Block steigen die Werte auf -196 µm (links), -153 µm (mittig) und -179 µm (rechts) an. Nach dem dritten Block wurden Verzüge am oberen Ende des linken Rahmens von -315 µm, in der Mitte des oberen Rahmens von -265 µm und am oberen Ende des rechten Rahmens von -296 µm gemessen. Die maximale Messabweichung zwischen den drei Werkstücken beträgt 8,3 µm, was einer relativen Abweichung von 3 % entspricht. Die Kurven der Einzelmessungen liegen aus diesem Grund nahezu übereinander. Auch in dieser Versuchsgruppe entspricht das Verzugsverhalten in Näherung dem Verhalten eines einfachen Biegebalkens. In diesem Fall ist eine deutliche Schiefe der Ergebnisse erkennbar.

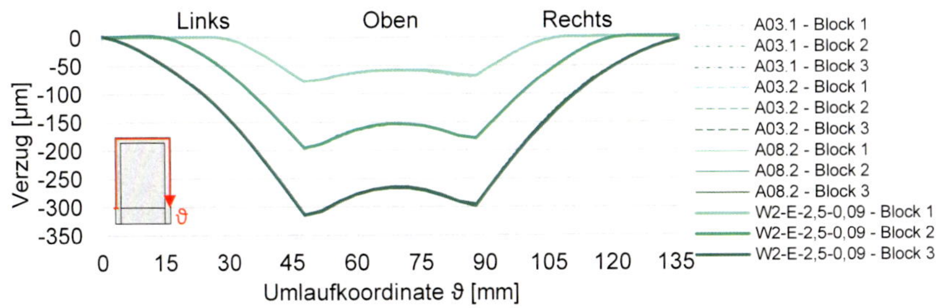

Abbildung 5.11: Verzugsmessungen der Versuchsgruppe W2-E-2,5-0,09
Distortion measurements of the test group W2-E-2,5-0,09

Abbildung 5.12 stellt die Ergebnisse der Verzugsmessungen der Versuchsgruppe W2-E-2,5-0,05 dar. Nach der Bearbeitung des ersten Blocks beträgt der maximale Verzug am oberen Ende des linken Rahmens -77 µm, in der Mitte des oberen Rahmens -56 µm und am oberen Ende des rechten Rahmens -66 µm. Nach der Bearbeitung des zweiten Blocks steigen die Werte auf -193 µm (links), -148 µm (mittig) und -171 µm. Nach dem dritten Block wurden maximale Verzüge von -309 µm (links), -257 µm (mittig) und -286 µm (rechts) gemessen. Die maximale Messabweichung zwischen den drei gefrästen Werkstücken dieser Versuchsgruppe liegt bei 32,3 µm. Gemessen am maximalen Verzug entspricht dies einer relativen Abweichung von 10 %. Wie schon bei allen vorherigen Gruppen dieser Versuchsreihe entspricht das Verzugsverhalten näherungsweise dem eines einseitig eingespannten Biegebalkens. Außerdem ist wie in der vorherigen Versuchsgruppe eine deutliche Schiefe der Ergebnisse zu sehen.

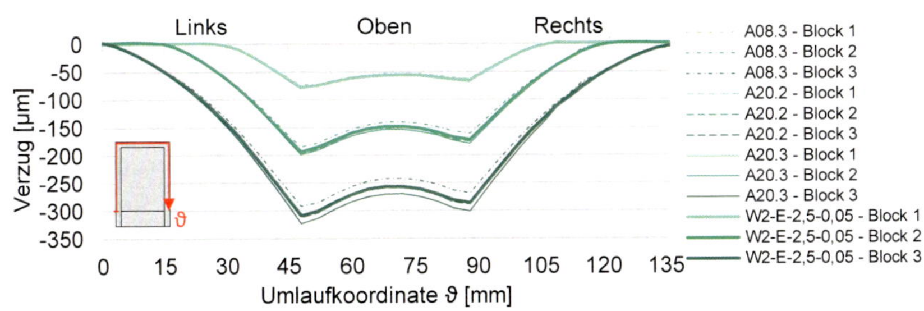

Abbildung 5.12: Verzugsmessungen der Versuchsgruppe W2-E-2,5-0,05
Distortion measurements of the test group W2-E-2,5-0,05

In Abbildung 5.13 sind die Mittelwerte der vier Versuchsgruppen für die Versuchsreihe „Induzierte Eigenspannungen“ im Vergleich dargestellt. Die maximal gemessenen Verzüge nach dem dritten Block betragen -107 µm für W2-E-4,0-0,09, -114 µm für

W2-E-4,0-0,05, für -315 µm W2-E-2,5-0,09 und -309 µm für W2-E-2,5-0,05. Die Reduzierung der Wandstärke von 4 mm auf 2,5 mm führte zu einer deutlichen Steigerung des Verzugs, wohingegen die Steigerung des Zahnvorschubs von f_z = 0,05 mm auf f_z = 0,09 mm einen vernachlässigbaren Einfluss auf den Verzug hat. Dies ist insofern überraschend, da in Kapitel 4.3 deutliche Unterschiede für die jeweiligen induzierten Eigenspannungen gemessen wurden. Die weiterführende Analyse dieser Beobachtungen erfolgt in Kapitel 5.3.

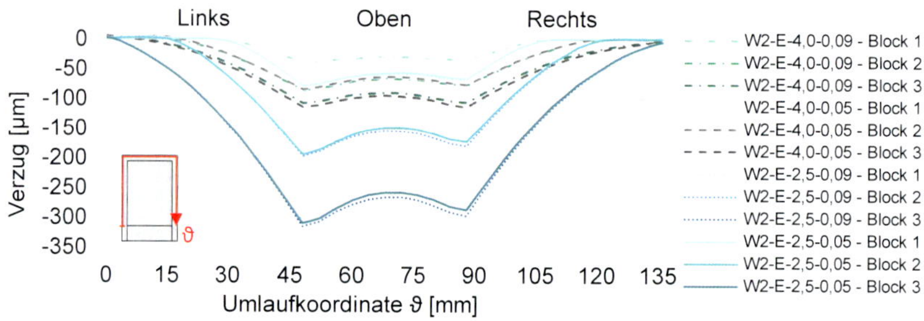

Abbildung 5.13: Ergebnisse der Versuchsreihe „Induzierte Eigenspannungen“
Results of the test series “induced residual stresses”

5.3 Diskussion der Ergebnisse

Discussion of the Results

Zur Diskussion der Ergebnisse wurden als Kenngrößen die Verzüge des linken und rechten Rahmens als Differenz des Verzugs des obersten und des untersten Messpunkts des jeweiligen Rahmens berechnet. Abbildung 5.14 stellt die Ergebnisse aller Werkstücke der beiden Versuchsreihen nach der Bearbeitung des dritten Blocks in einem Streudiagramm dar. Der Verzug des rechten Rahmens ist über dem Verzug des linken Rahmens aufgetragen. Für jeden eingetragenen Punkt ist angegeben, welche Versuchsparameter im zugehörigen Versuch verwendet wurden. Außerdem ist mit einer gestrichelten Linie gekennzeichnet, wo das Verhältnis zwischen dem Verzug des rechten und des linken Rahmens dem Wert eins entspricht. Die Ergebnisse nach der Bearbeitung des ersten und zweiten Blocks sind in Anhang A.8 dargestellt.

Innerhalb der Versuchsreihe „Initiale Eigenspannungen“ lassen sich deutliche Unterschiede in den Verzugsmessungen in Abhängigkeit von den betrachteten Wärmebehandlungszuständen erkennen. Die Zustände WBH0 und WBH2 führten zu positiven maximalen Verzügen von 57 µm und 32 µm, wohingegen der Zustand WBH1 zu negativen Verzügen von -252 µm führte. Der Zustand WBH2 wurde auch in der Versuchsreihe „Induzierte Eigenspannungen“ gewählt, wobei in diesem Fall negative maximale Verzüge von -107 µm gemessen wurden. Der initiale Eigenspannungszustand ist somit nicht der einzige Einflussfaktor auf den Verzug. In diesem Fall könnte sowohl die veränderte Position der Platte und/oder die einseitige Fräsbearbeitung den Unterschied in den Verzugsmessungen erklären. In Kapitel 6.4.3 wird diese Fragestellung mithilfe des Vorhersagemodells beantwortet.

Innerhalb der Versuchsreihe „Induzierte Eigenspannungen“ ist ein deutlicher Einfluss der Wandstärke auf den Verzug erkennbar. Die Reduzierung der Wandstärke von 4 mm auf 2,5 mm führte zu einer Erhöhung des Verzugs von ca. -110 µm auf ca. -312 µm. Außerdem ist bei der dünneren Wandstärke eine deutlichere Schieflage des Verzugs sichtbar. Bei einer Erhöhung des Zahnvorschub $f_z = 0{,}05$ mm auf $f_z = 0{,}09$ mm sinkt der maximale Verzug bei einer Wandstärke von 4 mm von -114 mm auf -107 mm (ca. -7 %). Im Gegensatz dazu steigt der Verzug bei einer Wandstärke von 2,5 mm von -309 mm auf -315 mm (+2 %). Der relative Einfluss ist damit unabhängig von der Wandstärke sehr gering. Dies ist insofern überraschend, da in Kapitel 4.3 durchschnittliche Eigenspannungen senkrecht zur Vorschubrichtung von $\sigma_m = -136$ MPa für $f_z = 0{,}05$ mm und $\sigma_m = -87$ MPa für $f_z = 0{,}09$ mm (-56 %) gemessen wurden. Dies könnte ein Hinweis darauf sein, dass die induzierten Eigenspannungen einen geringeren Einfluss auf den eigenspannungsbedingten Verzug haben als die initialen Eigenspannungen.

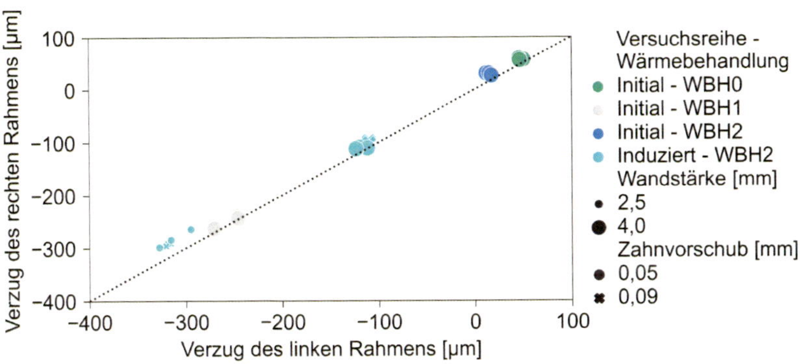

Abbildung 5.14: Verzüge des linken und rechten Rahmens aller Werkstücke nach dem dritten Block

Distortions of the left and right frames of all workpieces after the third block

Zur Erklärung der Beobachtungen innerhalb der Versuchsreihe „Initiale Eigenspannungen“ sind in Abbildung 5.15 die aus Kapitel 4.2.1 über x gemittelten initialen Eigenspannungen für WBH0, WBH1 und WBH2 sowie die Position der Platte für die Geometrievariante“O-4,0“ dargestellt. Unten in der Abbildung ist außerdem für jeden der Zustände qualitativ das resultierende Biegemoment im vergrößerten Ausschnitt dargestellt. Für WBH0 resultiert ein geringes linksdrehendes Moment. Da gemäß Formel (1) aus Kapitel 2.2.1 die Biegung entgegen der Wirkrichtung des Moments erfolgt, wird in diesem Fall mit leichtem Verzug in positive y-Richtung gerechnet, was durch die Verzugsmessungen bestätigt wird. Für WBH1 resultiert ein hohes rechtsdrehendes Moment, weshalb mit einem deutlichen Verzug in negative y-Richtung gerechnet wird. Auch hier kann die Vermutung anhand der zuvor präsentierten Ergebnisse bestätigt werden. Für WBH2 resultiert ein geringes rechtsdrehendes Biegemoment, weshalb erneut ein geringer Verzug in negative y-Richtung entstehen müsste. Allerdings zeigen die Ergebnisse in Abbildung 5.14 einen geringen positiven Verzug. Nachfolgend wird daher das Verhalten des Zustands WBH2 genauer untersucht.

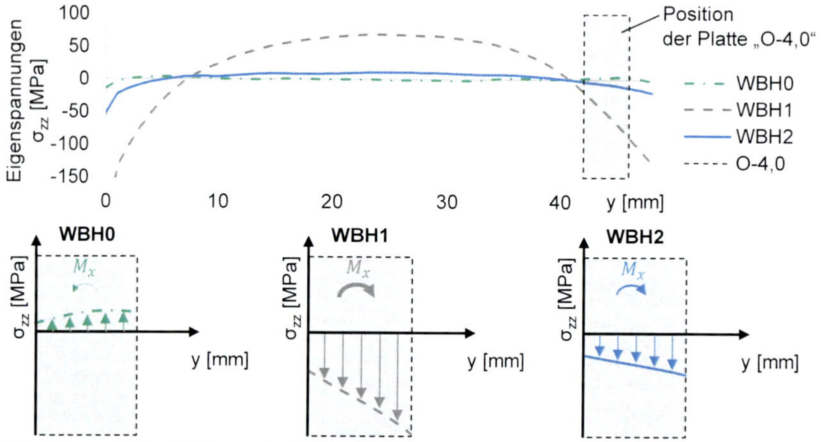

Abbildung 5.15: Mittlere initiale Eigenspannungen („Contour Method“) von WBH0, WBH1 und WBH2 und qualitative Biegemomente

Mean initial residual stresses ("Contour Method") of WBH0, WBH1 and WBH2 and qualitative bending moments

In Abbildung 5.16 sind die initialen Eigenspannungen von Zustand WBH2 aus der „Contour Method“ und aus der thermomechanischen Simulation dargestellt. Anders als in der vorherigen Abbildung wurde nicht über x gemittelt, sondern es sind direkt die Verläufe über y an definierten x-Positionen geplottet. Da das Eigenspannungsprofil nahezu symmetrisch ist, sind nur die Verläufe an den Positionen x = 0,5 mm bis x = 21,5 mm dargestellt. Es ist zu erkennen, dass die Verläufe der „Contour Method“ und der Simulation genau im Bereich der Platte verschieden ausgeprägt sind. Die Verzugsmessungen aus Abbildung 5.7 wiesen zunächst geringe Verzüge in negative und nach dem dritten Block geringe Verzüge in positive Richtung auf. Dieses Ergebnis lässt sich nur durch einen Wechsel des resultierenden Biegemoments während der Fräsbearbeitung erklären. Da die „Contour Method“ nur Ergebnisse für einen Querschnitt liefert, kann dieses Verzugsergebnis nicht abschließend erklärt werden. Außerdem zeigen alle Linien aus der „Contour Method“ ein leicht abfallendes Verhalten der initialen Eigenspannungen, sodass hier in jedem Fall ein rechtsdrehendes Moment resultieren würde. Im Gegensatz dazu stellen die Simulationsergebnisse je nach x-Position sowohl steigende als auch fallende Tendenzen der initialen Eigenspannungen dar, weshalb grundsätzlich das gemessene Verzugsverhalten erklärbar ist. Für weiterführende Analysen Bedarf es jedoch einer dreidimensionalen Verzugssimulation.

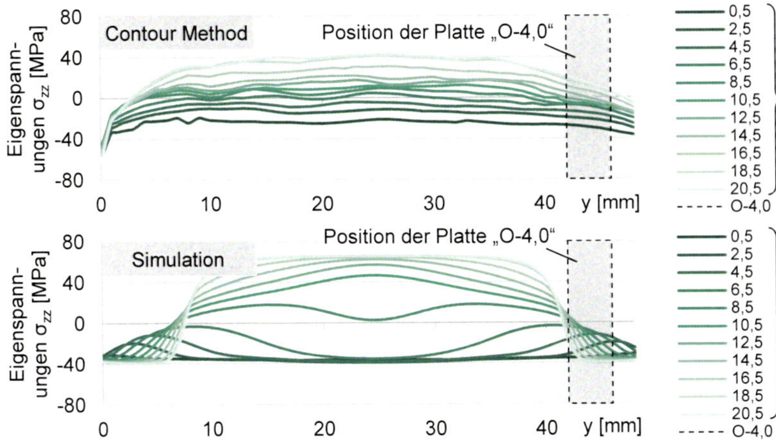

Abbildung 5.16: Detailbetrachtung der initialen Eigenspannungen von WBH2 aus „Contour Method“ und thermomechanische Simulation
Detailed view of the initial residual stresses of WBH 2 from “Contour Method” and thermomechanical simulation

Bei allen Verzugsmessungen innerhalb der Versuchsreihe „Induzierte Eigenspannungen“ wurden negative Verzüge gemessen. Diese lassen sich durch ein rechtsdrehendes Moment erklären. Im Abschnitt zuvor wurde erläutert, dass ein solches Moment aus den initialen Eigenspannungen für den Zustand WBH2 resultieren kann. Induzierte Druckeigenspannungen auf der linken Seite der Platte führen jedoch zu einem linksdrehenden Moment, wodurch das resultierende Biegemoment reduziert wird (siehe Abbildung 5.17). Der Betrag und die Richtung des resultierenden Biegemoments hängen somit sowohl von den initialen als auch den induzierten Eigenspannungen ab. Eine vollständig getrennte Analyse der beiden Einflüsse auf den Verzug ist allerdings nur mithilfe einer Verzugssimulation möglich.

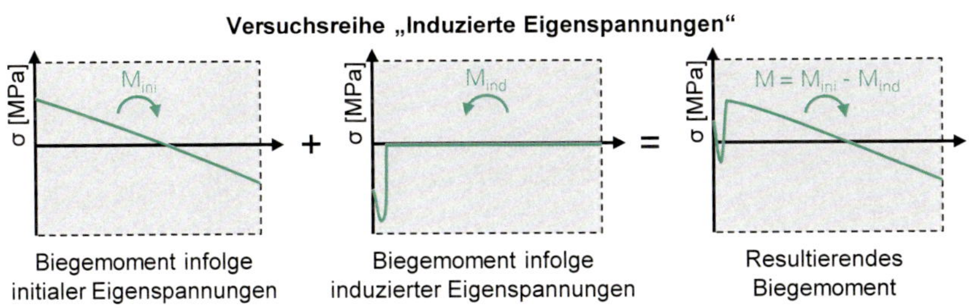

Abbildung 5.17: Resultierendes Biegemoment der Versuchsreihe „Induzierte Eigenspannungen“
Resulting bending moment of test series “induced residual stresses”

Wie in Kapitel 5.1 erwähnt wurden die Rohteile mittels Fräsen für den Versuch vorbereitet, weshalb zusätzlich die induzierten Eigenspannungen auf der vorbereiteten

Gegenseite der Platte gemessen wurden. Das Messergebnis ist in Anhang A.9 dargestellt. Die durchschnittlichen Eigenspannungen betragen σ_m = -325 MPa (φ = 0°) und σ_m = -308 MPa (φ = 90°). Im Vergleich dazu wurden im eigentlichen Versuch Eigenspannungen von maximal σ_m = -131 MPa (φ = 0°) und σ_m = -136 MPa (φ = 90°) gemessen. Aus der Superposition der beiden induzierten Eigenspannungen resultiert ein rechtsdrehendes Moment, dass einen Verzug in negativer y-Richtung begünstigt.

Eine weitere Beobachtung war das bogenförmige Verzugsverhalten des oberen Rahmens sowie die Schiefe des Verzugs. Der bogenförmige Verzug kann durch die Differenz von maximalem und minimalem Verzug $\Delta^{o}_{max-min}$ und die Schiefe durch die Differenz aus den Verzügen des am weitesten rechts und am weitesten links liegenden Messpunkts Δ^{o}_{r-l} am oberen Rahmen quantifiziert werden. Die Mittelwerte beider Kennwerte sind für jede Versuchsgruppe nach dem dritten Block in Abbildung 5.18 dargestellt. In der Versuchsgruppe „Induzierte Eigenspannungen" ist der bogenförmige Verzug bei einer Wandstärke von 2,5 mm und f_z = 0,05 mm mit $\Delta^{o}_{max-min}$ = 44 µm am stärksten ausgeprägt. Dieses Verzugsverhalten könnte entweder aus den unterschiedlichen Eigenspannungen entlang x in z-Richtung oder durch die Eigenspannungskomponente σ_{xx} resultieren. Der Kennwert Δ^{o}_{r-l} beträgt für nahezu alle Versuchsgruppen < 5 µm. Lediglich für die Gruppen W2-E-2,5-0,05 und W2-E-2,5-0,09 liegen die Werte bei 20 µm bzw. 16 µm. Diese Schiefe des Verzugs wurde wahrscheinlich durch Torsion verursacht. Ausschlaggebend für die Entstehung von Torsion in diesem Anwendungsfall könnten induzierte Schubeigenspannungen gewesen sein. Für die Fräsbearbeitung von Aluminium wurden in einer Studie von WEBER et al. [WEBE21a] ähnliche Ergebnisse auf die Wirkung von induzierten Schubeigenspannungen zurückgeführt. Diese wurden als Auslöser eines Torsionsmomentes identifiziert, welches eine diagonale Orientierung des resultierenden Verzugs bedingte.

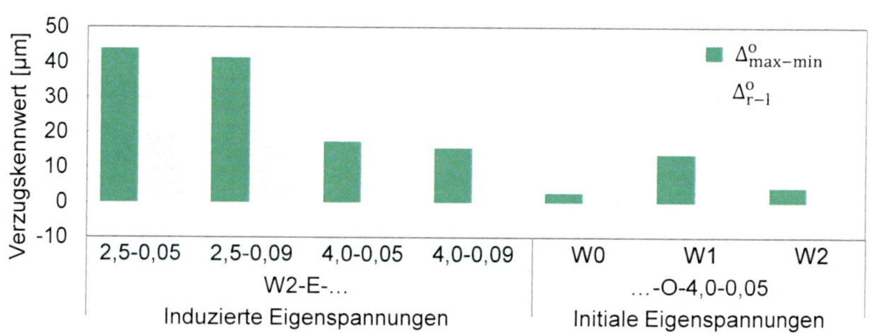

Abbildung 5.18: Verzugskennwerte des oberen Rahmens nach der Bearbeitung des dritten Blocks

Distortion characteristics of the upper frame after machining the third block

5.4 Zusammenfassung und Zwischenfazit

Summary and Interim Conclusion

Insgesamt können aus Kapitel 5 folgende relevante Erkenntnisse zur Beantwortung von FF1 abgeleitet werden.

FF1: *Wie beeinflussen initiale und induzierte Eigenspannungen den Verzug von gefrästen Bauteilen aus Ti-6Al-4V?*

Einfluss von initialen Eigenspannungen auf den Verzug

Zur Untersuchung des Einflusses von initialen Eigenspannungen auf den Verzug wurden frei auskragende, dünnwandige Platten mit Sockel aus Rohteilen in den Wärmebehandlungszuständen WBH0, WBH1 und WBH2 (vgl. Kapitel 4.1.2) gefräst. Als Frässtrategie wurde das Umfangsfräsen verwendet und jedes Werkstück wurde in je drei Blöcken beidseitig bearbeitet. Nach jedem Block wurde entlang eines zuvor eingebrachten umlaufenden Rahmens der Verzug gemessen. Die Ergebnisse zeigen einen deutlichen Einfluss des Wärmebehandlungszustands auf den Verzug. Während die Werkstücke im Zustand WBH0 geringen positiven Verzug in y-Richtung von unter 60 µm aufweisen, weisen die Werkstücke im Zustand WBH1 größere Verzüge in negativer y-Richtung von ca. -250 µm auf. Die Werkstücke des Zustands WBH2 verziehen sich nach der Fräsbearbeitung der ersten beiden Blöcke in negative und nach der Fräsbearbeitung des dritten Blocks in positive y-Richtung. Obwohl die Extremwerte der gemessenen initialen Eigenspannungen für WBH2 größer waren als die von Zustand WBH0, sind die Verzüge für WBH2 mit ca. 30 µm am geringsten.

Die Ergebnisse der Versuchsreihe „Initiale Eigenspannungen" lassen sich größtenteils anhand der mittels „Contour Method" untersuchten Eigenspannungsverläufe erklären. Je nachdem, ob durch den Verlauf der Eigenspannungen im Ausschnitt der Platte ein links- oder rechtsdrehendes Biegemoment bedingt wird, ist die Verzugsrichtung entsprechend negativ bzw. positiv. Für den Zustand WBH2 kann das wechselnde Verzugsverhalten allerdings nicht auf Basis des Ergebnisses der „Contour Method" erklärt werden, da nur eine Eigenspannungsinformation für einen Querschnitt in der Mitte des Werkstücks vorliegt. Demgegenüber bilden die simulierten Eigenspannungen alle Spannungskomponenten für das gesamte Bauteil ab und ermöglichen dadurch grundsätzlich die Erklärung für das gemessene Verzugsverhalten. Zur Vorhersage des Verzugs auf Basis des gesamten Spannungstensors Bedarf es jedoch einer dreidimensionalen Verzugssimulation.

Einfluss der Wandstärke und der induzierten Eigenspannungen auf den Verzug

In der Versuchsreihe „Induzierte Eigenspannungen" wurde die frei auskragende, dünnwandige Platte jeweils am Rand des Bauteils im Zustand WBH2 positioniert. Dadurch war nur eine einseitige Bearbeitung des Rohteils notwendig, sodass es zu keiner Kompensation der induzierten Eigenspannungen kam. Es wurde der Einfluss der Wandstärke der Platte (4 mm und 2,5 mm) sowie der Einfluss des Zahnvorschubs f_z bei der Schlichtfräsbearbeitung (f_z = 0,05 mm und 0,09 mm), bzw. das daraus resultierende induzierte Eigenspannungsprofil, auf den Verzug untersucht. Die Reduzierung der Wandstärke von 4 mm auf 2,5 mm führte zu einer Erhöhung des Verzugs von ca. -110 µm auf ca. -312 µm. Außerdem bedingt die Reduzierung der Wandstärke eine Zunahme des bogenförmigen Verzugs am oberen Rahmen von $\Delta^{o}_{max-min}$ = 17 µm auf $\Delta^{o}_{max-min}$ = 43 µm sowie zu einer Steigerung der Schiefe von Δ^{o}_{r-l} = 1 µm auf Δ^{o}_{r-l} = 18 µm. Der Einfluss des Zahnvorschubs auf den Verzug wurde mit durchschnittlichen Werten von -212 µm für f_z = 0,05 mm und -210 µm für f_z = 0,09 mm gemessen. Der Unterschied liegt damit im Bereich der Messunsicherheit, sodass der Einfluss des Zahnvorschubs auf den Verzug innerhalb der durchgeführten Untersuchungen nicht quantifiziert werden konnte, obwohl in Kapitel 4.3 deutliche Unterschiede für die durchschnittlichen Eigenspannungen in Abhängigkeit von dem Zahnvorschub gemessen wurden

Zur Erklärung der Messergebnisse wurden die induzierten Eigenspannungen auf der vorbereiteten Gegenseite der Platte quantifiziert. Die durchschnittlichen Eigenspannungen betragen σ_m = -325 MPa (φ = 0°) und σ_m = -308 MPa (φ = 90°). Im Vergleich dazu wurden im eigentlichen Versuch Eigenspannungen von maximal σ_m = -131 MPa (φ = 0°) und σ_m = -136 MPa (φ = 90°) gemessen. Aus der Superposition der beiden induzierten Eigenspannungen resultiert ein rechtsdrehendes Moment, das einen Verzug in negativer y-Richtung begünstigt und damit die gemessene Richtung des Verzugs erklärt. Als Ursache für das bogenförmige Verzugsverhalten des oberen Rahmens werden sowohl initiale als auch induzierte Normalspannungskomponenten σ_{xx} bzw. Variationen der Normalspannung in z-Richtung in Abhängigkeit von der x-Position vermutet. Die gemessene Schiefe lässt sich vermutlich auf Torsion infolge von induzierten Schubeigenspannungen zurückführen. Ähnliche Beobachtungen wurden bereits in eine Studie von WEBER et al. [WEBE21a] bei der Fräsbearbeitung von Werkstücken aus einer Aluminiumlegierung gemacht.

Insgesamt gilt zu beachten, dass eine vollständige Trennung der Einflüsse von initialen und induzierten Eigenspannungen auf den Verzug in den Untersuchungen nicht möglich ist. Außerdem konnte anhand der Ergebnisse deutlich gezeigt werden, dass nach der Fräsbearbeitung jedes Blocks ein deutlicher Bauteilverzug auftritt. Aus diesem Grund wird im folgenden Kapitel eine numerische Verzugssimulation entwickelt, die sowohl eine getrennte Analyse der Einflüsse auf den Verzug ermöglicht als auch die zeitlich-örtliche Materialzerspanung berücksichtigt

6 Vorhersagemodell des eigenspannungsbedingten Bauteilverzugs

Prediction Model for Part Distortion caused by Residual Stresses

In diesem Kapitel wird ein numerisches Modell zur Vorhersage des eigenspannungsbedingten Bauteilverzugs entwickelt. Abweichend zu den existierenden numerischen Vorhersagemodellen, die größtenteils auf der FEM beruhen, wird hier die Finite Cell Method (FCM) verwendet. In Kapitel 6.1 werden zunächst die Ziele, Anforderungen und Systemgrenzen des Vorhersagemodells erläutert. Danach wird in Kapitel 6.2 die Modellierung und Implementierung der Eigenspannungen sowie der zeitlich-örtlichen Materialzerspanung vorgestellt. Die Validierung des Models erfolgt in Kapitel 6.3 anhand eines Vergleichs mit einem analytischen und einem FEM-Modell sowie in Kapitel 6.4 anhand eines Vergleichs mit den empirischen Ergebnisse aus Kapitel 5. Abschließend wird in Kapitel 6.5 ein Zwischenfazit gezogen und FF2 beantwortet:

FF2: *Wie kann der eigenspannungsbedingte Bauteilverzug auf Basis der Finite Cell Method modelliert werden und wie lassen sich damit die Einflüsse von initialen und induzierten Eigenspannungen auf den Verzug erklären?*

6.1 Ziele, Anforderungen und Systemgrenzen des Vorhersagemodells

Objectives, Requirements and System Boundaries of the Prediction Model

Die Ziele des Vorhersagemodells auf Basis der FCM sind in mittelfristige und langfristige Ziele unterteilt. Das mittelfristige Ziel ist der **Erkenntnisgewinn**. Mithilfe des Vorhersagemodells sollen die Einflüsse der initialen und induzierten Eigenspannungen auf den Verzug erklärt werden können. Zu den langfristigen Zielen zählen die Steigerung der **Fertigungsqualität** und der **Wirtschaftlichkeit** eines Zerspanungsprozesses. Das Vorhersagemodell soll zukünftig ein Bestandteil der computergestützten Prozessplanung und -optimierung von bahngebundenen Fertigungsverfahren sein, um auftretenden Verzug frühzeitig zu erkennen und entsprechende Gegenmaßnahmen abzuleiten. Hierdurch wird einerseits die Qualität von gefertigten Werkstücken verbessert und andererseits werden die Kosten für zeit- und kostenintensive Einfahrprozesse reduziert.

Aus diesen Zielen ergeben sich die folgenden **Anforderungen**:

- Berücksichtigung von initialen und induzierten Eigenspannungen
- Berücksichtigung der zeitlich-örtlichen Materialzerspanung
- Berücksichtigung der Werkstückeinspannung
- Berechnung des Bauteilverzugs zu diskreten Zeitpunkten
- Flexible Verwendbarkeit für unterschiedliche Werkstückgeometrien
- Möglichkeit zur Auswahl der Simulationsgenauigkeit
- Möglichkeit zur Anbindung an ein CAM-System

Aus den definierten Zielen und Anforderungen an das Vorhersagemodell leiten sich die **Systemgrenzen** ab. Die folgenden Effekte und Einflüsse werden in der Simulation explizit vernachlässigt:

- Elastische und plastische Verformungen des Werkstücks infolge von Gravitations-, Prozess- und Einspannkräften
- Thermische Ausdehnung des Werkstücks infolge des Zerspanungsprozesses
- Starrkörperverschiebungen
- Dynamische Prozessinstabilitäten
- Formabweichungen durch Werkzeugverschleiß
- Kontinuierliche Modellierung der zeitlich-örtlichen Materialzerspanung
- Simulation von initialen und induzierten Eigenspannungen

6.2 Modellierung

Modeling

Ausgehend von den Grundlagen der FCM (vgl. Kapitel 2.4) und den zuvor definierten Zielen, Anforderungen und Systemgrenzen wird im Folgenden die Modellierung der initialen und induzierten Eigenspannungen sowie der zeitlich-örtlichen Materialzerspanung vorgestellt.

6.2.1 Modellierung der initialen und induzierten Eigenspannungen

Modeling of Initial and Induced Residual Stresses

Die Berechnung des Cauchy-Spannungstensors $\boldsymbol{\sigma}_\alpha$ erfolgt anhand der folgenden Formel, die innerhalb des erweiterten Bereichs Ω_{erw} den Zusammenhang zwischen initialen $\boldsymbol{\sigma}_{ini}$ und induzierten $\boldsymbol{\sigma}_{ind}$ Eigenspannungen sowie Dehnungen $\boldsymbol{\varepsilon}$ beschreibt [LAND21a]:

$$\boldsymbol{\sigma}_\alpha = \alpha(\boldsymbol{C}\boldsymbol{\varepsilon} + \boldsymbol{\sigma}_{ini} + \boldsymbol{\sigma}_{ind}) \tag{24}$$

Die Größen $\boldsymbol{\sigma}_{ini}$und $\boldsymbol{\sigma}_{ind}$ beschreiben die initialen und induzierten Eigenspannungstensoren in der unverformten Referenzkonfiguration des Bauteils. Entsprechend des Ansatzes, der aus der klassischen FEM bekannt ist, tragen diese Spannungen zum Lastvektor des globalen Gleichungssystems gemäß Gleichung (22) bei [BATH14].

Die initialen Eigenspannungen $\boldsymbol{\sigma}_{ini}$ werden dem Modell als gegebene Eingangsdaten in Form einer tabellarischen Textdatei übergeben. Die Daten werden dafür so vorbereitet, dass für den gesamten erweiterten Bereich Ω_{erw} auf einem Gitternetz mit regelmäßigen Kantenlängen von 1 mm ein Spannungstensor mit den Eigenspannungskomponenten σ_{xx}, σ_{yy}, σ_{zz}, σ_{xy}, σ_{yz} und σ_{xz} vorliegt. Wenn das Gitternetz nicht mit dem Netz der finiten Zellen aus der FCM Simulation übereinstimmt, so wird basierend auf den existierenden Daten eine lineare Interpolation im dreidimensionalen Raum durchgeführt.

Auch die induzierten Eigenspannungen $\boldsymbol{\sigma}_{ind}$ werden dem Modell als gegebene Eingangsdaten in Form einer tabellarischen Textdatei übergeben. Anders als die initialen Eigenspannungen wirken die induzierten Eigenspannungen jedoch nicht auf das gesamte Werkstück, sondern jeweils nur lokal unterhalb der bearbeiteten Oberfläche.

Analog zu dem beschriebenen Vorgehen in Kapitel 4.3.3 wird die durchschnittliche induzierte Eigenspannung σ_m gemäß Gleichung (23) für jedes gemessene Eigenspannungsprofil berechnet. Die Wirktiefe kann je nach Prozess stark variieren, wodurch die Auflösung jedes Mal neu festgelegt werden müsste. Aus diesem Grund wird σ_m mit Wirktiefe d_m zu $\sigma_{m,\,Solltiefe}$ mit definierter Solltiefe $d_{m,\,Solltiefe}$ und Wandstärke der Platte t gemäß Gleichung (25) umgerechnet. Die Herleitung der Gleichung ist in Anhang A.10 beschrieben.

$$\sigma_{m,\,Solltiefe} = \frac{\sigma_m \cdot d_m \cdot (t - d_m)}{d_{m,\,Solltiefe} \cdot \left(t - d_{m,\,Solltiefe}\right)} \quad (25)$$

Der Vorteil dieser Umrechnung ist, dass die induzierten Eigenspannungen unabhängig von ihrer tatsächlichen Wirktiefe d_m besser erfasst werden können. Außerdem führt die Umrechnung auf dieselbe Wirktiefe zu einer besseren Vergleichbarkeit zwischen verschiedenen induzierten Eigenspannungen. Des Weiteren ist über die Angabe von $d_{m,\,Solltiefe}$ definiert, wie fein die Vernetzung in Wirkrichtung gewählt werden muss, um eine vollständige Abbildung der induzierten Eigenspannungen sicherzustellen. Es wird angenommen, dass die induzierten Eigenspannungen in einem Quader unterhalb der gefrästen Oberfläche mit Tiefe $d_{m,\,Solltiefe}$ und Betrag $\sigma_{m,\,Solltiefe}$ wirken. Innerhalb dieses Quaders werden die Spannungstensoren mit den induzierten Eigenspannungen jeweils in einem Netz mit einer Kantenlänge von 1 mm in den beiden Richtungen senkrecht zur Wirktiefenrichtung aufgebracht und mit einer Kantenlänge von der Hälfte der Soll-Wirktiefe in Wirktiefenrichtung. Außerdem wird mit einem weiteren Abstand von der Hälfte der Soll-Wirktiefe eine weitere Ebene mit einem Spannungstensor mit Nullwerten an allen sechs Komponenten hinzugefügt. Diese Ebene stellt sicher, dass die Wirktiefe der induzierten Eigenspannungen nicht durch eine abweichende Netzgröße überschätzt wird. Außerhalb des Quaders des induzierten Eigenspannungseinflusses werden in einem Netz von 1 mm Kantenlänge Nullen an allen Komponenten des Spannungstensors übergeben. Die Struktur der Daten der initialen und der induzierten Eigenspannungen sind schematisch in Abbildung 6.1 dargestellt.

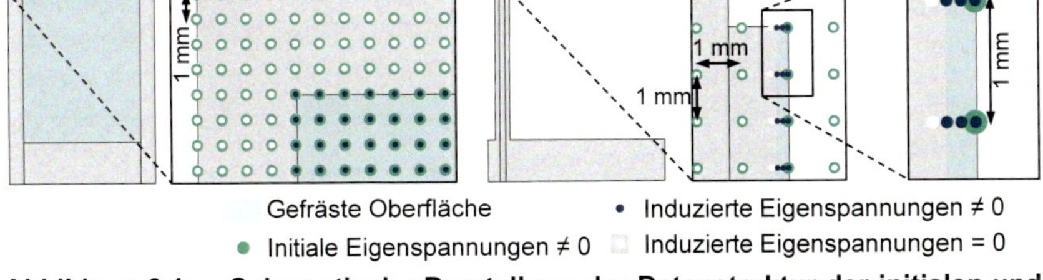

Abbildung 6.1: Schematische Darstellung der Datenstruktur der initialen und induzierten Eigenspannungen

Schematic representation of the data structure of the initial and induced residual stresses

6.2.2 Modellierung der zeitlich-örtlichen Materialzerspanung

Modeling of Temporal-Local Material Removal

Zur Modellierung der zeitlich-örtlichen Materialzerspanung wird ein mehrschrittiges Vorgehen verwendet, um den Bauteilverzug für alle „In-Process-Workpieces“ (IPW) zu berechnen. Hierzu werden die Geometrie des Rohteils und die „Swept Volumes“ (SV) für jede Fräsoperation benötigt. SV sind definiert als die Punkte im Raum, die während der Fräsbearbeitung von der Werkzeugeinhüllenden überstrichen werden [BOZ15]. Sie werden durch die Geometrie des Werkzeugs und den Werkzeugpfad während der Bearbeitung definiert und sind unabhängig von der veränderlichen Geometrie des Werkstücks im Prozess. Die Geometrie des Rohteils und die SV werden als triangulierte Oberflächenmodelle (STL-Format) eingelesen und dann in ein Voxel-Model überführt. Für die Voxelisierung wird die „ray intersection method“ verwendet, die in einer Veröffentlichung von PATIL und RAVI beschrieben ist [PATI05]. Innerhalb dieser Methode werden Strahlen entlang der drei Raumachsen in einer vorgegebenen Reihenfolge geführt, um Schnittpunkte mit den Facetten des Oberflächenmodells zu bestimmen. Auf Basis dieser Schnittpunkte und einer vom Benutzer definierten Voxel-Auflösung wird das Oberflächenmodell in ein Voxel-Modell überführt. Untersuchungen von DÜSTER et al. haben gezeigt, dass eine Voxel-basierte Variante der FCM Vorteile für dreidimensionale Problemstellungen aus der Festkörpermechanik hat [DÜST08]. Abbildung 6.2 stellt für ein beispielhaftes Roh- und Fertigteil den Werkzeugpfad, das dazugehörige SV und das daraus resultierende IPW dar.

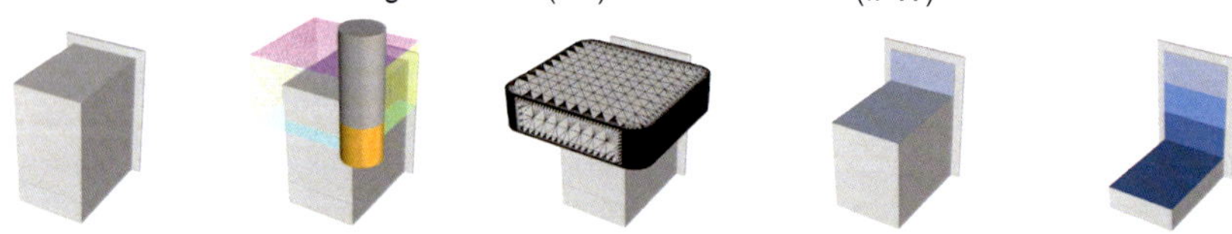

Abbildung 6.2: Exemplarische Darstellung eines Werkzeugpfads, Swept Volume (SV) und In-Process-Workpiece (IPW)

Exemplary representation of a tool path, Swept Volume (SV) and In-Process-Workpiece (IPW)

Abbildung 6.3 stellt das Ablaufdiagramm des Algorithmus zur zeitlich-örtlichen Materialzerspanung dar. Die Anzahl der Simulationsschritte i entspricht der Anzahl der SV. Im ersten Schritt (i=0) werden die Eigenspannungen auf das Rohteil ($IPW_{i=0}$) aufgebracht, um den resultierenden Bauteilverzug (deformiertes IPW_i) zu berechnen. Anschließend erfolgt die Abfrage, ob ein SV für den Schritt i+1 vorhanden ist. Liegt ein SV vor, dann wird ein neues IPW zum Zeitpunkt i+1 erzeugt. Dieses neue IPW ergibt sich aus der BOOLE'schen Subtraktion des deformierten IPW des vorherigen Schrittes i und dem SV des Schrittes i+1. Hierzu wird zunächst die Verschiebung des Mittelpunktes des Voxels bestimmt. Anschließend wird überprüft, ob die neue Position des Voxels, die sich aus Addition der bisherigen Position mit der berechneten Verschiebung ergibt, innerhalb des SV des Schrittes i liegt. Sollte dies der Fall sein, so wird der Voxel im Schritt i entfernt. Nach der Generierung des neuen IPW_{i+1} erfolgt erneut die FCM Analyse zur Berechnung des resultierenden Bauteilverzugs zum neuen Zeitpunkt i=i+1. Der Algorithmus endet, wenn alle SV verrechnet wurden. Das Aufbringen von σ_{ind} ist in der Abbildung nur vereinfacht dargestellt und kann stattdessen für jeden Simulationsschritt individuell erfolgen.

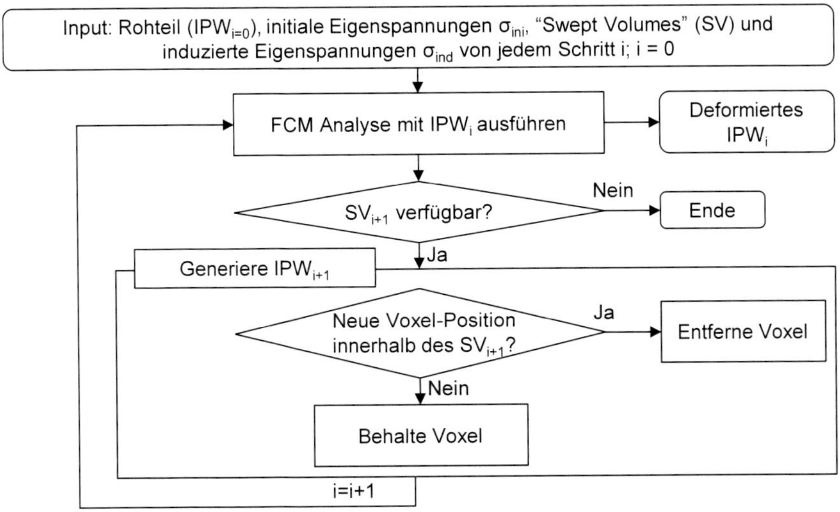

Abbildung 6.3: Ablaufdiagramm des Algorithmus zur zeitlich-örtlichen Materialzerspanung [LAND21a]
Flowchart of the algorithm for temporal-local material removal

Bei Modellen auf Basis der FEM müsste aufgrund der Veränderung der Bauteilgrenzen infolge der BOOLE'schen Subtraktion eine Neuvernetzung durchgeführt werden. In dem auf der FCM-basierenden Modell ist eine Neuvernetzung nicht notwendig, da der in Kapitel 2.4 beschriebene „fictitious domain approach" verwendet wird. Die Geometrieinformation des IPW für jeden Simulationsschritt i ist in Form einer Voxel-Matrix mit BOOLE'schen Variablen gespeichert. Die Eigenschaften der Voxel-Matrix werden durch die Dimensionen des IPW und die festgelegte Auflösung definiert und bleiben während aller Simulationsschritte unverändert. Die Herausforderung der Neuvernetzung wird damit durch einen einfachen Aktualisierungsalgorithmus der Voxel-Matrix gelöst.

Da sich die Eigenschaften des Netzes während der Simulation nicht verändern, ist dieser Ansatz gut für die Anwendung einer Vorintegration der Steifigkeitsmatrizen der Subzellen geeignet, wie beispielsweise von YANG et al. vorgestellt wurde [YANG12]. Jede Subzelle wird zu Beginn der Simulation einmalig vorintegriert. Bei einer Veränderung der Bauteilgeometrie werden lediglich die Steifigkeitsmatrizen der Subzellen aktualisiert, die von der Änderung der Bauteilgrenze betroffen sind. Für die anderen Subzellen werden die Steifigkeitsmatrizen aus dem vorherigen Schritt verwendet. Während des Zusammenbaus der Steifigkeitsmatrix der Zellen werden die vorintegrierten Subzellen jeweils mit dem zugehörigen skalaren Faktor α multipliziert. Dieser variiert je nach Status der zugehörigen Voxel. Somit kann der Rechenaufwand durch eine Minimierung von redundanten Berechnungen deutlich reduziert werden. [LAND21a]

6.2.3 Implementierung und Modellparameter

Implementation and Model Parameters

Die Umsetzung der Verzugssimulation mittels FCM basiert auf dem open-source Softwareprojekt „FCMLab: A Finite Cell Research Toolbox for MATLAB“ [ZAND14]. Das Ziel des Projekts ist die Bereitstellung eines prototypischen Rahmens zur Senkung der Einstiegshürde in die FCM-Thematik, um eine schnellere Umsetzung neuer Algorithmen zu realisieren. Dafür ist die Programmstruktur des Projekts hierarchisch in Module strukturiert, sodass verschiedene Skripte leicht ausgetauscht und verändert werden können, ohne andere Teile des Programms zu beeinträchtigen. Aufbauend auf dieser Struktur wurde im Rahmen dieser Arbeit die Programmstruktur für die FCM-Verzugssimulation weiterentwickelt. Das Ergebnis ist in Anhang A.11 dargestellt.

Ausgehend von einigen bestehenden MATLAB-Skripten aus „FCMLab“ wurde die Implementierung der Modelle in dieser Arbeit in Python realisiert. Die Verwendung von Python hat den Vorteil, dass es kostenlos zugänglich ist. Die finale Programmstruktur (vgl. Abbildung A11.1) besteht aus insgesamt 27 Python-Skripten, die in 14 Module aufgeteilt sind. Davon wurden 13 Skripte auf Basis des Quellcodes von „FCMLab“ geschrieben. Bei den anderen 14 Skripten handelt es sich um stark modifizierte oder neu geschriebene Skripte. Hierzu zählen unter anderem die Python-Skripte innerhalb des Modules „Data Pre-Processing“, die für die für die Vorbereitung der initialen und induzierten Eigenspannungen sowie für die Überführung in tabellarische Textdateien notwendig sind (vgl. Kapitel 6.2.1). Das Modul „Analysis“ ist der Kernel der FCM-Verzugssimulation. Innerhalb dieses Moduls werden zum einen die zeitlich-örtliche Materialzerspanung realisiert (vgl. Kapitel 6.2.2) und zum anderen werden die Gleichungssysteme aufgestellt (vgl. Formel 22) und mithilfe eines Solvers gelöst. Als Solver wird die Python Bibliothek „PyPardiso“ verwendet [HAAS22]. Es handelt sich dabei um einen direkten Solver für große, dünnbesetzte, lineare Gleichungssysteme. Der Solver basiert auf dem kommerziellen „Intel oneAPI Math Kernel Library PARDISO“ Solver [SCHE20], der einen effizienten Algorithmus zur LR-Zerlegung verwendet [SCHE00]. Zwei weitere wichtige Module sind die „Integration“ und die „Geometry“. Innerhalb des Moduls „Integration“ wird das für die FCM typische „adaptive integration scheme“ (vgl. Kapitel 2.4) und in dem Modul „Geometry“ die Voxelisierung der Bauteilgeometrie und der Swept Volumes durchgeführt (vgl. 6.2.2). Die Interaktion des Bedieners mit der Simulation findet über das Modul „Driver Files“ statt. Innerhalb dieses Moduls werden alle Eingangsgrößen für die Simulation definiert. Hierzu zählen unter anderem die Dateipfade zu den tabellarischen Textdateien der initialen und induzierten Eigenspannungen und „Swept Volumes“ sowie charakteristische Modellparameter.

Nachfolgend werden die Modellparameter vorgestellt, die zur Variation des Modells verwendet wurden. Konkret handelt es sich um:

- Dimension des erweiterten Bereichs [x; y; z]
- Anzahl der Zellen [x; y; z]
- Grad der Ansatzfunktionen p
- Detaillierungsgrad der Zellteilung k
- Randbedingungen für die Fixierung
- Auflösung der Geometrie [x; y; z]
- Auflösung der Eigenspannungen [x; y; z]

Die **Dimension des erweiterten Bereichs** wird dem Modell durch die Angabe von einem Start- und Endpunkt übergeben. Für den dreidimensionalen Fall wird daraus ein Quader erzeugt, der den erweiterten Bereich Ω_{erw} definiert. Beide Punkte werden jeweils als Array aus x-, y- und z-Koordinate übergeben.

Auch die **Anzahl der Zellen** in x-, y- und z-Richtung wird dem Modell in Form eines Arrays übergeben. Im Gegensatz zur Vorgehensweise in kommerzieller FEM Software wie bspw. ANSYS wird nicht direkt die Elementgröße vorgegeben. Implizit lässt sich die Zellengröße berechnen, wenn die jeweiligen Kantenlängen des erweiterten Bereichs durch die zugehörige Anzahl der Zellen dividiert wird. Es wird der erweiterte Bereich Ω_{erw} und nicht nur der physische Ω_{phys} Bereich diskretisiert.

Der **Grad der Ansatzfunktionen p** wird im Modell als ganze Zahl angegeben. Es handelt sich in diesem Modell immer um polynomische Ansatzfunktionen. Wird der Grad der Polynomfunktionen p erhöht, so erhöht sich die Anzahl der Integrationspunkte in jeder finiten Zelle. Dies ermöglicht eine genauere Abbildung komplexer Lasten, in diesem Anwendungsfall Eigenspannungen. Ein höherer Grad der Ansatzfunktionen kann somit zu einer besseren Genauigkeit des Modells führen.

Der **Detaillierungsgrad der Zellteilung k** wird ebenfalls durch eine ganze Zahl übergeben. Wie in Kapitel 2.4 beschrieben wird in der FCM eine adaptive Quadratur zur Abbildung komplexer Geometrien verwendet. In dieser Implementierung wird in Anlehnung an das Vorgehen von YANG et al. jede Zelle, die eine Grenze enthält in 8^k Subzellen geteilt [YANG12]. Dabei entspricht k dem maximalen Detaillierungsgrad der Zellteilung.

Die **Randbedingungen für die Fixierung** bestehen aus mehreren Angaben für das Modell. Die Fixierung der Geometrie wird über DIRICHLET Randbedingungen in Anlehnung an RUESS et al. realisiert [RUES13]. Zur Fixierung von Flächen werden die jeweiligen Start- und Endpunkte übergeben. Die schwache Erzwingung der Randbedingungen wird durch die Integration der Fläche gelöst. Die Fläche wird dazu anhand von einer definierten Anzahl an Segmenten entlang der Kanten der Flächen diskretisiert. Außerdem wird in Form eines Arrays angegeben, welche der drei Koordinatenrichtungen fixiert wird.

Die **Auflösung der Geometrie** wird als Array aus drei Zahlen für die drei Koordinatenrichtungen übergeben. Die Zahlen geben dabei das Verhältnis zwischen der gewählten Maßeinheit – in diesem Fall Millimeter – und der Anzahl an Voxel in der jeweiligen Koordinatenrichtung an. Beträgt die Auflösung in x-Richtung 0,1, so wird 1 mm der Geometrie in x-Richtung durch zehn Voxel abgebildet. Die Auflösung der Geometrie bestimmt sowohl die Diskretisierung des Rohteils und der IPWs als auch der SVs.

Die **Auflösung der Eigenspannungen** wird ebenfalls als Array aus drei Zahlen für die drei Koordinatenrichtungen übergeben. Die Informationen zu den Eigenspannungen liegen, wie schon die Informationen zur Geometrie, jeweils in Form einer Voxel-Matrix im Modell vor. Es wird sowohl für die initialen als auch für die induzierten Eigenspannungen eine Auflösung angegeben. Auch hier wird ein Verhältnis aus Maßeinheit – also Millimeter – und der Anzahl der Voxel beschrieben. In diesem Fall bedeutet ein Wert von 0,1 in x-Richtung, dass jeder Millimeter durch zehn Voxel beschrieben wird und somit zehn Mal Eigenspannungsinformationen aus der Datei mit den empirischen Daten ausgelesen werden.

6.3 Validierung anhand eines FEM- und eines analytischen Modells

Validation using a FEM- and an Analytical Model

Zur Validierung des FCM-Vorhersagemodells wird der eigenspannungsbedingte Bauteilverzug für die Geometrie E-4,0 aus Abbildung 5.1 simuliert und mit Ergebnissen eines analytischen und numerischen (FEM) Modells verglichen. In dem ersten Fallbeispiel „initiale Eigenspannungen“ wurden fiktive initiale Eigenspannungen mit $\sigma_{zz} \neq 0$ MPa auf das Bauteil aufgebracht (importiere σ_{zz}) und die y-Verschiebung berechnet (siehe Abbildung 6.4). Alle anderen Spannungskomponenten betrugen null.

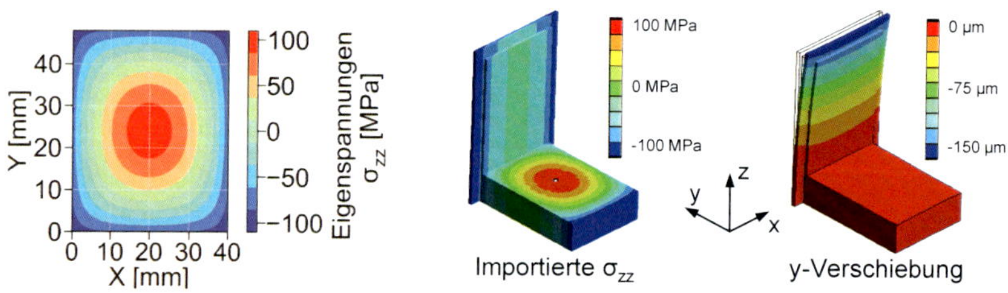

Abbildung 6.4: Initiale Eigenspannungen σ_{zz} (links), importiere σ_{zz} (mittig), y-Verschiebung (rechts)

Initial residual stresses σ_{zz} (left), imported σ_{zz} (middle), y-deformation (right)

Zur Festlegung der Anzahl der Zellen für das FCM-Modell wurde eine Konvergenzstudie durchgeführt. Als Abbruchkriterium war eine relative Abweichung von zwei aufeinanderfolgenden Ergebnissen von ≤ 1 % definiert. Der erweiterte Bereich umfasste genau die Außenmaße des Werkstücks und war somit in x-Richtung 40 mm breit, in y-Richtung 48 mm lang und in z-Richtung 60 mm hoch. Als Ansatzfunktionen wurden lineare Funktionen (p = 1) und als skalarer Faktor $\alpha = 10^{-14}$ verwendet. Der Detaillierungsgrad der Zellteilung betrug k = 2. Für die Fixierung wurden die Eckkoordinaten der Werkstück-Bodenfläche des erweiterten Bereichs angegeben, die jeweils in 20 Segmente in x- und y-Richtung diskretisiert wurden. Alle drei Bewegungsrichtungen wurden gesperrt. Die Auflösung der Geometrie betrug [1; 0,25; 1] und die der initialen Eigenspannungen [1; 1; 1]. Im FCM-Modell wurden die initialen Eigenspannungen entsprechend dem beschriebenen Vorgehen aus Kapitel 6.2.1 berücksichtigt. Für das Bauteil wurde ein E-Modul von 115.000 MPa und eine Querkontraktionszahl von 0,33 angenommen. Die Konvergenzstudie wurde auf einem Desktop PC mit einem Intel® Core™ i7-8550U CPU 1,8 GHz und 32 GB Arbeitsspeicher durchgeführt. Abbildung 6.5 stellt den Einfluss der gewählten Freiheitsgrade auf den maximalen Verzug der gefrästen Fläche und die Simulationszeit dar. Es ist zu erkennen, dass bei der Wahl von [40; 48; 60] Zellen (367.647 Freiheitsgrade) das Ergebnis (Verzug = -133 µm) konvergiert. Die Simulationszeit beträgt hierfür 534 s. Bei Steigerung der Anzahl der Zellen auf [60; 60; 60] (680.943 Freiheitsgrade) beträgt der Verzug -134 µm und die Simulationszeit steigt auf 1206 s an.

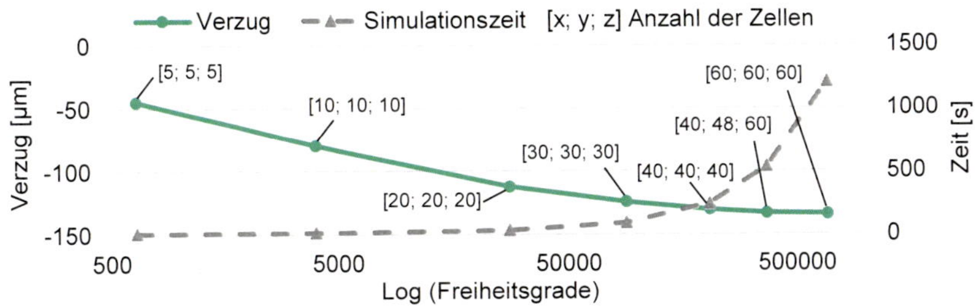

Abbildung 6.5: Konvergenzanalyse für steigende Anzahl an Freiheitsgraden

Convergence analysis for increasing degrees of freedom

Zum Vergleich der Ergebnisse des FCM-Modells wurde ein FEM-Modell in der Software ANSYS Workbench 19.1 implementiert. Die Diskretisierung der Geometrie erfolgte über kartesische Elemente mit 1 mm Kantenlänge in x- und z-Richtung und 0,05 mm Kantenlänge in y-Richtung mit linearer Ansatzfunktion. Die Eigenspannungen wurden als externe Daten entsprechend des in Kapitel 6.2.1 vorgestellten Formats importiert. Dafür wurde die Lasteinstellung „Anfangsspannungen" ausgewählt und die Eigenspannungen wurden auf die Elemente aufgebracht. Die Bodenfläche des Bauteils wurde für die Berechnung fixiert. Die Ergebnisse des FEM- und des FCM-Modells sind in Abbildung 6.6 dargestellt.

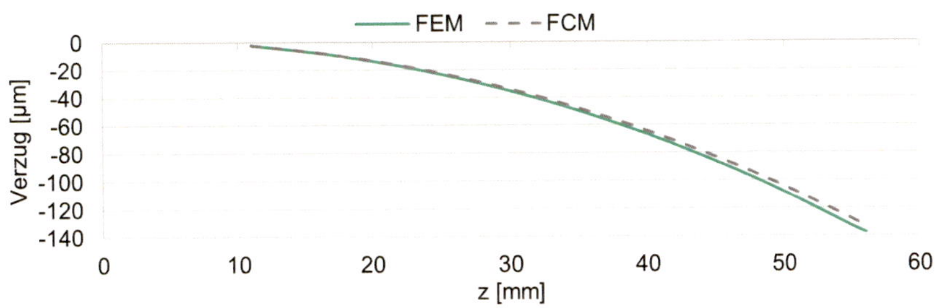

Abbildung 6.6: Ergebnisse für das Fallbeispiel „initiale Eigenspannungen"

Results for the use case "initial residual stresses"

Es wurden jeweils die y-Verschiebungen an der Mittellinie der gefrästen Oberfläche geplottet. Der maximale Verzug des FEM-Modells beträgt -129,5 µm und des FCM-Modells -133,1 µm; was einer relativen Abweichung von 3 % entspricht. Die Ergebnisse stimmen außerdem qualitativ gut überein.

Abbildung 6.7 stellt das zweite Fallbeispiel „induzierte Eigenspannungen" dar. Auf der grün markierten Vorderseite des Bauteils wirkt eine konstante induzierte Eigenspannung σ_{zz} = -100 MPa mit einer Wirktiefe von h_R = 100 µm. Zur analytischen Berechnung des Verzugs wird Formel (10) aus Kapitel 2.2.1 mit angepasstem Koordinatensystem verwendet. Dafür wird angenommen, dass die freistehende dünnwandige Platte der finalen Geometrie im Sockel fest eingespannt ist. Somit ergibt sich der Fall eines eingespannten Biegebalkens aus Abbildung 2.11. Das Koordinatensystem wurde so verschoben, dass die z-Achse mit dem Ende des Sockels beginnt und die x- und y-Achsen ihren Startpunkt im Schwerpunkt der Querschnittsfläche der dünnwandigen Platte haben. Das Moment um die x-Achse M_x ergibt sich aus der resultierenden Kraft F_z und deren Hebelarm h_F. Auf die Kraft lässt sich wiederum durch die wirkenden induzierten Eigenspannungen und deren Wirkfläche schließen. Die Maße der Wirkfläche betragen entsprechend der Breite der gefrästen Oberfläche b = 32 mm und entsprechend der definierten Wirktiefe h_R = 0,1 mm. Da eine mittlere Spannung und kein Eigenspannungsverlauf als Last definiert wurde, ergibt sich der Hebelarm des Angriffspunktes der Kraft genau in der Mitte der Wirktiefe h_R. Insgesamt beträgt die Verformung in y-Richtung in Abhängigkeit von z $w_y(z) = 1{,}569 \cdot 10^{-5}\ \text{mm}^{-1} \cdot z^2$.

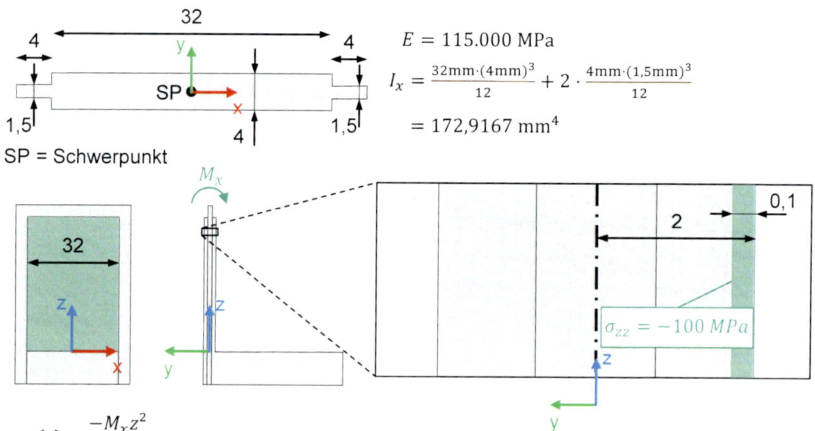

$$E = 115.000\ \text{MPa}$$

$$I_x = \frac{32\text{mm} \cdot (4\text{mm})^3}{12} + 2 \cdot \frac{4\text{mm} \cdot (1{,}5\text{mm})^3}{12} = 172{,}9167\ \text{mm}^4$$

$$w_y(z) = \frac{-M_x z^2}{2EI_x}$$

$$M_x = F_z \cdot h_F = \sigma_{zz} \cdot h_R \cdot b \cdot h_F = -100\text{MPa} \cdot 0{,}1\text{mm} \cdot 32\text{mm} \cdot \left(2\text{mm} - \frac{0{,}1\text{mm}}{2}\right) = -624\ \text{Nmm}$$

$$w_y(z) = \frac{624\ \text{Nmm}}{2 \cdot 115.000\ \text{MPa} \cdot 172{,}9167\ \text{mm}^4} \cdot z^2 = 1{,}569 \cdot 10^{-5} \frac{1}{\text{mm}} \cdot z^2$$

Abbildung 6.7: Analytische Modellierung des Verzugs
Analytical modeling of distortion

Die Konfiguration für das FCM- und FEM-Modell wurde analog zu dem ersten Fallbeispiel gewählt. Die Auflösung der induzierten Eigenspannungen innerhalb des FCM-Modells betrug [1; 0,05; 1]. Die Ergebnisse der drei Modelle sind in Abbildung 6.8 dargestellt. Die Ergebnisse des analytischen Modells wurden dabei entsprechend in z-Richtung verschoben, damit sie ebenfalls bei 11 mm beginnen. Der maximale Verzug des analytischen Modells beträgt 31,8 µm, des FEM-Modells 32,9 µm und des FCM-Modells 30,9 µm. Der relative Fehler des FCM-Modells beträgt damit 3 %. Qualitativ stimmen die Ergebnisse der numerischen Simulationen gut mit der analytischen Lösung überein. Insgesamt können somit die Ergebnisse des FCM-Modells für dieses Fallbeispiel als hinreichend genau bewertet werden.

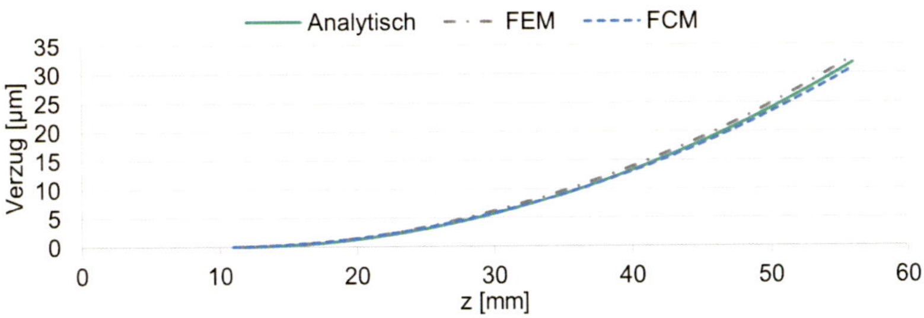

Abbildung 6.8: Ergebnisse für das Fallbeispiel „induzierte Eigenspannungen“
Results for the use case “induced residual stresses”

6.4 Experimentelle Validierung

Experimental Validation

In diesem Kapitel wird eine Validierung der Verzugssimulation auf Basis der experimentellen Ergebnisse aus Kapitel 5.2 durchgeführt. Hierzu werden zunächst die Eingangsgrößen und Modellparameter für die Verzugssimulation vorgestellt und anschließend experimentelle und simulative Ergebnisse verglichen. Zuletzt erfolgt die Analyse von weiterführenden, modellbasierten Untersuchungen.

6.4.1 Eingangsgrößen und Modellparameter

Input and Model Parameters

Als Eingangsgrößen benötigt das FCM-Modell – wie in Kapitel 6.2 beschrieben – die empirischen Daten zu initialen und induzierten Eigenspannungen, die Geometrieinformationen des Rohteils und der „Swept Volumes“ (SV) und die Materialkennwerte zu dem E-Modul und der Querkontraktionszahl sowie die Modellparameter.

Alle **initiale Eigenspannungen** basieren auf den Ergebnissen aus Kapitel 4.2. Für WBH1 und WBH2 liegen empirische Daten sowohl basierend auf den Messergebnissen der „Contour Method“ als auch basierend auf der thermomechanischen Simulation vor. Für WBH0 hingegen existieren nur die Messergebnisse der „Contour Method“. Die initialen Eigenspannungsdaten wurden entsprechend der Vorgaben aus Kapitel 6.2.1 so vorbereitet, dass für jeden Punkt des erweiterten Bereichs mit einem Punktabstand von je 1 mm in allen drei Koordinatenrichtungen Informationen vorliegen. Für die Ergebnisse der „Contour Method“ wurde angenommen, dass in jedem Querschnitt in z-Richtung die gleichen gemessenen Eigenspannungen vorliegen und dass alle nicht gemessenen Komponenten des Eigenspannungstensors null sind. Die simulierten Eigenspannungsdaten umfassen hingegen den vollständigen Eigenspannungstensor.

In Kapitel 4.3 wurden **die induzierten Eigenspannungen** nach dem Schlichtfräsprozess für WBH0 und in Kapitel 5.3 die induzierten Eigenspannungen auf der vorbereiteten Gegenseite der Platte (WBH2) gemessen. Darüber hinaus wurden ergänzende Messungen nach dem Schlichtfräsen für die Zustände WBH1 und WBH2 durchgeführt, dessen Ergebnisse in Anhang A.9.2 dargestellt sind. Die Struktur der Dateien wurde entsprechend der Beschreibung aus Kapitel 6.2.1 aufgebaut. Die Soll-Wirktiefe für die Umrechnung wurde zu $d_{m,\,Solltiefe}$ = 100 µm festgelegt. Die Zuordnung von den Versuchsgruppen zu den Ergebnissen der induzierten Eigenspannungsmessungen sowie die Kennwerte zu σ_m und d_m vor der Umrechnung auf Solltiefe mit Formel (25) können der Tabelle A.7.1 entnommen werden. Die induzierten Eigenspannungen werden innerhalb der FCM Simulation schrittweise nach jedem entfernten SV auf die neu entstandene Fläche aufgebracht.

Die **Geometrieinformationen** der Rohteile und der SV wurden aus der Software Rhino in Form von STL-Dateien exportiert. Hinsichtlich der zeitlich-örtlichen Materialzerspanung wurde in jedem Schritt das durch Schruppen und Schlichten entfernte Volumen auf einer Seite der Schaufel für einen Bearbeitungsblock gemeinsam entfernt. Nach Ma et al. handelt es sich dabei um eine valide Annahme, da die induzierten Eigenspannungen nach dem Schruppfräsen durch das direkt anschließende Schlichtfräsen entfernt werden [MA19]. Für die Werkstücke mit Geometrievariante O-4,0 ergeben sich aufgrund der beidseitigen Bearbeitung entsprechend sechs SV und für die beiden Varianten E-4,0 und E-2,5 jeweils drei SV.

Als **Materialkennwert** wurde eine konstante Querkontraktionszahl, unabhängig vom Wärmebehandlungszustand, von 0,33 gewählt. Das E-Modul der jeweiligen Wärmebehandlungszustände kann Tabelle 4.2 entnommen werden.

Die **Modellparameter** in allen nachfolgenden Untersuchungen wurden in Anlehnung an die Ergebnisse aus Kapitel 6.3 gewählt. Der erweiterte Bereich umfasste genau die Außenmaße des Werkstücks. Diskretisiert wurde dieser Bereich mit 40 Zellen in x-Richtung, 48 Zellen in y-Richtung und 60 Zellen in z-Richtung, sodass sich eine Zellengröße von 1 mm in jede Richtung ergab. Als Ansatzfunktionen wurden lineare Funktionen ($p = 1$) verwendet. Der Detaillierungsgrad der Zellteilung betrug $k = 2$. Für die Fixierung wurden die Eckkoordinaten der Bodenfläche des erweiterten Bereichs angegeben, die jeweils in 20 Segmente in x- und y-Richtung diskretisiert wurde. Alle drei Bewegungsrichtungen wurden gesperrt. Die Auflösung der Geometrie betrug [1; 0,25; 1], die der initialen Eigenspannungen [1; 1; 1] und die der induzierten Eigenspannungen [1; 0,05; 1].

6.4.2 Vergleich von simulativen und experimentellen Ergebnissen

Comparison of Simulative and Experimental Results

Für den direkten Vergleich der mithilfe der FCM simulierten und experimentellen Ergebnisse aus Kapitel 5.2 wird für jedes Simulationsergebnis die y-Verschiebung, im Folgenden als Verzug bezeichnet, an den gleichen Messstellen wie im Experiment (siehe Abbildung 5.3) ausgewertet. In Abbildung 6.9 sind die gemittelten experimentellen Ergebnisse der Versuchsgruppe W0-O-4,0-0,05 nach jedem Block im Vergleich mit den Simulationsergebnissen nach jedem Block dargestellt. Die initialen Eigenspannungen wurden auf Basis der „Contour Method“ (CM) berücksichtigt. Es fällt auf, dass die Simulation den Verzug nach allen Blöcken deutlich unterschätzt. Nach dem dritten Block liegt der maximale Verzug der Simulation bei ca. 7 µm, während der maximale Verzug im Experiment tatsächlich bei ca. 57 µm lag. Auch die Form des Verzugs des äußeren Rahmens stimmt in der Simulation nur bedingt mit der aus dem Versuch überein. Die im Versuch gemessenen Verzüge sind kantig, während die simulierten Verzüge rund sind.

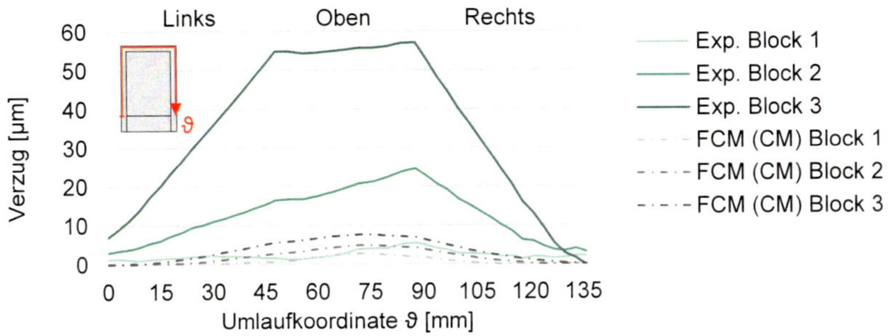

Abbildung 6.9: Vergleich der experimentellen und der simulierten Ergebnisse der Versuchsgruppe W0-O-4,0-0,05

Comparison of the experimental and simulated results of the test group W0-O-4,0-0,05

Die Ursache für die schlechte Übereinstimmung von Simulation und Experiment liegt vermutlich in der Genauigkeit der Daten zu den initialen Eigenspannungen. Die Annahme, dass die initialen Eigenspannungen in allen Querschnitten in z-Richtung identische Werte aufweisen, ist stark vereinfachend. Außerdem fehlen über die Reduzierung auf dieses eine Messergebnis auch die weiteren Komponenten des Eigenspannungstensors. Es wird vermutet, dass die „Contour Method“ bei geringeren Eigenspannungen eine schlechtere Ergebnisqualität aufweist, da geringere Verformungen der Schnittflächen gemessen werden. Dies führt wiederum dazu, dass Störgrößen wie die Oberflächenrauheit und der Einfluss des W-EDM-Schnitts die Oberflächenmessung relativ gesehen stärker beeinflussen. Außerdem gilt es zu erwähnen, dass das Bestimmtheitsmaß R^2 beim Anwenden der Glättungsfunktion der Messdatenverarbeitung für das Werkstück B10.1 mit Zustand WBH0 nur bei 0,7428 lag. Auch hier liegt die Ursache wahrscheinlich in den Störgrößen bei der Oberflächenmessung.

Der Vergleich der experimentellen und simulativen Ergebnisse für die Versuchsgruppe W1-O-4,0-0,05 ist in Abbildung 6.10 dargestellt. Da für den Zustand WBH1 sowohl gemessene (CM) als auch auf Basis der thermomechanischen Simulation simulierte (Sim) initiale Eigenspannungen vorliegen, sind jeweils zwei verschiedene FCM-Ergebnisse – FCM (CM) und FCM (Sim) – dargestellt. Die FCM (CM)-Ergebnisse stimmen in der Form schlechter mit den experimentellen Ergebnissen überein. Die maximalen Verzüge liegen im Experiment an den oberen Enden des linken und rechten Rahmens vor, während sie für das Modell in der Mitte des oberen Rahmens auftreten. Allerdings stimmen die Werte des maximalen Verzugs in guter Näherung mit denen des Versuchs überein. Nach dem ersten Block liegt der maximale Verzug des Modells ca. 10 µm zu hoch, nach dem zweiten Block ca. 18 µm und nach dem dritten Block ca. 8 µm. Die FCM (Sim)-Ergebnisse weisen eine ähnliche Form des Verzugs zu den Ergebnissen aus dem Versuch auf. Für den ersten und zweiten Block wird der Verzug durch diese Variante der Simulation um ca. 40 µm überschätzt und für den dritten Block um ca. 20 µm unterschätzt.

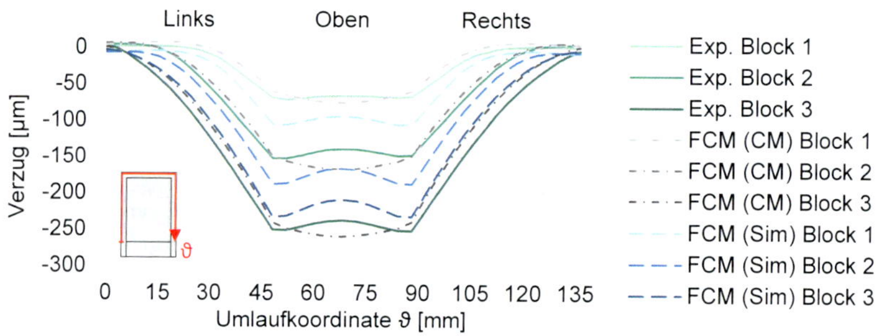

Abbildung 6.10: Vergleich der experimentellen und der simulierten Ergebnisse der Versuchsgruppe W1-O-4,0-0,05

Comparison of the experimental and simulated results of the test group W1-O-4,0-0,05

Insgesamt weisen die Ergebnisse der Versuchsgruppe W1-O-4,0-0,05 im Vergleich zu den Ergebnissen der Versuchsgruppe W0-O-4,0-0,05 eine bessere Übereinstimmung auf. Da für den Zustand WBH1 hohe initiale Eigenspannungen vorliegen, ist von einer besseren Ergebnisqualität der „Contour Method" auszugehen. Die Ergebnisse in Abbildung 6.10 bestätigen dies insofern, dass eine gute betragliche Übereinstimmung des Verzugs des FCM-Modells auf Basis der gemessenen initialen Eigenspannungen (FCM (CM)) mit dem Verzug aus den Versuchen gegeben ist. Die Formabweichung zwischen den beiden Ergebnissen könnte dabei verschiedene Ursachen haben. Einerseits gilt nach wie vor, dass die Annahme von identischen initialen Eigenspannungen in jedem Querschnitt von z vereinfachend ist. Andererseits fehlen dem Eigenspannungstensor die weiteren Komponenten, die Verschiebungen, Verbiegungen und Verdrehungen um andere Koordinatenachsen auslösen können. Die Ergebnisse des FCM-Modells auf Basis der simulierten initialen Eigenspannungen (FCM (Sim)) zeigen, dass bei vollständiger Abbildung aller Komponenten des Eigenspannungstensors eine bessere Übereinstimmung der Form des Verzugs erzielt wird.

Außerdem stimmen für diese Wärmebehandlung simulierte und gemessene initiale Eigenspannungen σ_{zz} in guter Näherung überein (siehe Abbildung 4.8). Entsprechend weisen auch die Ergebnisse des FCM-Modells auf Basis der „Contour Method" und der thermomechanischen Simulation ähnliche Beträge auf.

Für die Versuchsgruppe W2-O-4,0-0,05 sind die Ergebnisse des Experiments und der Simulation in Abbildung 6.11 dargestellt. Wie schon für die vorherige Versuchsgruppe liegen sowohl initiale Eigenspannungen aus der „Contour Method" als auch aus der thermomechanischen Simulation vor. Allerdings weisen in diesem Anwendungsfall beide Ergebnisse aus dem FCM-Modell keine gute Übereinstimmung mit den experimentellen Ergebnissen auf. Während der experimentell gemessene Verzug nach dem dritten Block in positive y-Richtung ca. 30 µm beträgt, ist der Verzug aus dem FCM-Modell in beiden Fällen in negative y-Richtung ausgeprägt. Die FCM-Simulation auf Basis der „Contour Method" weist ca. -30 µm maximalen Verzug nach dem dritten Block auf und die FCM-Simulation auf Basis der thermomechanischen Simulation weist ca. -85 µm auf.

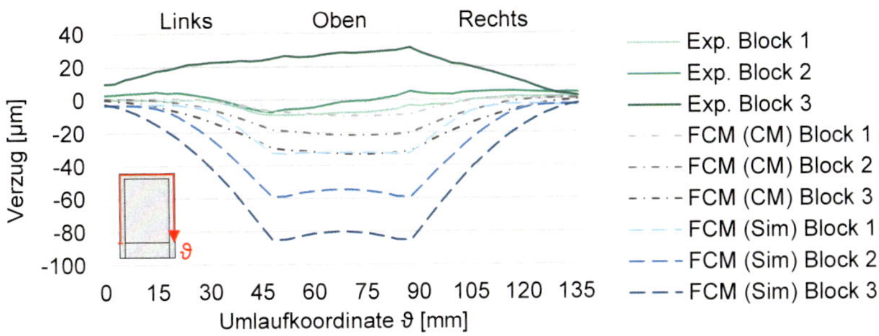

Abbildung 6.11: Vergleich der experimentellen und der simulierten Ergebnisse der Versuchsgruppe W2-O-4,0-0,05

Comparison of the experimental and simulated results of the test group W2-O-4,0-0,05

Bereits in Kapitel 5.3 wurde festgestellt, dass die vorliegenden initialen Eigenspannungen für den Zustand WBH2 nur bedingt zur Erklärung des Verzugs der Gruppe W2-O-4,0-0,05 geeignet sind. Da die Werkstücke ein wechselndes Verzugsverhalten zeigen und der Verzug verhältnismäßig gering ist, scheint die Plattenposition an einem Ausschnitt der initialen Eigenspannungen zu liegen, an dem nur geringe Steigungen im Spannungsverlauf vorliegen. Es scheint die Steigungsrichtung in Abhängigkeit von der z-Position zu wechseln, sodass sich die Richtung des Biegemoments nach der Bearbeitung des zweiten Blocks verändert hat. Wie schon bei WBH0 ist eine mögliche Ursache, dass die Ergebnisse der „Contour Method" für die geringen initialen Eigenspannungen eine schlechtere Qualität aufweisen.

Abbildung 6.12 stellt die experimentellen und simulativen Ergebnisse für die Versuchsgruppe W2-E-4,0-0,09 dar. Es sind erneut sowohl die auf Basis der „Contour Method" gemessenen initialen Eigenspannungen als auch die initialen Eigenspannungen aus der thermomechanischen Simulation als Eingangsgröße verwendet worden. Bezüglich der Form zeigen beide Ergebnisse eine gute Übereinstimmung mit den experimentellen Ergebnissen. Lediglich die leichte Schiefe des Verzugs wird im Modell bislang nicht abgebildet. Allerdings überschätzen beide Varianten des FCM-Modells den Verzug. Die Variante auf Basis der Ergebnisse der „Contour Method“ überschätzt den Verzug nach dem dritten Block um ca. 64 µm und die Variante auf Basis der thermomechanischen Simulation um ca. 82 µm.

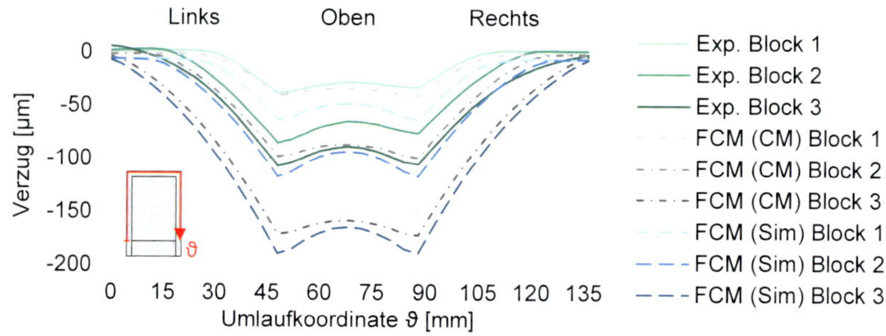

Abbildung 6.12: Vergleich der experimentellen und der simulierten Ergebnisse der Versuchsgruppe W2-E-4,0-0,09

Comparison of the experimental and simulated results of the test group W2-E-4,0-0,09

Ein ähnliches Bild zu dem Ergebnis der Versuchsgruppe W2-E-4,0-0,09 ergibt sich für die Versuchsgruppe W2-E-4,0-0,05. Die Ergebnisse dieser Versuchsgruppe sind in Abbildung 6.13 dargestellt. Auch für diese Gruppe wird der Verzug durch beide Varianten des FCM-Modells überschätzt. Das FCM-Modell auf Basis der „Contour Method“ überschätzt den Verzug um ca. 54 µm und das Modell auf Basis der thermomechanischen Simulation um ca. 71 µm. Wie schon bei der vorherigen Versuchsgruppe stimmt die Form des Verzugs des Modells gut mit der Form aus dem Versuch überein. Auch in diesem Fall wird lediglich die leichte Schiefe des Verzugs nicht abgebildet.

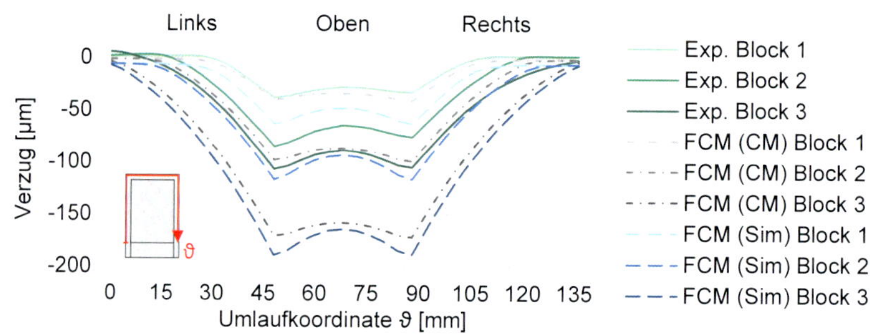

Abbildung 6.13: Vergleich der experimentellen und der simulierten Ergebnisse der Versuchsgruppe W2-E-4,0-0,05

Comparison of the experimental and simulated results of the test group W2-E-4,0-0,05

Eine mögliche Ursache für die schlechte Übereinstimmung der simulativen und experimentellen Ergebnisse der Versuchsgruppen W2-E-4,0-0,09 und W2-E-4,0-0,05 könnten die initialen Eigenspannungen sein. Auch die Ergebnisse der Versuchsgruppe W2-O-4,0-0,05 wiesen eine schlechte Übereinstimmung zwischen Modell und Versuch auf. Da hier durch die beidseitige Bearbeitung mit identischen Parametern der Effekt der induzierten Eigenspannungen minimal sein sollte, müsste der Einfluss der initialen Eigenspannungen für die schlechte Übereinstimmung verantwortlich sein. Entsprechend könnten auch im Fall der beiden zuvor präsentierten Versuchsgruppen fehlerhafte initiale Eigenspannungen als Eingangsgrößen des Modells zu der schlechten Ergebnisqualität beigetragen haben. Des Weiteren könnten auch die induzierten Eigenspannungen in der Realität von den Annahmen im Modell abweichen. So wurde für jede Versuchsgruppe nur ein Referenzbauteil für die induzierten Eigenspannungen an der Vorderseite untersucht. Bei diesen Referenzbauteilen handelte es sich jeweils um Bauteile der dünnwandigen Geometrievariante E-2,5. Auch für die Untersuchung der induzierten Eigenspannungen an der Rückseite der Bauteile wurde nur eine Referenzmessung durchgeführt. Es könnte somit sein, dass abweichende induzierte Eigenspannungen sowohl für die Vorder- als auch für die Rückseite der Werkstücke vorlagen. Außerdem zeigt die Untersuchung der induzierten Eigenspannungen an verschiedenen Positionen für die VP 2 und 3 in Anhang A.7, dass auch über den Verlauf des Werkzeugwegs eine Variation der induzierten Eigenspannungen vorliegt. Diese wurde im Modell nicht berücksichtigt und könnte daher eine Fehlerquelle sein.

Die Ergebnisse des FCM-Modells und des Versuchs der Versuchsgruppe W2-E-2,5-0,09 sind in Abbildung 6.14 dargestellt. Die Ergebnisse des FCM-Modells auf Basis der „Contour Method“ stimmen insbesondere für die ersten beiden Blöcke gut mit den experimentellen Ergebnissen überein. Der maximale Verzug im Versuch liegt nach dem ersten Block bei ca. -78 µm und für die Variante des FCM-Modells bei -72 µm. Nach dem zweiten Block liegt der maximale Verzug im Versuch bei -195 µm und der der Variante des FCM-Modells bei -186 µm. Nach dem dritten Block überschätzt das FCM-Modell mit einem Wert von ca. -334 µm den maximalen experimentellen Verzug um ca. 19 µm. Die Variante des FCM-Modells, deren initiale Eigenspannungen auf der thermomechanischen Simulation beruhen, zeigt ebenfalls eine gute Übereinstimmung mit den Versuchsergebnissen. Nach dem ersten Block wird der maximale Verzug aus dem Versuch durch diese Variante des Modells um ca. 13 µm überschätzt. Nach dem zweiten Block stimmen die Werte für den maximalen Verzug des Versuchs und der Modellvariante näherungsweise überein. Nach dem dritten Block überschätzt auch diese Modellvariante den maximalen Verzug aus dem Versuch um ca. 19 µm. Beide Modellvarianten weisen eine gute Übereinstimmung hinsichtlich der Form des Verzugs auf. Lediglich die Schiefe der experimentellen Verzugsergebnisse wird erneut nicht im Modell abgebildet.

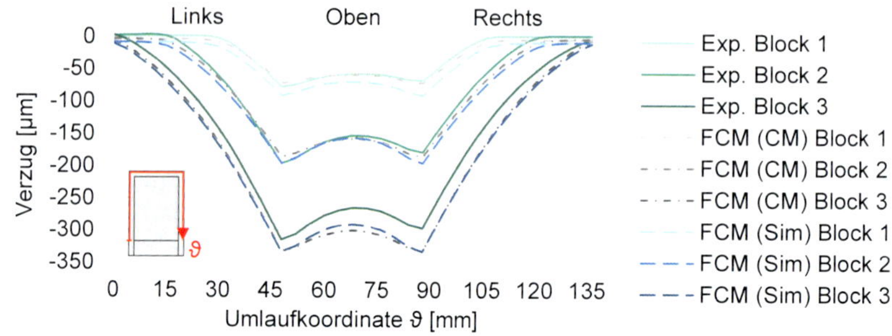

Abbildung 6.14: Vergleich der experimentellen und der simulierten Ergebnisse der Versuchsgruppe W2-E-2,5-0,09

Comparison of the experimental and simulated results of the test group W2-E-2,5-0,09

Die Ergebnisse für die zweite Versuchsgruppe der dünnwandigen Geometrievariante (W2-E-2,5-0,05) sind in Abbildung 6.15 dargestellt. Beide Varianten des FCM-Modells zeigen eine gute Übereinstimmung mit den experimentellen Ergebnissen hinsichtlich der Form und Beträgen des Verzugs. Das FCM-Modell auf Basis der mittels „Contour Method“ gemessenen initialen Eigenspannungen unterschätzt den maximalen Verzug aus dem Versuch nach dem ersten Block um ca. 8 µm und nach dem zweiten Block um ca. 14 µm. Nach dem dritten Block überschätzt das Modell den maximalen experimentellen Verzug um ca. 15 µm. Das FCM-Modell auf Basis der initialen Eigenspannungen aus der thermomechanischen Simulation überschätzt den maximalen Verzug nach dem ersten Block aus dem Versuch um ca. 11 µm. Nach dem zweiten Block unterschätzt das Modell den maximalen Verzug um ca. 4 µm. Nach dem dritten Block liegt der maximale Verzug dieser Variante wie schon der der zuvor vorgestellten Variante um ca. 15 µm zu hoch. Auch für diese Versuchsgruppe wird die Schiefe des experimentellen Verzugs nicht im Modell erfasst.

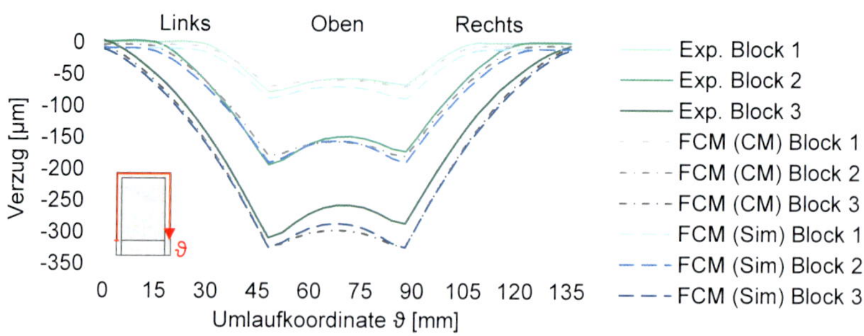

Abbildung 6.15: Vergleich der experimentellen und der simulierten Ergebnisse der Versuchsgruppe W2-E-2,5-0,05

Comparison of the experimental and simulated results of the test group W2-E-2,5-0,05

Die Übereinstimmung zwischen Versuch und Modell ist für die beiden Versuchsgruppen der dünnwandigeren Geometrievariante deutlich besser als für die beiden Versuchsgruppen der dickwandigeren Geometrievariante. Möglicherweise haben die initialen Eigenspannungen bei der dünneren Geometrievariante einen geringeren Einfluss auf den Verzug als bei der dickeren Geometrievariante. Durch die dünnere Plattendicke wird nur ein kleinerer Ausschnitt der initialen Eigenspannungen abgebildet. Der Gradient der initialen Eigenspannungen und somit das wirkende Biegemoment sind daher vermutlich kleiner. Für diese Vermutung spricht, dass die beiden Modellvarianten an den Eckpunkten des Werkstücks mit zunehmendem Bearbeitungsfortschritt einen immer geringeren Unterschied aufweisen. Obwohl verschiedene initiale Eigenspannungen zugrunde liegen, ist der Unterschied im dritten Block an den Ecken ungefähr null. Die induzierten Eigenspannungen scheinen einen größeren Einfluss auf den Verzug der dünnwandigen Bauteile zu haben. Demnach wären die induzierten Eigenspannungen infolge der Vorbereitung des Werkstücks ausschlaggebend, da diese eine Biegung in negative y-Richtung auslösen. Ob der Fehler im maximalen Verzug durch fehlerhafte initiale oder induzierte Eigenspannungen ausgelöst wird, kann nicht abschließend bestimmt werden.

6.4.3 Weiterführende modellbasierte Untersuchungen

Further Model-Based Investigations

Zur Erklärung der Einflüsse von initialen und induzierten Eigenspannungen auf den Verzug werden im Folgenden die Ergebnisse von weiterführenden modellbasierten Untersuchungen vorgestellt. Es werden jeweils nur die initialen Eigenspannungen auf Basis der thermomechanischen Simulation berücksichtigt, weil in diesem Fall alle Eigenspannungskomponenten für das gesamte Werkstück vorliegen und somit der Einfluss von einzelnen Eigenspannungskomponenten auf den Verzug untersucht werden kann.

Abbildung 6.16 stellt die Ergebnisse der Versuchsgruppe W1-O-4,0-0,05 nach dem dritten Block dar. Insgesamt wurden vier verschiedene Simulationsvarianten betrachtet, bei denen jeweils die Einflüsse von initialen und induzierten Eigenspannungen auf den Verzug getrennt und zusammen simuliert wurden. Bei Einbeziehung beider Eigenspannungsarten (initial & induziert) wird der maximale Verzug im Vergleich zum Experiment um ca. 20 µm unterschätzt. Die induzierten Eigenspannungen haben in der Simulation für die Geometrievariante „O“ keinen Einfluss auf den Verzug, da angenommen wurde, dass von beiden Seiten identische Eigenspannungen in die Platte eingebracht werden. Hierdurch resultieren entgegengerichteten Biegemomenten, die sich gegenseitig kompensieren. In diesem Fall ist der Verzug somit vollständig auf die initialen Eigenspannungen zurückzuführen. Außerdem wurde ein weiterer Fall simuliert, bei dem die initiale Eigenspannungskomponente σ_{xx} zu null gesetzt wurde. Es ist zu erkennen, dass der maximale Verzug dadurch von ca. -235 µm auf -263 µm steigt. Des Weiteren nimmt die „C“-förmige Durchbiegung des oberen Rahmens bei Vernachlässigung der σ_{xx}-Komponente sichtbar ab, eine leichte Durchbiegung ist aber weiterhin zu beobachten.

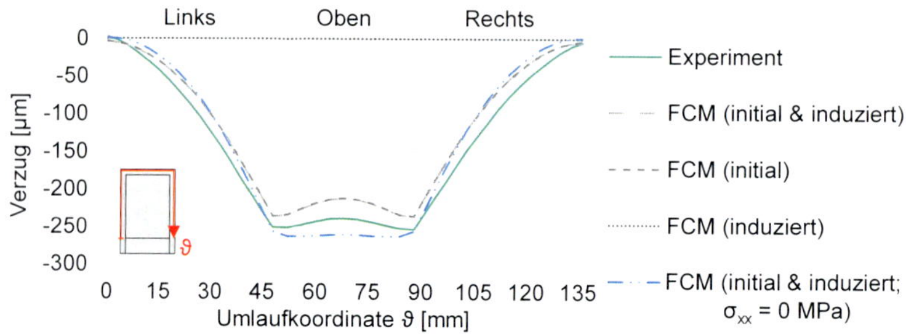

Abbildung 6.16: Weiterführende modellbasierte Untersuchungen der Versuchsgruppe W1-O-4,0-0,05 nach dem dritten Block
Further model-based investigations of the test group W1-O-4,0-0,05 after the third block

Da mithilfe des Modells in diesem Anwendungsfall in guter Näherung das Versuchsergebnis vorhersagt wird, können einige Aussagen zur Erklärung der experimentell ermittelten Einflüsse getätigt werden. Erstens ist es mithilfe des Modells möglich, zu bestätigen, dass im Fall der beidseitigen Bearbeitung mit identischen Prozessparametern der eigenspannungsbedingte Verzug maßgeblich durch die initialen Eigenspannungen verursacht wird. Während im Modell der Einfluss der induzierten Eigenspannungen komplett vernachlässigt werden kann, ist dies in der Realität nicht vollständig zu erwarten. Beispielsweise kann es durch eine elastische Werkstückverformung während der Bearbeitung zu veränderten Eingriffsbedingungen und somit zu unterschiedlichen induzierten Eigenspannungen kommen. Eine vollständige Kompensation der induzierten Eigenspannungen durch die Eigenspannungen auf der anderen Plattenseite wäre somit nicht mehr gegeben. Außerdem zeigen die Ergebnisse, dass die „C“-förmige Durchbiegung des oberen Rahmens maßgeblich, aber nicht ausschließlich von der Eigenspannungskomponente σ_{xx} abhängt. Die Vermutung aus Kapitel 5.3 zur Entstehung von größeren Kennwerten $\Delta^{o}_{\mathrm{max-min}}$ infolge von Eigenspannungen in x-Richtung kann somit mithilfe des Modells bestätigt werden.

In Abbildung 6.17 sind weitere Ergebnisse an Versuchsgruppe W2-E-4,0-0,05 nach dem dritten Block dargestellt. Aus dem vorherigen Kapitel ist bereits bekannt, dass der maximale Verzug aus dem Experiment ca. -114 µm beträgt. Der maximale Verzug gemäß dem FCM-Modell beträgt bei Berücksichtigung beider Eigenspannungsarten (initial & induziert) ca. -185 µm und wird somit um ca. 71 µm überschätzt. Bei alleiniger Berücksichtigung der initialen und induzierten Eigenspannungen ergibt sich für diesen Anwendungsfall ein maximaler Verzug von jeweils ca. -58 µm (initial) und ca. -128 µm (induziert). Der Verzug für beide Eigenspannungsarten ergibt sich somit aus der Addition der einzelnen Verzüge bei alleiniger Betrachtung. Dabei resultieren rund 31 % des Verzugs aus initialen und 69 % aus induzierte Eigenspannungen.

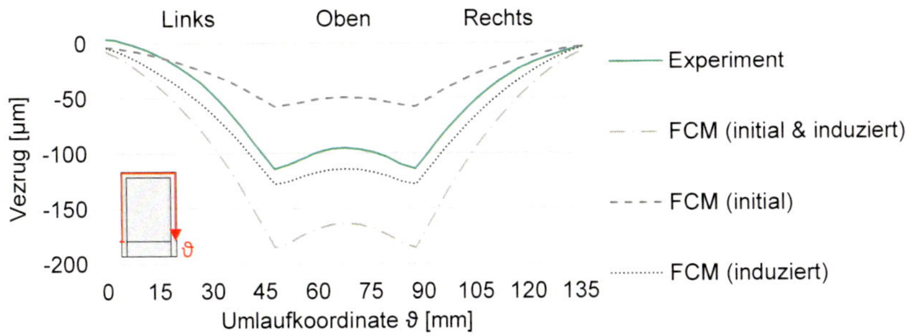

Abbildung 6.17: Weiterführende modellbasierte Untersuchungen der Versuchsgruppe W2-E-4,0-0,05 nach dem dritten Block
Further model-based investigations of the test group W2-E-4,0-0,05 after the third block

In Kapitel 5.3 wurde vermutet, dass die induzierten Eigenspannungen einen geringeren Einfluss auf den Verzug als die initialen Eigenspannungen der zuvor betrachteten Versuchsgruppe haben. Diese Vermutung kann auf Basis des Simulationsergebnisses widerlegt werden. Weiterhin liegt die Vermutung nahe, dass die Daten zu den initialen Eigenspannungen für den Zustand WBH2 fehlerhaft sind, da eine schlechte Übereinstimmung des Modells mit den Versuchsergebnissen der Gruppe W2-O-4,0-0,05 (siehe Abbildung 6.11) erzielt wurde. Möglicherweise wäre in der Versuchsgruppe W2-E-4,0-0,05 – wie in der Gruppe W2-O-4,0-0,05 – eigentlich positiver Verzug infolge der initialen Eigenspannungen entstanden. Bei Addition von geringem positivem Verzug auf das Ergebnis aus den induzierten Eigenspannungen könnte demnach das Versuchsergebnis genauer vorhergesagt werden.

Für die Versuchsgruppe W2-E-2,5-0,05 sind das Versuchsergebnis nach dem dritten Block und die Ergebnisse verschiedener Simulationsvarianten in Abbildung 6.18 dargestellt. Während im Versuch ein maximaler Verzug von ca. -309 µm gemessen wurde, liegt der Verzug des FCM-Modells bei Einbeziehung beider Eigenspannungsarten (initial & induziert) mit -335 µm maximalem Verzug 26 µm zu hoch. Werden nur die initialen Eigenspannungen (initial) im FCM-Modell berücksichtigt, so ergibt sich der maximale Verzug zu ca. -44 µm. Bei alleiniger Betrachtung der induzierten Eigenspannungen (induziert) liegt der maximale Verzug bei ca. -292 µm. Es gehen also nur rund 13 % des Verzugs im Modell auf initiale Eigenspannungen und 87 % auf induzierte Eigenspannungen zurück. Zwei weitere Ergebnisse, die in der Abbildung gezeigt werden, unterteilen die induzierten Eigenspannungen in zwei Gruppen. In der ersten Gruppe werden nur die induzierten Eigenspannungen auf der Vorderseite des Werkstücks – also die induzierten Eigenspannungen, die im eigentlichen Versuch entstanden sind – berücksichtigt. In der zweiten Gruppe werden nur die induzierten Eigenspannungen auf der Rückseite des Werkstücks berücksichtigt. Diese sind infolge der Vorbereitung der Rohteile entstanden. Für die erste Gruppe wird ein positiver maximaler Verzug von ca. 94 µm durch das Modell vorhergesagt. Für die zweite Gruppe wird ein negativer maximaler Verzug von ca. -386 µm vorhergesagt. Der letzte Anwendungsfall, der mithilfe des Modells untersucht wurde, umfasst eine Betrachtung beider Eigenspannungsarten. Es wurden die induzierten Eigenspannungen an der Rückseite um eine fiktive Schubeigenspannungskomponente von σ_{xz} = 20 MPa erweitert. Als Ergebnis ergibt sich ein asymmetrischer Verzug mit einem maximalen Verzug von ca. -335 µm am oberen Ende des linken Rahmens und einem Verzug von ca. -316 µm am oberen Ende des rechten Rahmens.

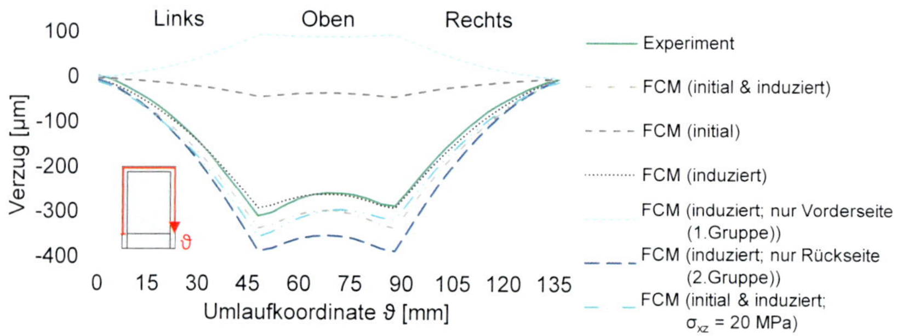

Abbildung 6.18: Weiterführende modellbasierte Untersuchungen der Versuchsgruppe W2-E-2,5-0,05 nach dem dritten Block
Further model-based investigations of the test group W2-E-2,5-0,05 after the third block

Auch diese weiterführende Untersuchung erlaubt einige Rückschlüsse zur Erklärung der experimentell ermittelten Einflüsse auf den eigenspannungsbedingten Verzug. Im Vergleich zur zuvor untersuchten Versuchsgruppe W2-E-4,0-0,05 wird ersichtlich, dass für die dünnwandigere Geometrievariante die initialen Eigenspannungen nur noch einen geringen Einfluss von 13 % auf das Verzugsergebnis haben. Dieser Einfluss ist allerdings immer noch groß genug, um die Ursache für die zu hohen Ergebnisse des Modells zu sein. Tatsächlich werden bei alleiniger Betrachtung der induzierten Eigenspannungen in diesem Anwendungsfall in guter Näherung die Versuchsergebnisse erzielt. Die Vermutung, dass die initialen Eigenspannungen für den Zustand WBH2 fehlerhaft sind, ist somit auch hier naheliegend. Die Unterteilung der induzierten Eigenspannungen in Vorderseite und Rückseite ermöglicht die Bestätigung einer Vermutung aus Kapitel 5.3. Tatsächlich wäre infolge des Fräsprozesses zur Fertigung des Bauteils ein in positive y-Richtung verzogenes Bauteil entstanden. Da jedoch die induzierten Eigenspannungen durch die Vorbereitung des Rohteils betragsmäßig höher liegen, dominieren diese in ihrem Effekt die induzierten Eigenspannungen aus dem Versuch. Es entsteht deswegen kein positiver, sondern negativer Verzug in y-Richtung. Eine weitere Vermutung aus Kapitel 5.3, die mithilfe des Modells bestätigt werden kann, bezieht sich auf die Ursache der Schiefe des Verzugs. Die Variante des Modells, die um eine Schubeigenspannungskomponente σ_{xz} erweitert wurde, weist eine ähnliche Schiefe auf wie das Versuchsergebnis. Somit kann die Entstehung von höheren Kennwerten Δ^{o}_{r-1} durch das Modell auf induzierte Schubeigenspannungen zurückgeführt werden. Die Beobachtung von WEBER et al. [WEBE21a] für die Fräsbearbeitung von Aluminiumlegierungen kann somit in diesem Anwendungsfall bestätigt werden.

In der abschließenden weiterführenden Untersuchung, dessen Ergebnisse in Abbildung 6.19 dargestellt sind, wurde der Einfluss der positionsabhängigen induzierten Eigenspannungen (vgl. Kapitel 4.3.2) auf den Verzug der Versuchsgruppe W2-E-2,5-0,05 nach dem dritten Block untersucht. Die grüne Kurve entspricht dem Ergebnis der ersten Gruppe aus Abbildung 6.18, in der konstante induzierten Eigenspannungen auf der Vorderseite des Werkstücks berücksichtigt wurden. Im Vergleich dazu wurden bei der schwarz gestrichelten Kurve die gemessenen induzierten Eigenspannungen positionsabhängig, aufgeteilt nach einem linken (L), mittleren (M) und rechten (R) Bereich auf der Vorderseite des Werkstücks, einbezogen. Die entsprechenden Werte können dem Anhang A.7 entnommen werden. Das Ergebnis verdeutlicht, dass durch die positionsabhängige Berücksichtigung der induzierten Eigenspannungen eine leichte Schiefe des Verzugs von ca. Δ^{o}_{r-l} = 6 µm resultiert. Insgesamt kann festgehalten werden, dass die Schiefe des Verzugs sowohl durch positionsabhängige induzierte Eigenspannungen als auch durch induzierte Schubeigenspannungen beeinflusst wird.

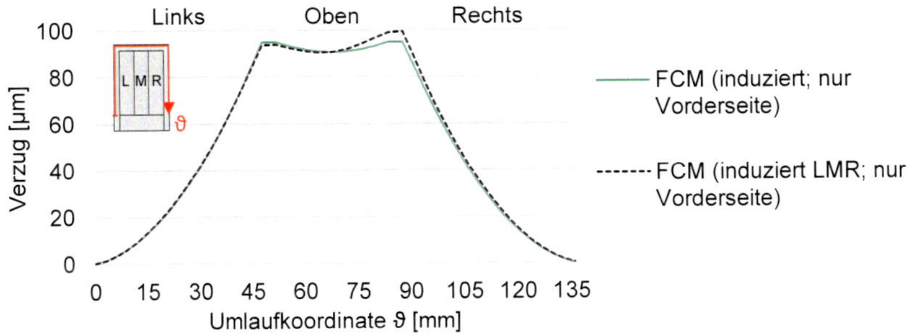

Abbildung 6.19: Einfluss der positionsabhängigen induzierten Eigenspannungen auf den Verzug der Versuchsgruppe W2-E-2,5-0,05 nach dem dritten Block

Influence of the position-dependent induced residual stresses on the distortion of test group W2-E-2,5-0,05 after the third block

6.5 Zusammenfassung und Zwischenfazit

Summary and Interim Conclusion

Insgesamt können aus Kapitel 6 folgende relevante Erkenntnisse zur Beantwortung von FF2 abgeleitet werden.

FF2: *Wie kann der eigenspannungsbedingte Bauteilverzug auf Basis der Finite Cell Method modelliert werden und wie lassen sich damit die Einflüsse von initialen und induzierten Eigenspannungen auf den Verzug erklären?*

Numerisches Vorhersagemodell auf Basis der FCM

Das entwickelte numerische Modell zur Vorhersage von eigenspannungsbedingtem Bauteilverzug basiert auf der FCM. Einer der wesentlichen Unterschiede zur FEM ist, dass der physische Bereich des Werkstücks um einen fiktiven Bereich erweitert wird, um eine Vernetzung mit kartesischen Zellen zu ermöglichen. Der Vorteil gegenüber der FEM ist, dass so die zeitaufwändige und fehleranfällige Netzgenerierung für komplexe Geometrien vermieden werden kann. Das Vorhersagemodell hat das Ziel, einen Erkenntnisgewinn zu ermöglichen und durch die zukünftige Einbindung in die Prozessplanung langfristig die Fertigungsqualität und die Wirtschaftlichkeit zu verbessern. Zur Umsetzung der definierten Anforderungen an das Modell, wurde in Kapitel 6.2 die Modellierung der initialen und induzierten Eigenspannungen sowie die Modellierung der zeitlich-örtlichen Materialzerspanung vorgestellt und die einzelnen Modellparameter erläutert. Anhand von zwei Fallbeispielen „initiale Eigenspannungen“ und „induzierte Eigenspannungen“ konnte eine erste Validierung des FCM-Modells vorgenommen werden. Dabei konnten gute Übereinstimmungen zwischen dem FCM-Modell und einem FEM-Modell sowie dem analytischen Modell nachgewiesen werden. Für das Fallbeispiel „initiale Eigenspannungen“ beispielsweise lag der maximale Verzug im FEM-Modell bei -129,5 µm und im FCM-Modell bei -133,1 µm.

Anschließend erfolge die Validierung des Modells anhand der experimentellen Ergebnisse auf Kapitel 5. Für die Versuchsgruppen W1-O-4,0-0,05, W2-E-2,5-0,09 und W2-E-2,5-0,05 konnten gute Übereinstimmungen zwischen Modell und Versuch nachgewiesen werden. Für die Versuchsgruppen W0-O-4,0-0,05, W2-E-4,0-0,09 und W2-E-4,0-0,05 stimmen zwar die Richtung der Verzugsergebnisse des Modells überein, allerdings liegen betraglich relativ große Abweichungen von bis zu 82 µm vor. Für die Versuchsgruppe W2-O-4,0-0,05 stimmen weder Richtung noch Beträge des Modells überein. Es wurde vermutet, dass fehlerhafte initiale Eigenspannungen, die als Input für das Modell dienen, die wichtigste Ursache für die Abweichung zwischen Modell und Versuch sind.

Einflüsse der initialen und induzierten Eigenspannungen auf den Verzug

Anhand von weiterführenden modellbasierten Untersuchungen konnte am Beispiel der Versuchsgruppe W1-O-4,0-0,05 gezeigt werden, dass der Verzug für die Versuchsreihe mit beidseitiger Bearbeitung ausschließlich von den initialen Eigenspannungen abhängt. Im Modell haben die induzierten Eigenspannungen keinen Einfluss auf den Verzug für alle Versuchsgruppen mit der Geometrievariante „O-4,0“. Die zugrundeliegenden Annahmen von identischen induzierten Eigenspannungen können vermutlich nicht vollständig auf die Realität übertragen werden. Im Versuch ist daher zumindest mit einem geringen Einfluss der induzierten Eigenspannungen zu rechnen. Außerdem wurde in einem Simulationslauf die initiale Eigenspannungskomponente σ_{xx} zu null gesetzt. Das Ergebnis zeigt, dass diese Eigenspannungskomponente, wie in Kapitel 5.3 vermutet, zu großen Teilen die „C“-förmige Verformung des oberen Rahmens verursacht. Die weiterführenden Untersuchungen an der Versuchsgruppe W2-E-4,0-0,05 haben gezeigt, dass für die dickwandigere Geometrievariante trotz einseitiger Bearbeitung immer noch ein signifikanter Anteil von ca. 31 % des Verzugs auf die Wirkung von initialen Eigenspannungen zurückgeführt werden kann. Somit ist die Vermutung, dass der Modellfehler auf fehlerhafte initiale Eigenspannungen zurückzuführen ist, durchaus plausibel. Die weiterführenden Untersuchungen an

Versuchsgruppe W2-E-2,5-0,05 haben gezeigt, dass für die dünnwandigere Geometrievariante nur ca. 13 % des Verzugs durch initiale Eigenspannungen verursacht werden. Die Vermutung, dass der Modellfehler durch initiale Eigenspannungen verursacht wird, kann insofern bekräftigt werden, da der Fehler für die beiden Versuchsgruppen mit dünnwandigen Geometrien geringer ist. Außerdem zeigte eine Unterteilung der induzierten Eigenspannungen in Vorder- und Rückseite, dass der Einfluss der induzierten Eigenspannungen aus der Vorbereitung der Rohteile den der Eigenspannungen aus dem Fräsprozess im Versuch überwiegt. Die Vermutung aus Kapitel 5.4 zur Entstehung des Verzugs der Versuchsreihe „Induzierte Eigenspannungen" kann somit bestätigt werden. Weiterhin wurde durch die Erweiterung der induzierten Eigenspannungen um eine Schubkomponente σ_{xz} gezeigt, dass die Schiefe des Verzugs möglicherweise durch induzierte Schubeigenspannungen verursacht wird. Dies wird ebenfalls durch die Beobachtungen von WEBER et al. [WEBE21a] bestätigt. Zuletzt wurde der Einfluss von positionsabhängigen induzierten Eigenspannungen auf den Verzug untersucht. Es konnte festgestellt werden, dass die Schiefe des Verzugs ebenfalls von den positionsabhängigen induzierten Eigenspannungen abhängt.

7 Anwendung des Modells in der Fräsbearbeitung eines Strukturbauteils

Application of the Prediction Model for the Milling of a Structural Component

In diesem Kapitel wird das zuvor entwickelte numerische Vorhersagemodell verwendet, um den Verzug bei der Fräsbearbeitung eines Strukturbauteils aus Ti-6Al-4V vorherzusagen. Hierzu wird in Kapitel 7.1 die Fräsbearbeitung des Strukturbauteils mit einem konventionellen Spannsystem auf Basis von experimentellen und simulativen Untersuchungen diskutiert. Analog dazu werden in Kapitel 7.2 die experimentellen und simulativen Untersuchungen bei der Fräsbearbeitung des Strukturbauteils mit einem modularen Spannsystem vorgestellt. Abschließend werden in Kapitel 7.3 die Ergebnisse zusammengefasst und die dritte Forschungsfrage beantwortet:

FF3: *Wie hoch ist die Vorhersagegenauigkeit des Modells bei Anwendung in der Fräsbearbeitung eines komplexen Strukturbauteils aus Ti-6Al-4V?*

7.1 Fräsbearbeitung mit einem konventionellen Spannsystem

Milling with a Conventional Clamping System

Im Folgenden werden die experimentellen und simulativen Untersuchungen bei der Fräsbearbeitung eines Strukturbauteils mit einem konventionellen Spannsystem vorgestellt. Konventionell bedeutet in diesem Zusammenhang, dass das Werkstück während der gesamten Bearbeitung auf dem Maschinentisch eingespannt ist und Umspannvorgänge nicht durchgeführt werden.

7.1.1 Experimentelle Untersuchungen

Experimental Investigations

Für alle experimentellen Untersuchungen wurden einige der großen, herausgetrennten Blöcke aus der Walzplatte (siehe Abbildung 4.1) ausgewählt und anschließend der Wärmebehandlung WBH1 unterzogen. Der Grund für die Auswahl dieser Wärmebehandlung war, dass in Kapitel 6.4 eine gute Vorhersagegenauigkeit des Bauteilverzugs für den Zustand WBH1 erzielt werden konnte. Nach der Wärmebehandlung wurden die Blöcke auf die Außenmaße 250 x 60 x 40 mm gefräst. Zusätzlich wurden entlang der Längsseiten Nuten in die Blöcke eingebracht, um die Rohteile anschließend auf der Werkzeugmaschine für die Fräsbearbeitung einspannen zu können. Abbildung 7.1 stellt das vorbereitete Rohteil (links) und das Fertigteil (rechts) sowie die wichtigsten Maße dar. Das Fertigteil entspricht einem repräsentativen Modell eines Strukturbauteils. Es weist typische geometrische Merkmale, wie Taschen und dünnwandige Stege, auf. Die Grundplatte, Stege und Außenwände haben jeweils eine Wandstärke von 3 mm. Alle weiteren Maße können der technischen Zeichnung des Fertigteils im Anhang A.12 entnommen werden. Für das Fertigteil wurde eine Ebenheitstoleranz von 0,3 mm auf Basis eines realen Flugzeug-Türspantsegments aus Ti-6Al-4V festgelegt.

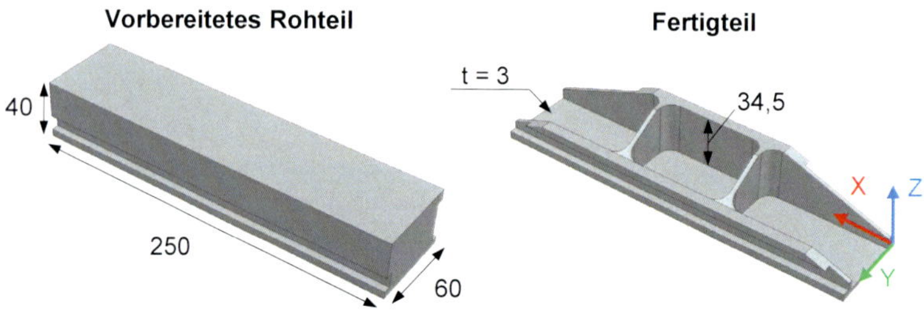

Abbildung 7.1: Vorbereitetes Rohteil (links) und Fertigteil (rechts)
Prepared raw part (left) and final part (right)

Die Fräsbearbeitung wurde, wie auch in Kapitel 5, auf einem Mikron HPM 800U HD Bearbeitungszentrum durchgeführt. Das vorbereitete Rohteil war mit zwölf Spannpratzen entlang der Längskanten fest auf dem Maschinentisch eingespannt (siehe Abbildung 7.2). Das Anzugsdrehmoment je Schraube betrug 20 Nm, wodurch eine Spannkraft von ca. 500 N je Spannpratze erzeugt wurde. Als Fräswerkzeuge wurden Torusfräser des Typs IMX16C4HV160R10032 der Firma Mitsubishi eingesetzt. Es handelt sich dabei um den gleichen Typ wie in den vorher beschriebenen Untersuchungen in Kapitel 5.1, allerdings mit einer Schneidenlänge L_S = 32 mm statt 16 mm.

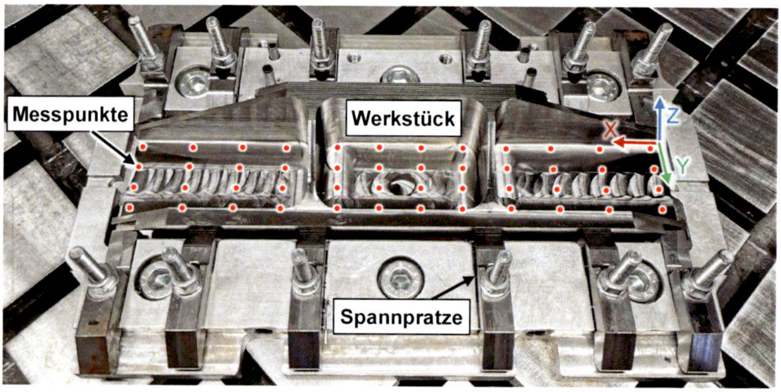

Abbildung 7.2: Versuchsaufbau mit dem konventionellen Spannsystem
Test setup with the conventional clamping system

Die Fräsbearbeitung des Werkstücks war aufgeteilt in Schrupp- und Schlichtfräsen. Die wichtigsten Schritte der Bearbeitungsreihenfolge sind in Abbildung 7.3 dargestellt. Im ersten Schritt wurden alle Taschen und Schrägen von rechts nach links mittels Schruppfräsen gefertigt. Hierzu wurden insgesamt elf Fräsoperationen (OP010 - OP110) verwendet. Die Bearbeitung der Taschen erfolge mit der Frässtrategie „adaptives Fräsen", aufgeteilt in je zwei axiale Zustellungen (a_p = 18 mm und $a_{e,\,max}$ = 1,5 mm), mit einem Aufmaß von 0,2 mm zu den Taschenböden und -wänden. Die Schnittgeschwindigkeit betrug v_c = 80 m/min und der Zahnvorschub f_z = 0,09 mm. Nach der Schruppfräsbearbeitung wurden die Taschen in der gleichen Reihenfolge wie zuvor auf Endmaß mittels Schlichtfräsen bearbeitet

(OP120 - OP170). In jeder Tasche wurde im ersten Schritt der Boden und im zweiten Schritt die Wände geschlichtet. Hierfür wurden die folgenden Prozessparameter gewählt: v_c = 80 m/min, f_z = 0,05 mm, $a_{p,\,max}$ = 0,2 mm und $a_{e,\,max}$ = 0,2 mm. Nach jedem Werkstück kam jeweils ein neues Schrupp- und Schlichtwerkzeug zum Einsatz, um den Einfluss des Verschleißes auf die induzierten Eigenspannungen möglichst gering zu halten. Alle Fräsprozesse wurden unter Zufuhr von Kühlschmierstoff-Emulsion durchgeführt. Insgesamt fand eine Untersuchung von drei Werkstücken (A12, A21 und B02) statt.

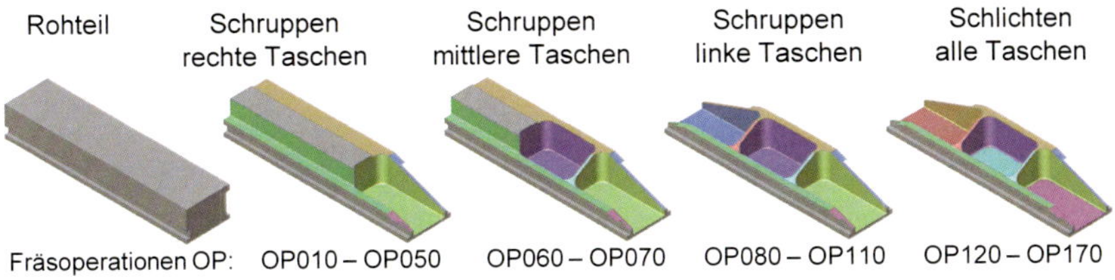

Abbildung 7.3: Bearbeitungsreihenfolge für die Fräsbearbeitung des Strukturbauteils
Machining sequence for milling of the structural component

Die Quantifizierung des Bauteilverzugs erfolgte zunächst im eingespannten Zustand jeweils nach dem Schrupp- und Schlichtfräsen der Werkstücke. Hierbei wurden jeweils die Bodenflächen der drei Taschen durch insgesamt 48 Messpunkte (siehe Abbildung 7.2) mit dem gleichen maschineninternen Messtaster wie in Kapitel 5 abgetastet. Der Messbereich betrug in X-Richtung X = 3-247 mm und in Y-Richtung Y = 13-47 mm. Innerhalb der rechten und linken Taschen haben die Messpunkte einen X-Abstand von 24 mm und in der mittleren Tasche von 18 mm. In Y-Richtung beträgt der Messpunktabstand in allen Taschen 12 mm. Abbildung 7.4 stellt die Mittelwerte (MW) der gemessenen Verzüge (Istmaß minus Sollmaß), als linear interpolierte Konturdiagramme für alle drei Werkstücke jeweils nach dem Schrupp- und Schlichtfräsen dar. In Anhang A.13.1 sind zusätzlich alle Einzelergebnisse dargestellt.

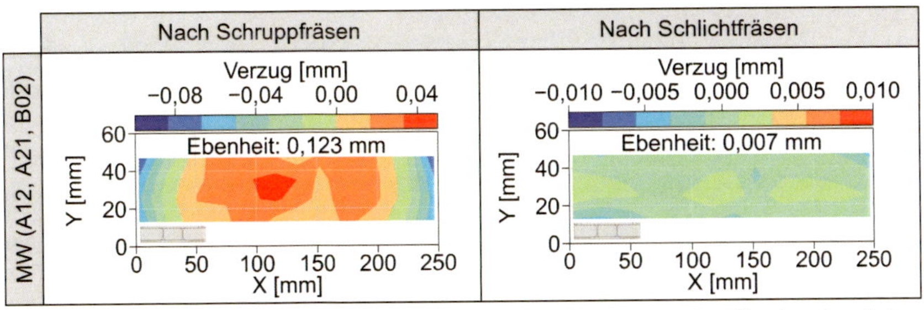

Abbildung 7.4: Durchschnittliche Verzüge im eingespannten Zustand auf den Bodenflächen der Taschen (konventionelles Spannsystem)
Average distortions in clamped state on the bottom surfaces of the pockets (conventional clamping system)

Nach der Schruppfräsbearbeitung wurde ein bogenförmiger Verzug, mit negativen Werten an den äußeren Enden und positiven Werten in der Mitte, gemessen. Das Ergebnis lässt vermuten, dass die Spannkräfte der Spannpratzen nicht ausreichend waren, um die Werkstücke fest auf dem Maschinentisch einzuspannen und Verzug während der Fräsbearbeitung zu verhindern. Die durchschnittliche Ebenheit, berechnet aus der Differenz von maximalem und minimalem Verzug, beträgt 0,123 mm. Nach der Schlichtfräsbearbeitung ist der Verzug auf den Bodenflächen der Taschen mit einer durchschnittlichen Ebenheit von 0,007 mm deutlich geringer. Dies lässt sich damit begründen, dass durch das Schlichtfräsen ein Restaufmaß von 0,2 mm auf den Bodenflächen der Taschen zerspant wurde und es somit zu einer Kompensation des Verzugs gekommen ist.

Nach dem Auspannen wurden alle Werkstücke mithilfe der Streifenlichtprojektion gemessen. Hierzu wurde das Messsystem Steinbichler COMET 5 11M verwendet. Die gemessenen Werkstücke wurden mittels Best-Fit-Verfahren in dem CAD-Modell ausgerichtet. Anschließend wurden sowohl auf den Bodenflächen der Taschen als auch auf der Unterseite der Werkstücke jeweils 352 Messpunkte definiert, an denen die Verzüge ausgewertet wurden. Die Messbereiche in X- und Y-Richtungen wurden jeweils analog zu den Messungen im eingespannten Zustand gewählt, um eine direkte Vergleichbarkeit sicherzustellen. Die Messpunkte haben einen Abstand in X- und Y-Richtung von jeweils 5 mm. Abbildung 7.5 stellt die durchschnittlich gemessenen Verzüge auf den Bodenflächen der Taschen und der Unterseite als linear interpolierte Konturdiagramme aller drei Werkstücke dar. Die Einzelmessungen der drei Werkstücke sind in Anhang A13.2 dargestellt.

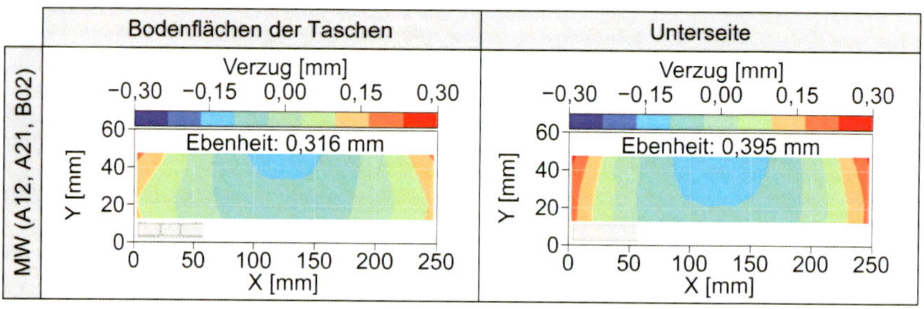

Abbildung 7.5: Durchschnittliche Verzüge im ausgespannten Zustand (konventionelles Spannsystem)
Average distortions in unclamped state (conventional clamping system)

In beiden Konturdiagrammen lässt sich näherungsweise eine Achsensymmetrie zur Y-Achse in der Mitte des Werkstücks (X = 125 mm) beobachten. Außerdem treten die größten Verzüge jeweils an den oberen linken und rechten Ecken der gemessenen Konturen auf, die im Vergleich zum eigenspannten Zustand jeweils positive Richtungen aufweisen. Dies lässt sich anhand der Geometrie des Werkstücks und der davon abhängigen Steifigkeit begründen. Außerdem fällt auf, dass die Ebenheit für die Bodenflächen der Taschen mit durchschnittlich 0,316 mm geringer ist als für die Unterseiten der Werkstücke mit durchschnittlich 0,395 mm. Dieser Unterschied lässt sich anhand des zuvor beschriebenen Verzugsverhaltens im eingespannten Zustand erklären, da das Schlichtfräsen bereits zu einer Reduzierung des Verzugs auf den Bodenflächen der Taschen geführt hat.

7.1.2 Eingangsgrößen und Modellparameter für die Verzugssimulation

Input and Model Parameters for the Distortion Simulation

Wie in Kapitel 6.4.1 beschrieben, werden für die Simulation des Bauteilverzugs verschiedene Eingangsgrößen und Modellparameter benötigt. Die **initialen Eigenspannungen** wurden sowohl experimentell („Contour Method"), analog zu dem Vorgehen aus Kapitel 4.2.1, als auch mithilfe der thermomechanischen Simulation aus Kapitel 4.2.2 bestimmt. Abbildung 7.6 stellt das gemittelte Ergebnis der „Contour Method" der beiden Werkstücke B11 und B14 (links) und das Ergebnis der thermomechanischen Simulation (rechts) dar.

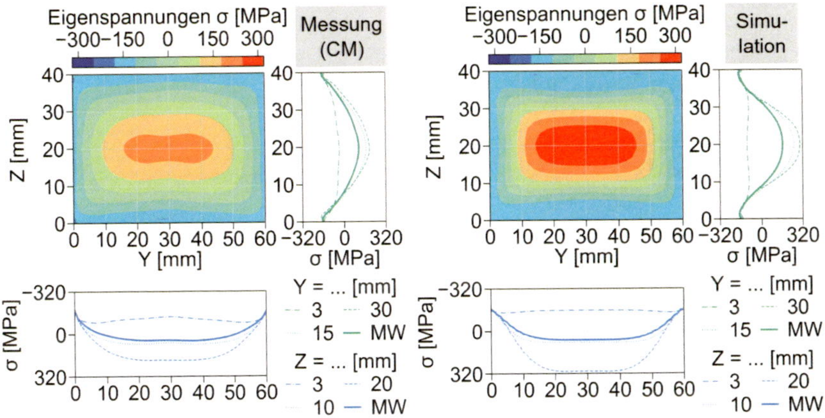

Abbildung 7.6: Gemessene (links) und simulierte (rechts) initiale Eigenspannungen σ_{xx}

Measured (left) and simulated (right) initial residual stresses σ_{xx}

Die gemessenen initialen Eigenspannungen betragen an der Oberfläche des Blocks ca. -220 MPa und im Kern ca. 200 MPa. Im Gegensatz dazu liegen die simulierten initialen Eigenspannungen bei ca. -180 MPa an der Oberfläche und 300 MPa im Kern. In beiden Ergebnissen tritt ein typischer Verlauf für lösungsgeglühte und abgeschreckte Werkstücke auf. Ein weiterer Unterschied zwischen den Ergebnissen ist, dass die simulierten Spannungsgradienten an den Rändern des Werkstücks sichtbar größer sind als die gemessenen.

Als Eingangsgröße für die Simulation des Verzugs wurden im Folgenden nur die Simulationsergebnisse verwendet, da hierfür der gesamte Spannungstensor vorlag und somit eine bessere Vorhersagegenauigkeit, wie in Kapitel 6.4.2 gezeigt, erwartet wurde. Analog zu Kapitel 6.4.1 wurden die initialen Eigenspannungen so vorbereitet, dass für jeden Punkt des erweiterten Bereichs mit einem Punktabstand von je 1 mm in alle drei Koordinatenrichtungen Spannungsinformationen vorlagen.

Die **induzierten Eigenspannungen** wurden auf Basis von gemessenen Eigenspannungsprofilen als mittlere induzierte Eigenspannung $\sigma_{m,\ Solltiefe}$ mit einer Solltiefe von jeweils $d_{m,\ Solltiefe}$ = 100 µm, analog zum Vorgehen in 6.4.1, verwendet. Zur Bestimmung der induzierten Eigenspannungen wurden Röntgendiffraktometriemessungen auf der Unterseite eines vorbereiteten Rohteils sowie auf den Bodenflächen der Taschen jeweils nach dem Schrupp- und Schlichtfräsen durchgeführt. Die Messergebnisse von der Unterseite eines vorbereiteten Rohteils und nach der Schruppfräsbearbeitung der Bodenflächen der Taschen sind in Anhang A.14 dargestellt. Als mittlere induzierte Eigenspannung bei einer Solltiefe von 100 µm wurde auf der vorbereiteten Unterseite des Rohteils $\sigma_{m,\ Solltiefe}$ = -65,28 MPa (φ = 0°) und -86,04 MPa (φ = 90°) und nach der Schruppfräsbearbeitung auf den Bodenflächen der Taschen von $\sigma_{m,\ Solltiefe}$ = -166,13 MPa (φ = 0°) und -200,59 MPa (φ = 90°) gemessen. Abbildung 7.7 stellt darüber hinaus die gemessenen induzierten Eigenspannungen für die drei Bodenflächen der Taschen nach der Schlichtfräsbearbeitung dar. Es wurde jeweils mittig auf den orangefarbigen Flächen gemessen.

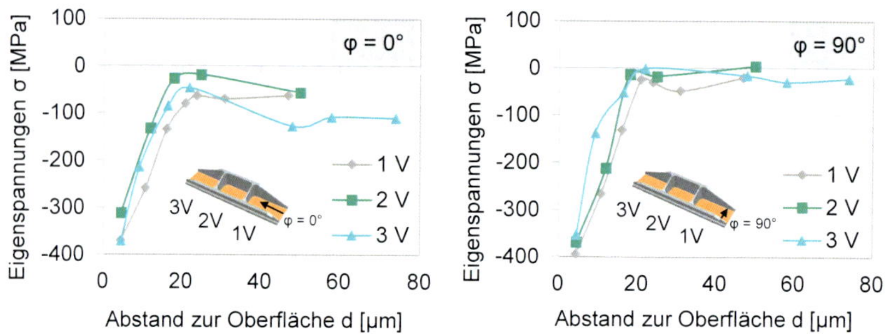

Abbildung 7.7: Induzierte Eigenspannungen auf den Bodenflächen der Taschen nach der Schlichtfräsbearbeitung
Induced residual stresses on the pocket surfaces after finishing

Nach dem Schlichtfräsen wurden für alle Messpunkte deutliche Druckeigenspannungen gemessen. Über die drei Messungen gemittelt beträgt die mittlere induzierte Eigenspannung bei einer Solltiefe von 100 µm $\sigma_{m,\ Solltiefe}$ = -52,82 MPa (φ = 0°) und -27,34 MPa (φ = 90°). Innerhalb der Verzugssimulation wurden die induzierten Eigenspannungen schrittweise nach jedem entfernten SV auf die neu entstandene Fläche, analog zu dem Vorgehen aus Kapitel 6.2.1, aufgebracht. Induzierte Eigenspannungen auf den nicht gemessenen Flächen (z. B. Wandflächen der Taschen), wurden vernachlässigt. Hierbei wurde angenommen, dass hauptsächlich die induzierten Eigenspannungen auf der Unterseite und auf den Bodenflächen der Taschen einen signifikanten Einfluss auf das Biegemoment um die Y-Achse und somit auf den Verzug in Z-Richtung haben.

Die **Geometrieinformationen** des Rohteils und der Swept Volumes (SV) für die Fräsoperationen wurden direkt aus der verwendeten CAD/CAM-Software exportiert, in der auch die Prozessplanung für das Strukturbauteil durchgeführt wurde. Zur Vereinfachung wurden die SV aller Fräsoperationen in drei SV für die Schruppfräsbearbeitung (OP010 – OP110) und ein SV für die Schlichtfräsbearbeitung (OP120 – OP170) zusammengefasst (siehe Abbildung 7.3). Insgesamt wurden somit vier SV als Eingangsgrößen definiert.

Die **Materialkennwerte** wurden anhand eines Zugversuchs an einer Probe eines wärmebehandelten Blocks durchgeführt. Es konnte ein E-Modul von 123.000 MPa in Bauteillängsrichtung und eine Querkontraktionszahl von 0,33 gemessen werden.

Als **Modellparameter** wurden für den erweiterten Bereich die Außenmaße des Eingangs-Rohteils von [250; 60; 40] definiert. Als Ansatzfunktion wurden erneut lineare Ansatzfunktionen (p = 1) und als Detaillierungsgrad der Zellteilung k = 2 verwendet. Zur Simulation des Bauteilverzugs im eingespannten Zustand wurden die Kontaktflächen der zwölf Spannpratzen mit dem Werkstück in alle drei Bewegungsrichtungen fixiert. Zur Simulation des Ausspannens des Werkstücks wurden die zwölf Kontaktflächen gelöst und stattdessen die Fläche auf der Oberseite des Werkstücks mit den Eckpunkten [76; 0; 37,5] und [175; 8; 37,5] fixiert, um Starrkörperverschiebungen zu verhindern, aber dennoch eine möglichst freie Relaxation des Werkstücks zu ermöglichen. Für alle fixierten Kontaktflächen wurden jeweils 20 Segmente in x- und y-Richtung gewählt. Ausgehend von einer zuvor durchgeführten Konvergenzstudie wurde der erweiterte Bereich für die Simulation im eingespannten Zustand in [50; 30; 37] Zellen und für die Simulation im ausgespannten Zustand in [50; 60; 80] unterteilt. Die Auflösung der Geometrie betrug [0,5; 0,5; 0,005], die der initialen Eigenspannungen [1; 1; 1] und die der induzierten Eigenspannungen [1; 1; 0,05].

7.1.3 Vergleich von simulativen und experimentellen Ergebnissen

Comparison of Simulative and Experimental Results

Die Auswertung der Simulationsergebnisse erfolgte analog zu dem beschriebenen Vorgehen in Kapitel 7.1.1. Abbildung 7.8 stellt sowohl die Simulationsergebnisse als auch den berechneten Mittelwert (MW) der drei gefrästen Werkstücke für den **eingespannten Zustand,** jeweils nach dem Schrupp- und Schlichtfräsen, dar. Die Simulationsergebnisse wurden an den gleichen Messstellen wie in den experimentellen Untersuchungen ausgewertet, um eine bestmögliche Vergleichbarkeit sicherzustellen. In den nachfolgenden Abbildungen ist jeweils das Simulationsergebnis in der ersten Zeile und das durchschnittliche experimentelle Ergebnis in der zweiten Zeile gegenüberstellend dargestellt.

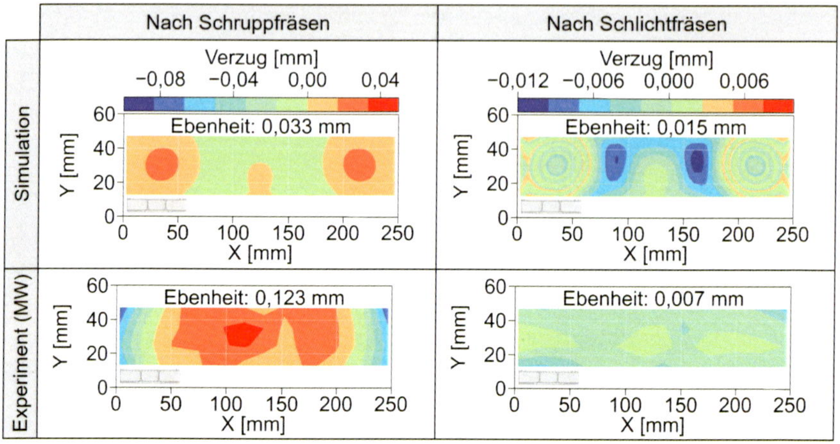

Abbildung 7.8: Vergleich von simulativen und experimentellen Ergebnissen auf den Bodenflächen der Taschen im eingespannten Zustand (konventionelles Spannsystem)

Comparison of simulative and experimental results on the bottom surfaces of the pockets in clamped state (conventional clamping system)

Das Simulationsergebnis weicht nach dem Schruppfräsen sowohl quantitativ als auch qualitativ von dem experimentellen Ergebnis ab. In der Simulation wurden hauptsächlich positive Verzüge berechnet und die Ebenheit ist mit 0,033 mm deutlich geringer als die experimentell gemessene Ebenheit von 0,123 mm. Ein möglicher Grund für diese Abweichungen könnte die Modellierung der Einspannung des Werkstücks sein. Wie zuvor erläutert wurden in der Simulation die Kontaktflächen zwischen den Spannpratzen und dem Werkstück vollständig fixiert (ideal steife Lagerung), sodass alle Knotenverschiebungen in diesem Bereich gesperrt wurden. In der Simulation ist das Werkstück damit fest eingespannt, wodurch es zu geringen Verzügen im eingespannten Zustand kommt. Im Gegensatz dazu konnten im Experiment größere Verzüge im eigenspannten Zustand gemessen werden. Zur Verbesserung der Simulation wäre vermutlich die Anwendung von elastischen Lagerungen anstelle von ideal steifen Lagerungen angemessen. Wie in Kapitel 6.2.3 beschrieben, können in der Simulation aber nur einfache DIRICHLET-Randbedingungen definiert werden.

Das Simulationsergebnis nach der Schlichtfräsbearbeitung zeigt, dass die simulierte Materialzerspanung auf den Bodenflächen der Taschen eine hohe Auflösung aufweist und kreisförmige Oberflächenstrukturen entstehen, die aus der zeitlich-örtliche Materialzerspanung resultieren. In der Folge prognostiziert die Simulation eine Ebenheit von 0,015 mm, und liegt damit sehr nahe an dem gemessenen Ergebnis von 0,007 mm.

In Ergänzung zu den bisherigen Simulationen wurde außerdem eine Simulation durchgeführt, bei der die fixierten Kontaktflächen der äußeren vier Spannpratzen an den Ecken des Werkstücks entfernt wurden. Als Ergebnis konnte eine Ebenheit nach dem Schruppfräsen von 0,123 mm und nach dem Schlichtfräsen von 0,015 mm vorhergesagt werden. Das Ergebnis zeigt, dass der Bauteilverzug somit stark von der simulierten Einspannung des Werkstücks abhängt. Die entsprechenden Konturdiagramme sind in Anhang A15.1 dargestellt.

Daran anknüpfend sind die simulierten und durchschnittlich gemessenen Verzüge im **ausgespannten Zustand** auf den Bodenflächen der Taschen und Unterseiten der Werkstücke in Abbildung 7.9 dargestellt.

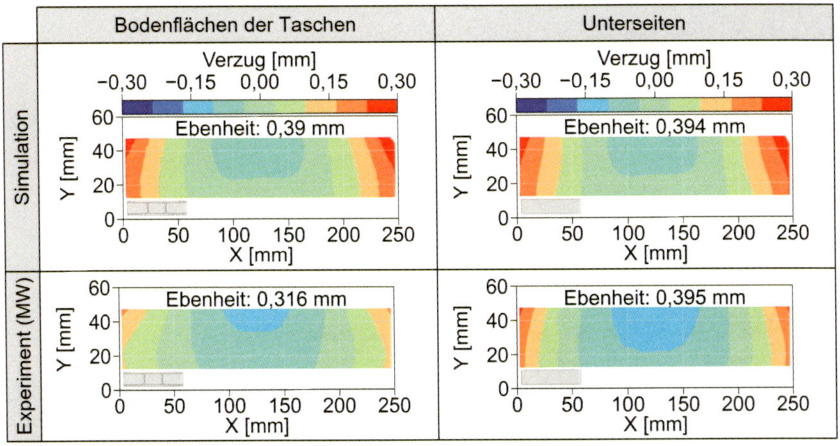

Abbildung 7.9: Vergleich von simulativen und experimentellen Ergebnissen im ausgespannten Zustand (konventionelles Spannsystem)
Comparison of simulative and experimental results in clamped state (conventional clamping system)

Qualitativ stimmen die Ergebnisse der Simulation und des Experiments gut überein, da sowohl eine Achsensymmetrie zur Y-Achse vorliegt als auch die Positionen der maximalen Verzüge übereinstimmen. Im simulativen Ergebnis beträgt die Ebenheit auf den Bodenflächen der Taschen 0,390 mm und auf der Unterseite 0,394 mm. Im Gegensatz dazu beträgt die durchschnittlich gemessene Ebenheit auf den Bodenflächen der Taschen 0,316 mm und auf der Unterseite 0,395 mm. Auf der Unterseite gilt damit eine hohe quantitative Übereinstimmung. Die Unterschiede auf den Bodenflächen der Taschen lassen sich vermutlich durch die Abweichungen im eingespannten Zustand erklären. Im Experiment fand bereits während der Fräsbearbeitung ein größerer Verzug als in der Simulation statt, sodass in der Folge geringere Verzüge auf den Bodenflächen der Taschen im ausgespannten Zustand resultieren.

Analog zur Simulation im eingespannten Zustand wurde eine weitere Simulation mit den vier entfernten Kontaktflächen an den Positionen der äußeren vier Spannpratzen im ausgespannten Zustand durchgeführt. In diesem Fall prognostiziert die Simulation eine Ebenheit von 0,289 mm auf den Bodenflächen der Taschen und von 0,387 mm auf der Unterseite. Aus quantitativer Sicht stimmen experimentelles und simulatives

Ergebnis damit besser überein, als wenn alle zwölf Kontaktflächen fixiert werden. Die entsprechenden Konturdiagramme sind in Anhang A15.2 dargestellt.

7.2 Fräsbearbeitung mit einem modularen Spannsystem

Milling with a Modular Clamping System

Ergänzend zu den vorherigen Untersuchungen wird in diesem Kapitel die Fräsbearbeitung des Strukturbauteils mit einem modularen Spannsystem anhand von zwei verschiedenen Versuchsreihen untersucht. Innerhalb der ersten Versuchsreihe wird analog zum vorherigen Vorgehen eine einseitige Fräsbearbeitung des Strukturbauteils durchgeführt. Im Gegensatz dazu wird in der zweiten Versuchsreihe eine beidseitige Fräsbearbeitung des Strukturbauteils untersucht. Das Ziel dieser Untersuchungen ist die Optimierung des Prozesses hinsichtlich einer verzugsreduzierten Fräsbearbeitung durch Verwendung eines modularen Spannsystems und einer angepassten Bearbeitungsreihenfolge. Die experimentellen Ergebnisse werden zudem mit simulativen Ergebnissen verglichen, um die Vorhersagegenauigkeit der Verzugssimulation zu bestimmen.

7.2.1 Experimentelle Untersuchungen

Experimental Investigations

Im Zuge der experimentellen Untersuchungen beider Versuchsreihen wurde das hydraulische Spannsystem „Innoclicker“ der Innoclamp GmbH verwendet. Charakteristisch für dieses Spannsystem ist der modulare Aufbau, wodurch eine Wiederverwendung der hydraulischen Komponente für verschiedene Werkstücke ermöglicht wird. Es besteht aus drei verschiedenen Baugruppen: Die Versorgungsstation, die Spannplatte und die hydraulischen Spannmodule. Abbildung 7.10 stellt das Spannsystem mit dem eingespannten Werkstück dar. [LAND22]

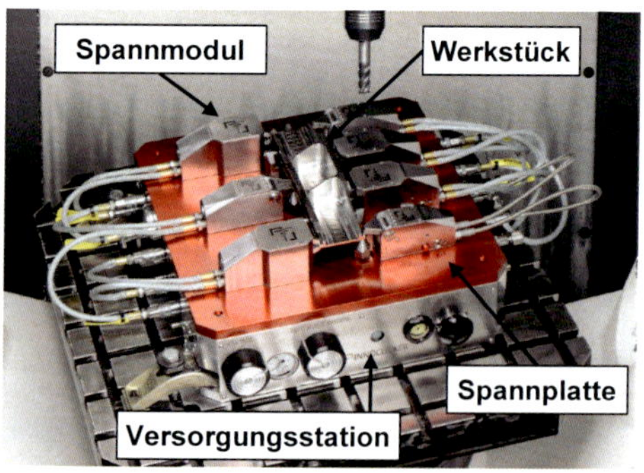

Abbildung 7.10: Modulares Spannsystem „Innoclicker“
Modular clamping system "Innoclicker"

Innerhalb dieser Arbeit wurde das modulare Spannsystem verwendet, um sowohl die Bearbeitung der Oberseite (Aufspannung 1) als auch die Bearbeitung der Unterseite (Aufspannung 2) des Strukturbauteils zu ermöglichen. In Abbildung 7.11 sind beide

Aufspannungen sowie die Positionen der Anschläge und der Spannmodule dargestellt.

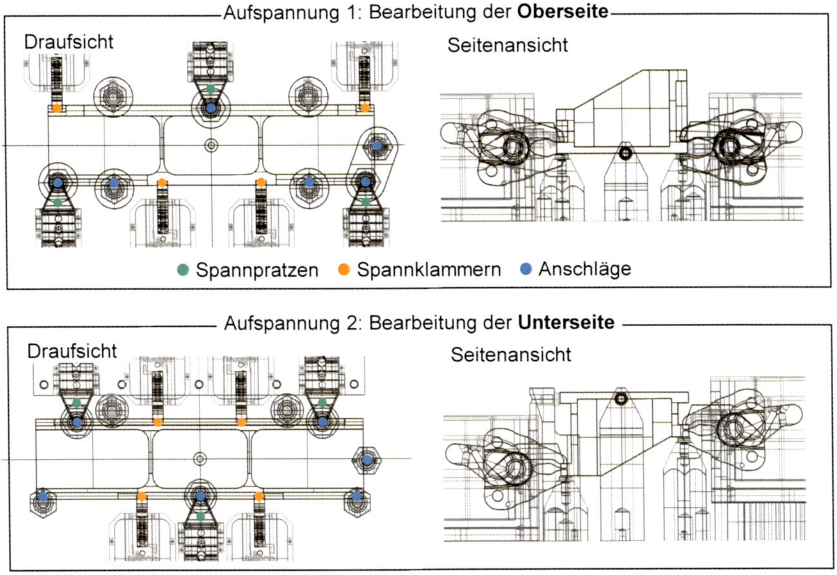

Abbildung 7.11: Aufspannungen mit dem modularen Spannsystem
Setups with the modular clamping system

In beiden Aufspannungen wurde das Werkstück durch die Anordnung von sechs Anschlägen (blaue Punkte) so positioniert, dass das Werkstück statisch bestimmt ist und ein Taumeln oder Verklemmen des Werkstücks an den Anschlägen verhindert wird. Die Anschläge wurden an steifen Punkten des Werkstücks positioniert, wobei die Abstände zueinander möglichst groß gewählt wurden. Dadurch wurde einerseits sichergestellt, dass die Einspannung des Werkstücks besonders steif ist und andererseits, dass die Relaxationsbewegungen des Werkstücks während der Bearbeitung möglichst gering sind.

In beiden Aufspannungen wurde das Werkstück jeweils durch Spannpratzen, die den drei Anschlägen von unten genau gegenüber liegen, gespannt. Der Hydraulikdruck betrug 50 bar, wodurch eine Spannkraft von ca. 2,5 kN je Spannpratze erzeugt werden konnte. Die drei anderen Anschläge positionierten das Werkstück in Längs- und Querrichtung. Zur Reduzierung von elastischen Werkstückverformungen und Schwingungen während der Fräsbearbeitung, wurde das Werkstück durch vier zusätzliche Spannklammern (siehe Abbildung 7.12) stabilisiert. Diese griffen das Werkstück an dessen Längskanten, nachdem es durch die Spannpratzen fixiert wurde. Die Besonderheit an den Spannklammern ist, dass sie das Werkstück spannungsfrei stabilisieren, aber gleichzeitig ein Verspannen des Werkstücks verhindern, da die Spannklammer federnd gelagert ist.

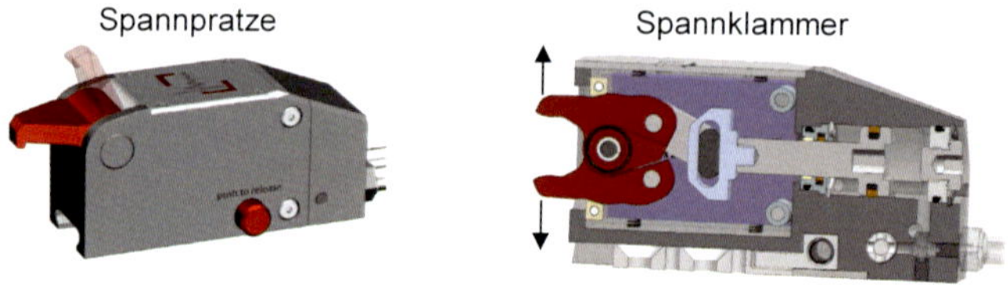

Abbildung 7.12: Spannmodule „Spannpratze" und „Spannklammer"
Clamping Elements "Clamping Jaw" and "Clamping Clip"

Versuchsreihe 1: Einseitige Fräsbearbeitung mit modularem Spannsystem

In der ersten Versuchsreihe mit dem modularen Spannsystem wurde analog zu Kapitel 7.1 eine einseitige Fräsbearbeitung des Strukturbauteils in der ersten Aufspannung (siehe Abbildung 7.11) durchgeführt. Hierzu fanden identisch vorbereitete Rohteile und die gleiche Fertigteil-Geometrie Verwendung. Die Rohteile wurden vor der Fräsbearbeitung fest an die Anschläge geschoben und dann mit den Spannpratzen fixiert. Anschließend erfolgte die Stabilisierung des Werkstücks mithilfe der Spannklammern. Die Bearbeitungsreihenfolge sowie die verwendeten Fräswerkzeuge und Prozessparameter wurden analog zu Kapitel 7.1.1 gewählt, um eine gute Vergleichbarkeit sicherzustellen. Es fand eine Untersuchung von drei Werkstücken (A06, A10, A16) statt.

Die Messung des Bauteilverzugs wurde analog zu den Messungen in Kapitel 7.1.1 durchgeführt. Abbildung 7.13 stellt die durchschnittlich gemessenen Verzüge der ersten Versuchsreihe im eingespannten Zustand, jeweils nach dem Schrupp- und Schlichtfräsen, dar. Die Einzelergebnisse der Werkstücke A06, A10 und A16 sind in Anhang A16.1 dargestellt.

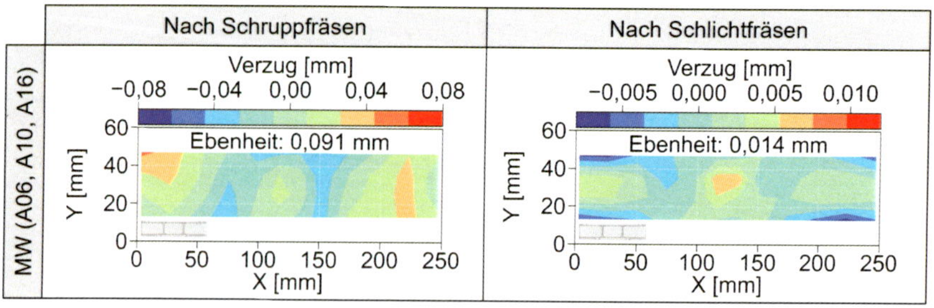

Abbildung 7.13: Versuchsreihe 1: Durchschnittliche Verzüge im eingespannten Zustand auf den Bodenflächen der Taschen (modulares Spannsystem)
Test setup 1: Average distortions in clamped state on the bottom surfaces of the pockets (modular clamping system)

Nach der Schruppfräsbearbeitung resultiert ein asymmetrisches Verhalten des gemessenen Verzugs mit einer durchschnittlichen Ebenheit von 0,091 mm. Die betraglich größten Verzüge treten tendenziell an den äußeren Enden der Werkstücke auf. Nach der Schlichtfräsbearbeitung ergibt sich näherungsweise eine Achsensymmetrie sowohl zur X- als auch zur Y-Achse. Durch das Schlichtfräsen wurde der Verzug nach dem Schruppfräsen zum Teil kompensiert. Die durchschnittliche Ebenheit beträgt 0,014 mm.

Analog zu Kapitel 7.1.1 wurde nach der Fräsbearbeitung auch der Bauteilverzug nach dem Auspannen gemessen. Die durchschnittlichen Messergebnisse sind in Abbildung 7.14 und die Ergebnisse der Einzelmessungen in Anhang A16.2 dargestellt.

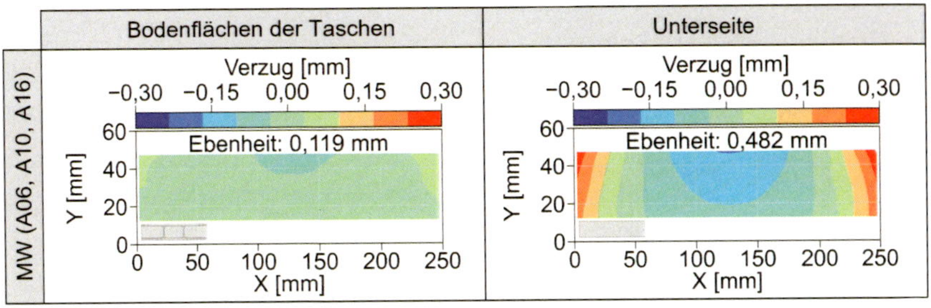

Abbildung 7.14: Versuchsreihe 1: Durchschnittliche Verzüge im ausgespannten Zustand (modulares Spannsystem)
Test setup 1: Average distortions in unclamped state (modular clamping system)

Die durchschnittliche Ebenheit auf den Bodenflächen der Taschen des ausgespannten Werkstücks beträgt 0,119 mm. Im Vergleich zu den experimentellen Ergebnissen aus Kapitel 7.1.1 konnte die durchschnittliche Ebenheit auf den Bodenflächen der Taschen durch die Verwendung des modularen Spannsystem um 0,193 mm reduziert werden. Im Gegensatz dazu beträgt die durchschnittliche Ebenheit auf der Unterseite 0,482 mm und ist damit 0,087 mm größer als in Kapitel 7.1.1. Es wird vermutet, dass dieser Anstieg aus Schwankungen in den initialen Eigenspannungen resultiert, da die Wärmebehandlung der Rohteile für Kapitel 7.1 und 7.2 in unterschiedlichen Chargen durchgeführt wurde.

Versuchsreihe 2: Beidseitige Fräsbearbeitung mit modularem Spannsystem

Ausgehend von den experimentellen Ergebnissen der ersten Versuchsreihe wurde eine zweite Versuchsreihe durchgeführt. Ziel dieser Versuchsreihe war es, den Bauteilverzug sowohl auf den Bodenflächen der Taschen als auch auf der Unterseite stärker zu reduzieren. Zur Erreichung dieses Ziels wurden zwei Anpassungen in der Versuchsdurchführung vorgenommen. Bei der **ersten Anpassung** erfolgte dahingehend eine Veränderung der Versuchsdurchführung, dass nach dem Schruppfräsen die drei Spannpratzen kurz gelöst wurden. Hierdurch sollte sichergestellt werden, dass das Werkstück nach dem Schruppfräsen nahezu vollständig relaxiert und somit mehr Verzug zugelassen wird. Während des Lösens der Spannpratzen waren die Spannklammern weiterhin mit dem Werkstück in Kontakt, um die Position des Werkstücks zu halten. Nach der Relaxation wurde das Werkstück erneut eingespannt und anschließend geschlichtet. Die Auswahl der Bearbeitungsreihenfolge, der verwendeten Fräswerkzeuge und Prozessparameter fand analog zu der ersten Versuchsreihe statt. Das Fertigteil wurde innerhalb des Rohteils um 1 mm nach oben versetzt, damit im Zuge der **zweiten Anpassung** eine Fräsbearbeitung der Unterseite des Werkstücks durchgeführt werden konnte. Hierbei gilt zu beachten, dass durch die Fräsbearbeitung der Unterseite zusätzliche induzierte Eigenspannungen eingebracht werden, die den Verzug beeinflussen können und damit die Vergleichbarkeit zu den vorherigen Ergebnissen einschränkt. In den nachfolgenden Simulationen der zweiten Versuchsreihe werden die zusätzlichen induzierten Eigenspannungen berücksichtigt.

Zur Realisierung der Fräsbearbeitung der Unterseite wurde das Werkstück nach der Schlichtfräsbearbeitung der Oberseite umgedreht und in die Aufspannung 2 (siehe Abbildung 7.11) eingespannt. In dieser Aufspannung erfolgte eine zusätzliche Schrupp- und Schlichtfräsbearbeitung der Unterseite des Werkstücks durchgeführt. Für beide Prozesse wurde ein Planfräser des Typs R220.69-0063-18-5AN mit fünf Wendeschneidplatten des Typs XOMX180608R-M10 MP2050 der Firma Seco Tools GmbH verwendet. Als Prozessparameter wurden für beide Prozesse eine Schnittgeschwindigkeit v_c = 45 m/min und eine radiale Zustellung a_e = 60 mm gewählt. Für das Schruppfräsen wurde ein Zahnvorschub f_z = 0,13 mm und eine axiale Zustellung a_p = 0,8 mm und für das Schlichtfräsen ein Zahnvorschub f_z = 0,05 mm und eine axiale Zustellung a_p = 0,2 mm verwendet. Die Fräsbearbeitung der Unterseite wurde ebenfalls unter Zufuhr von Kühlschmierstoff-Emulsion durchgeführt. Insgesamt fand auch in dieser Versuchsreihe eine Untersuchung von drei Werkstücken (A18, A23, B20) statt.

In Abbildung 7.15 sind die durchschnittlich gemessenen Verzüge im eingespannten Zustand in Aufspannung 1, jeweils nach dem Schrupp- und Schlichtfräsen der Oberseite, dargestellt. Die Unterseite des Werkstücks wurde zu diesem Zeitpunkt noch nicht gefräst. Die Einzelergebnisse der drei Werkstücke können dem Anhang A16.3 entnommen werden.

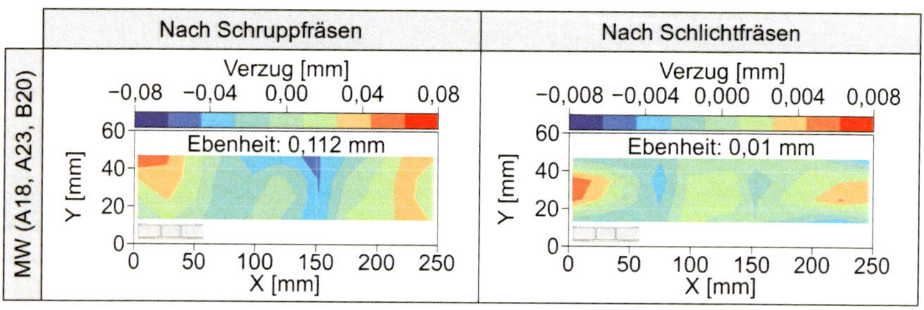

Abbildung 7.15: Versuchsreihe 2: Durchschnittliche Verzüge im eingespannten Zustand auf den Bodenflächen der Taschen nach der Fräsbearbeitung der Oberseite (modulares Spannsystem)
Test setup 2: Average distortions in clamped state on the bottom surfaces of the pockets after milling the top side (modular clamping system)

Die Messergebnisse ähneln sowohl qualitativ als auch quantitativ den Ergebnissen aus der ersten Versuchsreihe (vgl. Abbildung 7.13). Die durchschnittliche Ebenheit auf den Bodenflächen der Taschen beträgt nach dem Schruppfräsen 0,112 mm und nach dem Schlichtfräsen 0,01 mm. Die durchgeführten Anpassungen in der zweiten Versuchsreihe scheinen auf den ersten Blick keinen Einfluss auf das Verhalten des Verzugs im eingespannten Zustand zu haben. Es gilt zu beachten, dass der Einfluss des kurzzeitigen Lösens der Spannpratzen in den dargestellten Konturdiagrammen nicht sichtbar ist, aber dennoch einen Einfluss auf den Bauteilverzug im ausgespannten Zustand haben kann.

Nach der Fräsbearbeitung der Oberseite wurde das Werkstück umgedreht und in die zweite Aufspannung zur Bearbeitung der Unterseite (vgl. Abbildung 7.11) gespannt. Abbildung 7.16 stellt den durchschnittlich gemessenen Verzug auf der Unterseite im eigenspannten Zustand vor der Fräsbearbeitung der Unterseite dar.

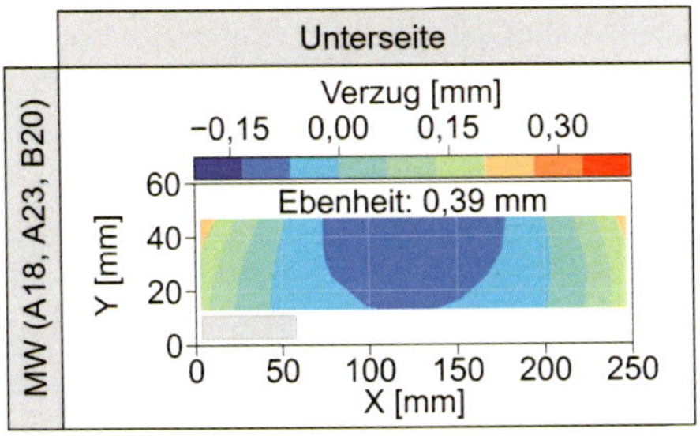

Abbildung 7.16: Versuchsreihe 2: Durchschnittliche Verzüge im eingespannten Zustand auf der Unterseite nach der Fräsbearbeitung der Oberseite (modulares Spannsystem)

Test series 2: Average distortions in clamped state on the underside after milling the top side (modular clamping system)

Mit einer durchschnittlich gemessenen Ebenheit von 0,39 mm weist die Unterseite des Bauteils einen deutlichen Verzug im eigenspannten Zustand auf. Verglichen mit dem Ergebnis der Versuchsreihe 1 im ausgespannten Zustand (Abbildung 7.14), liegt eine etwas geringere Ebenheit vor, jedoch stimmen die Ergebnisse qualitativ gut überein. Der quantitative Unterschied liegt vermutlich darin begründet, dass durch die zweite Aufspannung das Werkstück leicht in die Ursprungslage gedrückt wird und dadurch ein geringerer Verzug im eingespannten Zustand resultiert. Zum anderen beträgt die Wandstärke der Bodenplatte des Werkstücks 4 mm und ist zu dem Zeitpunkt der Messung um 1 mm dicker als das ausgespannte Werkstück innerhalb der ersten Versuchsreihe. Aus Kapitel 5.2 ist bekannt, dass mit geringerer Wandstärke ein größerer Verzug resultiert.

Nach dem Spannen des Werkstücks in der zweiten Aufspannung erfolge die Fräsbearbeitung der Unterseite. Abbildung 7.17 stellt die durchschnittlich gemessenen Verzüge nach der Fräsbearbeitung der Unterseite im ausgespannten Zustand, sowohl auf den Bodenflächen der Taschen als auch auf der Unterseite, dar. Die Ergebnisse der Einzelmessungen sind entsprechend in Anhang A16.4 dargestellt.

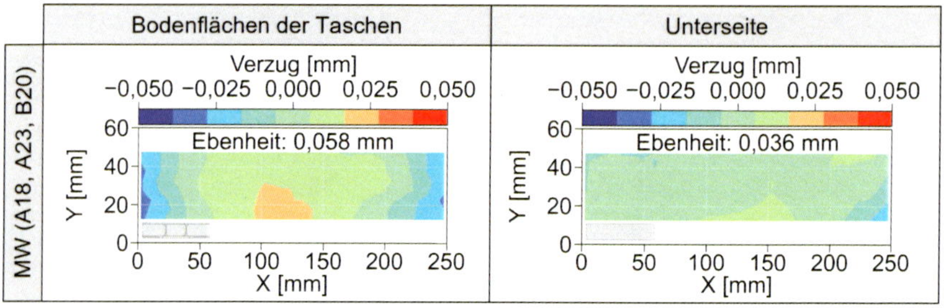

Abbildung 7.17: Versuchsreihe 2: Durchschnittliche Verzüge im ausgespannten Zustand nach der Fräsbearbeitung der Unterseite (modulares Spannsystem)
Test setup 2: Average distortions in unclamped state after milling the underside (modular clamping system)

Durchschnittlich beträgt die Ebenheit auf den Bodenflächen der Taschen 0,058 mm und auf der Unterseite 0,036 mm. Im Vergleich zu der ersten Versuchsreihe (vgl. Abbildung 7.14) konnte der Verzug auf den Bodenflächen der Taschen leicht um 0,061 mm und auf den Unterseiten deutlich um 0,446 mm reduziert werden. Das kurzzeitige Lösen der Spannpratzen nach der Schruppfräsbearbeitung und die Fräsbearbeitung der Unterseite haben damit zu einer verzugsreduzierten Fräsbearbeitung geführt.

7.2.2 Eingangsgrößen und Modellparameter für die Verzugssimulation

Input and Model Parameters for the Distortion Simulation

Zur Simulation des Verzugs der zuvor beschriebenen Versuchsreihen wurden alle Eingangsgrößen und Modellparameter analog zu Kapitel 7.1.2 gewählt. Ein wesentlicher Unterschied war die Definition der Randbedingungen für die Fixierung des Werkstücks im eingespannten Zustand. Zur Simulation der Schrupp- und Schlichtfräsbearbeitung wurden die Kontaktflächen der drei Spannpratzen mit dem Werkstück in alle drei Bewegungsrichtungen fixiert. Die Positionen der Kontaktflächen wurden in Abhängigkeit von der verwendeten Aufspannung (siehe Abbildung 7.11) bestimmt. Innerhalb der Versuchsreihe 2 wurde das Lösen der Spannpratzen (Anpassung 1) so simuliert, dass nach der Simulation der Schruppfräsbearbeitung im eingespannten Zustand ein Ausspannen des Werkstücks simuliert wurde. Hierzu war analog zu dem Vorgehen in Kapitel 7.1.2 die Oberseite des Werkstücks mit den Eckpunkten [76; 0; 38,5] und [175; 8; 38,5] fixiert. Das Ergebnis dieses Simulationsschrittes wurde dann für die anschießenden Schlichtfräsbearbeitung im eingespannten Zustand verwendet.

Innerhalb der zweiten Versuchsreihe fand zusätzlich die Fräsbearbeitung der Unterseite des Bauteils statt. Aus diesem Grund wurden zwei weitere „Swept Volumes" (SV) für die Schrupp- und Schlichtfräsbearbeitung der Unterseite in der Simulation berücksichtigt. Die Messergebnisse zu den induzierten Eigenspannungen nach diesen Operationen sind im Anhang A14.3 und A14.4 dargestellt. Ausgehend von diesen Messungen wurde nach der Schruppfräsbearbeitung der Unterseite eine mittlere induzierte Eigenspannung bei einer Solltiefe von 100 µm von $\sigma_{m,\ Solltiefe}$ = -254,21 MPa (φ = 0°) und -143,41 MPa (φ = 90°) sowie nach der Schlichtfräsbearbeitung von $\sigma_{m,\ Solltiefe}$ = -67,74 MPa (φ = 0°) und -69,24 MPa (φ = 90°) berechnet. Analog zu dem Vorgehen in Kapitel 7.1.2 wurden diese Eigenspannungen schrittweise nach jedem entfernten SV auf die neu entstandene Fläche aufgebracht.

7.2.3 Vergleich von simulativen und experimentellen Ergebnissen

Comparison of Simulative and Experimental Results

Analog zu Kapitel 7.1.3 werden im Folgenden die simulativen und experimentellen Ergebnissen, jeweils im eingespannten und ausgespannten Zustand, vorgestellt und diskutiert.

Versuchsreihe 1: Einseitige Fräsbearbeitung mit modularem Spannsystem

In Abbildung 7.18 sind die Simulationsergebnisse und die durchschnittlichen gemessenen Verzüge der Werkstücke (A06, A10, A16) für den **eingespannten Zustand**, jeweils nach dem Schrupp- und Schlichtfräsen, dargestellt.

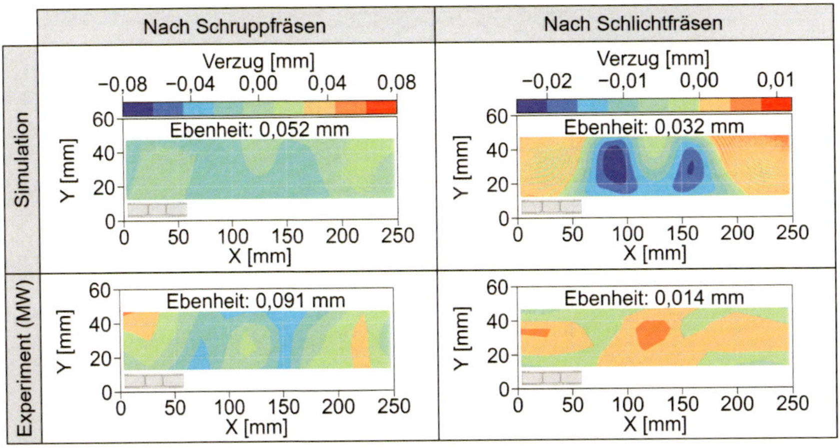

Abbildung 7.18: Versuchsreihe 1: Vergleich von simulativen und experimentellen Ergebnissen im eingespannten Zustand auf den Bodenflächen der Taschen (modulares Spannsystem)

Test setup 1: Comparison of simulative and experimental results in clamped state on the bottom surfaces of the pockets (modular clamping system)

Qualitativ weichen die Simulationsergebnisse nach dem Schrupp- und Schlichtfräsen von den experimentellen Ergebnissen ab. Im Falle der Schruppfräsbearbeitung ist positiv anzumerken, dass sowohl die Simulation als auch das Experiment asymmetrische Ergebnisse aufweisen. In der Simulation wurde eine Ebenheit nach dem Schruppfräsen von 0,052 mm und nach dem Schlichtfräsen von 0,032 mm vorhergesagt. Damit unterschätzt die Simulation das experimentelle Ergebnis nach dem

Schruppfräsen um 0,039 mm und überschätzt es nach dem Schlichtfräsen um 0,018 mm. Ein Grund für diese Abweichungen könnten elastische Werkstückverformungen während der Fräsbearbeitung sein, die in der Simulation nicht berücksichtigt wurden. Diese elastischen Verformungen führen zum einen zu Maß- und Formabweichungen als auch zu veränderlichen Eingriffsbedingungen, die wiederum zu lokal unterschiedlichen induzierten Eigenspannungen in der Randzone führen können. Innerhalb der Simulation wurden konstante Werte für die induzierten Eigenspannungen auf den gefrästen Flächen angenommen. Ebenfalls denkbar ist, dass die Spannklammern das Messergebnis beeinflussten. Diese wurden aber nicht innerhalb der Simulation berücksichtigt.

Abbildung 7.19 stellt die Verzüge auf den Bodenflächen der Taschen und Unterseiten jeweils als Simulationsergebnis und als durchschnittliches experimentelles Ergebnis im **ausgespannten Zustand** dar.

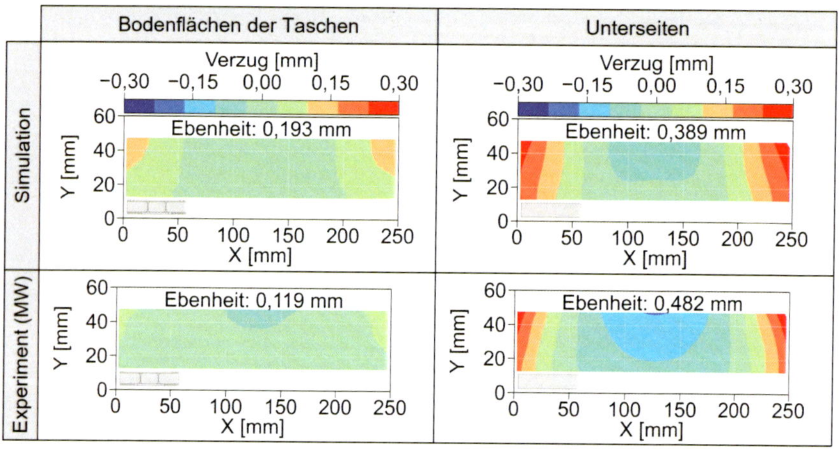

Abbildung 7.19: Versuchsreihe 1: Vergleich von simulativen und experimentellen Ergebnissen im ausgespannten Zustand (modulares Spannsystem)

Test setup 1: Comparison of simulative and experimental results in unclamped state (modular clamping system)

Auf der Unterseite unterschätzt die Simulation das experimentelle Ergebnis um 0,093 mm. Im Vergleich dazu überschätzt die Simulation auf den Bodenflächen der Taschen mit einer Ebenheit von 0,193 mm das experimentelle Ergebnis von 0,119 mm um 0,074 mm. Auf beiden Flächen ist eine gute qualitative Übereinstimmung zwischen der Simulation und dem Experiment erkennbar. Wie bereits zuvor angemerkt, ist die durchschnittlich gemessenen Ebenheit auf den Unterseiten in der Versuchsreihe 1 (siehe Abbildung 7.14) mit 0,482 mm deutlich größer als die durchschnittlich gemessene Ebenheit in Kapitel 7.1.2 (siehe Abbildung 7.5) mit 0,395 mm. Es wurde bereits vermutet, dass unterschiedliche initiale Eigenspannungszustände in den Versuchsreihen diese Abweichungen begründen könnten. In der Simulation wurden allerdings die gleichen initialen Eigenspannungen wie in Kapitel 7.1 angenommen. Insgesamt positiv anzumerken ist, dass die Simulation generell in der Lage ist, die Reduzierung des Verzugs auf den Bodenflächen der Taschen durch Verwendung des modularen Spannsystems vorherzusagen.

Versuchsreihe 2: Beidseitige Fräsbearbeitung mit modularem Spannsystem

In Abbildung 7.20 sind die Simulationsergebnisse und die durchschnittlich gemessenen Verzüge (A18, A23, B20) für den **eingespannten Zustand**, jeweils nach dem Schrupp- und Schlichtfräsen der Oberseite, dargestellt.

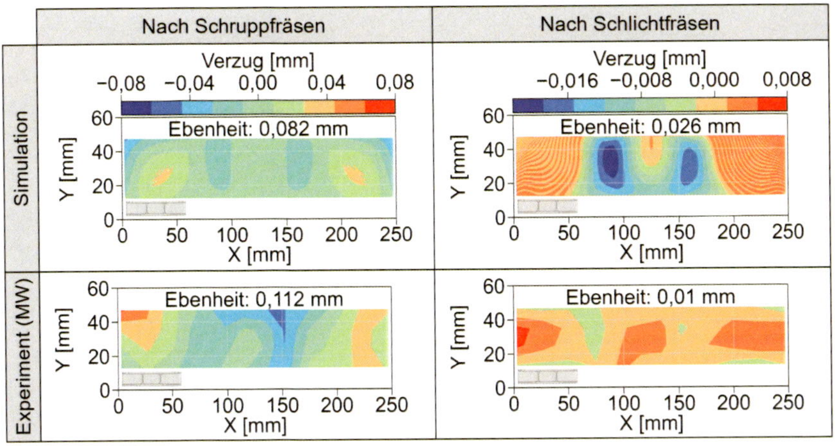

Abbildung 7.20: Versuchsreihe 2: Vergleich von simulativen und experimentellen Ergebnissen im eingespannten Zustand auf den Bodenflächen der Taschen (modulares Spannsystem)
Test setup 2: Comparison of simulative and experimental results in clamped state on the bottom surfaces of the pockets after milling the top side (modular clamping system)

Die Simulation unterschätzt die im Experiment gemessene Ebenheit nach der Schruppfräsbearbeitung mit 0,082 mm um 0,03 mm. Im Gegensatz dazu überschätzt die Simulation die Ebenheit nach der Schlichtfräsbearbeitung mit 0,026 mm um 0,016 mm. Qualitativ gibt es keine gute Übereinstimmung zwischen Simulation und Experiment. Insgesamt sind diese Ergebnisse mit den Ergebnissen der ersten Versuchsreihe vergleichbar (vgl. Abbildung 7.18). Die dort genannten möglichen Gründe für die Abweichungen zwischen Simulation und Experiment gelten auch in diesem Fall.

Abschließend sind in Abbildung 7.21 die simulierten und gemessenen Verzüge auf den Bodenflächen der Taschen und Unterseiten im **ausgespannten Zustand** dargestellt. In dieser Darstellung sind die Ergebnisse nach der vollständigen Fräsbearbeitung von Ober- und Unterseite des Werkstücks abgebildet.

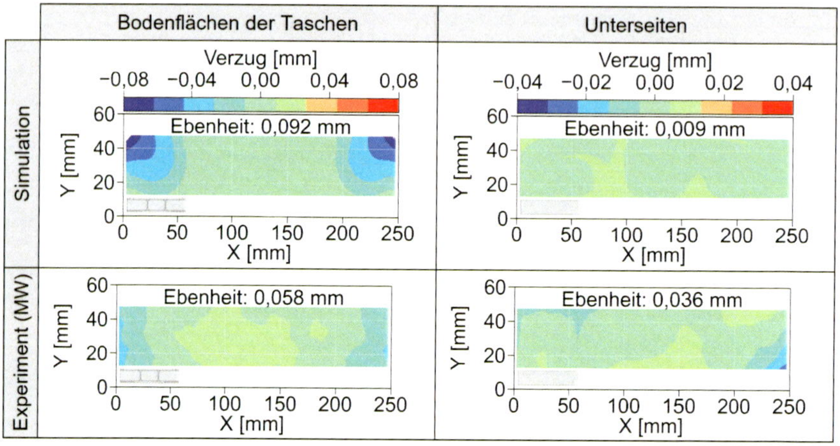

Abbildung 7.21: Versuchsreihe 2: Vergleich von simulativen und experimentellen Ergebnissen im ausgespannten Zustand nach der Fräsbearbeitung der Ober- und Unterseite (modulares Spannsystem)

Test setup 2: Comparison of simulative and experimental results in unclamped state after milling the top and underside (modular clamping system)

Auf den Bodenflächen der Taschen überschätzt die Simulation das durchschnittliche experimentelle Ergebnis mit einer Ebenheit von 0,092 mm um 0,034 mm. Auch qualitativ sehen die beiden Ergebnisse unterschiedlich aus. In dem Simulationsergebnis ist jeweils an den oberen äußeren Ecken der Bodenflächen der Taschen ein negativer Verzug erkennbar, wobei in dem experimentellen Ergebnis ebenfalls ein negativer Verzug an den äußeren Ende auftritt, jedoch mit betraglich geringeren Werten. Im Gegensatz dazu beträgt die simulierte Ebenheit auf der Unterseite 0,009 mm und unterschätzt damit das experimentelle Ergebnis um 0,027 mm. In diesem Fall ist allerdings eine deutlich bessere qualitative Übereinstimmung erkennbar. Mögliche Gründe für die qualitativen und quantitativen Abweichungen wurden bereits in den Abschnitten zuvor diskutiert.

7.3 Zusammenfassung und Zwischenfazit

Summary and Interim Conclusion

Insgesamt können aus Kapitel 7 folgende relevante Erkenntnisse zur Beantwortung von FF3 abgeleitet werden.

FF3: *Wie hoch ist die Vorhersagegenauigkeit des Modells bei Anwendung in der Fräsbearbeitung eines komplexen Strukturbauteils aus Ti-6Al-4V?*

Fräsbearbeitung mit einem konventionellen Spannsystem

Die experimentellen Untersuchungen wurden an einigen der großen, herausgetrennten Blöcke aus der Walzplatte im Wärmebehandlungszustand WBH1 durchgeführt.

Bei dem Fertigteil handelte es sich um ein repräsentatives Modell eines Strukturbauteils mit typischen geometrischen Merkmalen wie Taschen und dünnwandigen Stegen. Zunächst wurde die Fräsbearbeitung mit einem konventionellen Spannsystem durchgeführt. Damit ist gemeint, dass das Werkstück während der Bearbeitung auf dem Maschinentisch eingespannt war und Umspannvorgänge nicht durchgeführt wurden. Die Fräsbearbeitung war aufgeteilt in Schrupp- und Schlichtfräsen, wobei nach dem Schruppfräsen ein Aufmaß von 0,2 mm zu den Taschenböden und -wänden gewählt wurde. Zur Quantifizierung des Bauteilverzugs wurden die gefrästen Werkstücke sowohl im eingespannten Zustand, jeweils nach dem Schrupp- und Schlichtfräsen auf den Bodenflächen der Taschen als auch im ausgespannten Zustand auf den Bodenflächen der Taschen und auf der Unterseite gemessen. Im Experiment konnte bereits ein deutlicher Verzug im eingespannten Zustand nach dem Schruppfräsen gemessen werden. Die durchschnittliche Ebenheit betrug 0,123 mm. Es wurde vermutet, dass die Spannkräfte der Spannpratzen nicht ausreichend waren, um die Werkstücke fest auf dem Maschinentisch einzuspannen. In der Simulation wurde unter Berücksichtigung aller Spannpratzen nur eine Ebenheit von 0,033 mm vorhergesagt. In einer weiteren Simulation, in der die äußeren vier Spannpratzen entfernt wurden, wurde eine Ebenheit von 0,123 mm prognostiziert. Im ausgespannten Zustand wurde im Experiment eine durchschnittliche Ebenheit auf den Bodenflächen der Taschen von 0,316 mm und auf der Unterseite von 0,395 mm gemessen. Unter Verwendung der angepassten Randbedingungen wurde mithilfe der Simulation eine Ebenheit auf den Bodenflächen der Taschen von 0,289 mm und auf der Unterseite von 0,387 mm vorhergesagt. Insgesamt verdeutlichen die Ergebnisse, dass die Definition der Randbedingungen der Fixierung einen großen Einfluss auf das Ergebnis haben und dementsprechend möglichst realitätsnah gewählt werden sollten.

Fräsbearbeitung mit einem modularen Spannsystem

Zur Realisierung einer verzugsreduzierten Fräsbearbeitung wurden weitere Untersuchungen mit einem modularen Spannsystem, aufgeteilt in die **Versuchsreihe 1 – Einseitige Bearbeitung** und in die **Versuchsreihe 2 – Beidseitige Bearbeitung**, durchgeführt. Als Ergebnis der **Versuchsreihe 1** konnte experimentell gezeigt werden, dass die durchschnittliche Ebenheit der Bodenflächen der Taschen durch die Verwendung des modularen Spannsystems deutlich auf 0,119 mm reduziert werden konnte. Die Simulation prognostizierte für diesen Fall eine Ebenheit von 0,193 mm und ist damit grundsätzlich in der Lage, die Reduzierung des Verzugs durch Verwendung des modularen Spannsystems vorherzusagen. Im Gegensatz dazu betrug die gemessene durchschnittliche Ebenheit auf der Unterseite 0,482 mm und die simulierte Ebenheit 0,389 mm. Darauf aufbauend wurden in der **Versuchsreihe 2** zwei Anpassungen vorgenommen. Zum einen wurden nach dem Schruppfräsen der Oberseite des Werkstücks die Spannpratzen kurzzeitig gelöst und zum anderen wurde zusätzlich die Unterseite des Werkstücks in einer zweiten Aufspannung bearbeitet. Durch diese Anpassungen konnte die durchschnittliche Ebenheit auf den Bodenflächen der Taschen mit 0,058 mm und auf der Unterseite mit 0,036 mm deutlich reduziert werden. In der Simulation wird die Ebenheit im ausgespannten Zustand auf den Bodenflächen der Taschen um 0,034 mm über- und auf der Unterseite um 0,027 mm unterschätzt. Insgesamt lässt sich festhalten, dass die Simulation auch in dieser Versuchsreihe die verzugsreduzierte Fräsbearbeitung durch die Verwendung des modularen Spannsystem grundsätzlich korrekt vorhersagen kann und somit eine Übertragbarkeit auf einen komplexeren Anwendungsfall gegeben ist.

8 Zusammenfassung und Ausblick

Summary and Outlook

Eigenspannungsbedingter Bauteilverzug stellt eine große Herausforderung bei der Fräsbearbeitung dünnwandiger integraler Bauteile für die Luft- und Raumfahrtindustrie dar. Dieser Verzug führt häufig zu großen Form- und Lageabweichungen außerhalb der Toleranzanforderungen des Bauteils. In der Folge sind zeit- und kostenintensive Einfahrprozesse oder manuelle Nacharbeit der Bauteile notwendig. Um zukünftig Bauteilverzug als Kostentreiber zu reduzieren, ist es zum einen von entscheidender Bedeutung die verschiedenen Mechanismen der Eigenspannungsentstehung zu verstehen. Zum anderen müssen diese Erkenntnisse in Modelle überführt werden, mit deren Hilfe eine modellbasierte Vorhersage von Bauteilverzug durchgeführt werden kann.

Vor diesem Hintergrund war das Hauptziel dieser Arbeit die Entwicklung einer modellbasierten Vorhersage des eigenspannungsbedingten Bauteilverzugs bei der Fräsbearbeitung von dünnwandigen Bauteilen aus Ti-6Al-4V mit der Finite Cell Method (FCM). Der Zielstellung liegt die Hypothese zugrunde, dass der eigenspannungsbedingte Bauteilverzug von gefrästen Bauteilen aus Ti-6Al-4V mithilfe einer FCM-basierten Simulation in Abhängigkeit von der zeitlich-örtlichen Materialzerspanung sowie den initialen und induzierten Eigenspannungen vorhergesagt werden kann (vgl. Kapitel 3)

Die Eingrenzung des Untersuchungsraums und die Charakterisierung des Werkstoffs und der Eigenspannungen wurde in Kapitel 4 durchgeführt. Die verwendeten Werkstücke in allen Untersuchungen wurden aus einer warmgewalzten Platte aus der $\alpha+\beta$-Legierung Ti-6Al-4V im Ausgangszustand (WBH0) entnommen. Darüber hinaus wurden einige Werkstücke zusätzlich lösungsgeglüht, dann in Wasser abgeschreckt und anschließend einem Spannungsarmglühprozess mit den Temperaturen von 500 °C (WBH1) und 650 °C (WBH2) unterzogen (vgl. Kapitel 4.1). Mithilfe der „Contour Method“ konnten die initialen Eigenspannungen in den Werkstücken gemessen und anschließend mit den Ergebnissen einer thermomechanischen FEM-Simulation verglichen werden (vgl. Kapitel 4.2). Dabei wurde festgestellt, dass eine höhere Temperatur des Spannungsarmglühprozesses zu einer Reduzierung der betraglichen initialen Eigenspannungen und der Zugfestigkeit führt. Anschließend wurde der Einfluss des Zahnvorschubs auf die induzierten Eigenspannungen beim Umfangsfräsen untersucht. Hierbei führte eine Erhöhung des Zahnvorschubs zu einer betraglichen Reduzierung der oberflächlichen Druckeigenspannungen. Zusätzlich konnte eine deutliche Korrelation zwischen den auf den jeweiligen Zahnvorschub bezogenen Zerspankraftkomponenten und den Eigenspannungskenngrößen ermittelt werden (vgl. Kapitel 4.3).

In Kapitel 5 erfolgte dann die experimentelle Einflussanalyse von initialen und induzierten Eigenspannungen auf den Verzug (Forschungsfrage 1). Hierzu wurden die zwei Versuchsreihen „initiale Eigenspannungen“ und „induzierte Eigenspannungen“ durchgeführt. In beiden Versuchsreihen wurden frei auskragende, dünnwandige Platten mit Sockel aus Rohteilen in den Wärmebehandlungszuständen WBH0, WBH1 und WBH2 gefräst (vgl. Kapitel 5.1). Für die Versuchsreihe „initiale Eigenspannungen" wurde die Platte im Rohteil so positioniert, dass eine beidseitige Fräsbearbeitung erforderlich war und es zu einer Kompensation der induzierten Eigenspannungen in der Platte kam. Im Vergleich dazu wurde für die Versuchsreihe „induzierte Eigenspannungen" die Platte an den Rand des Rohteils positioniert, sodass die Fräsbearbeitung nur von einer Seite durchgeführt wurde und es zu keiner Kompensation der induzierten Eigenspannungen kam. Als Ergebnis der ersten Versuchsreihe konnte ein deutlicher Einfluss des Wärmebehandlungszustands auf die Beträge und Richtungen der Verzüge ermittelt werden (vgl. Kapitel 5.2). Als Ursache hierfür wurden Biegemomente identifiziert, die qualitativ aus den gemessenen und simulierten initialen Eigenspannungsprofilen aus Kapitel 4 abgeleitet werden konnten (vgl. Kapitel 5.3). Im Rahmen der zweiten Versuchsreihe wurde der Einfluss des Zahnvorschubs und der Wandstärke der Platte auf den Verzug untersucht. Die Ergebnisse zeigten keinen signifikanten Einfluss des Zahnvorschubs auf den Verzug, aber eine deutliche Erhöhung des Verzugs bei Reduzierung der Wandstärke. Einige der Versuchsergebnisse wiesen sowohl „C"-förmige Verzüge als auch leicht asymmetrische Verzüge des oberen Rahmens des Bauteils auf. Als Ursache für Ersteres wurden Normalspannungen σ_{xx} und für Letzteres Schubeigenspannungen σ_{xz} aus den induzierten Eigenspannungen vermutet.

Ausgehend von diesen Ergebnissen wurde in Kapitel 6 ein numerisches Modell auf Basis der Finite Cell Method (FCM) zur Vorhersage von eigenspannungsbedingtem Bauteilverzug während der Fräsbearbeitung entwickelt (Forschungsfrage 2). Im Vergleich zur Finite Element Method (FEM) eignet sich die FCM sehr gut bei Problemstellungen, bei denen Geometrieveränderungen während der Berechnung auftreten. Zur Vorhersage des eigenspannungsbedingten Bauteilverzugs wurde die Modellierung der initialen und induzierten Eigenspannungen sowie der zeitlich-örtlichen Materialzerspanung vorgestellt (vgl. Kapitel 6.2). Nach der Durchführung einer Konvergenzanalyse und einer Validierung anhand eines FEM- und eines analytischen Modells (vgl. Kapitel 6.3) wurde das entwickelte Modell für die Vorhersage der experimentellen Ergebnisse aus Kapitel 5 verwendet (vgl. Kapitel 6.4). Als Ergebnis konnten für einige Versuchsgruppen gute Übereinstimmungen, für andere Versuchsgruppen wiederum schlechte Übereinstimmungen zwischen simulativen und experimentellen Ergebnissen ermittelt werden. Es wurde vermutet, dass fehlerhafte initiale Eigenspannungen, die als Input für das Modell dienten, die wichtigste Ursache für die Abweichung zwischen Simulation und Experiment waren. Im Rahmen von weiterführenden, modellbasierten Untersuchungen konnte gezeigt werden, dass für die erste Versuchsreihe initiale Eigenspannungen ausschlaggebend für den resultierenden Verzug sind. Außerdem wurde festgestellt, dass die Normalspannung σ_{xx} die „C"-förmige Verformung des oberen Rahmens auslöst. Für die zweite Versuchsreihe wurde gezeigt, dass sowohl initiale als auch induzierte Eigenspannungen den Verzug beeinflussen. Der Einfluss der initialen Eigenspannungen ist allerdings für die dünnwandige Variante (2,5 mm) deutlich geringer als für die dickwandige (4 mm). Des Weiteren wurde gezeigt, dass der Vorbereitungsprozess der Rohteile einen großen

Einfluss auf den Verzug dieser Versuchsreihe hatte. Zuletzt konnte durch Ergänzung einer induzierten Schubeigenspannungskomponente σ_{xz} sowie positionsabhängiger induzierter Eigenspannungen demonstriert werden, dass die Schiefe des Verzugs hierdurch vermutlich bedingt wurde.

In Kapitel 7 fand die Anwendung des Vorhersagemodells in der Fräsbearbeitung eines komplexen Strukturbauteils statt (Forschungsfrage 3). Hierzu wurde sowohl die Fräsbearbeitung mit einem konventionellen (vgl. Kapitel 7.1) als auch mit einem modularen Spannsystem (vgl. Kapitel 7.2) untersucht. Im ersten Fall konnte eine gute Übereinstimmung von gemessenem und simuliertem Verzug auf der Unterseite des Bauteils im ausgespannten Zustand erzielt werden. Im Gegensatz dazu konnte keine gute Übereinstimmung auf der Oberseite des Bauteils in den Bodenflächen der Taschen ermittelt werden. Mithilfe der Simulation konnte festgestellt werden, dass eine mögliche Ursache für diese Abweichungen die Randbedingungen der Fixierung des Strukturbauteils war. Durch die Verwendung des modularen Spannsystems konnte eine deutliche Reduzierung des Verzugs auf den Bodenflächen der Taschen und der Unterseite des Strukturbauteils experimentell nachgewiesen werden. Auch in diesem Fall ergab sich eine gute Übereinstimmung von experimentellen und simulativen Ergebnissen. Insgesamt wurden damit je nach Anwendungsfall eine gute Übertragbarkeit des Vorhersagemodells auf einen komplexeren Anwendungsfall und das Potential eines modularen Spannsystem zur Reduzierung von Verzug demonstriert.

Aufbauend auf den Ergebnissen dieser Arbeit sollten zukünftige Forschungsarbeiten folgende Ziele beinhalten:

- Anwendung der „Contour Method“ für alle Normalspannungen sowie Weiterentwicklung der Methode zur Bestimmung von Schubeigenspannungen
- Untersuchung von initialen Eigenspannungen mit einer anderen Eigenspannungsmessmethode und Vergleich mit den Ergebnissen der „Contour Method“
- Durchführung einer Korrelationsanalyse zwischen weiteren Prozessparametern, Verschleißzuständen und Kenngrößen des induzierten Eigenspannungsprofils
- Implementierung von NEUMANN-Randbedingungen in das FCM-Modell zur Modellierung von Spannkräften
- Kopplung des FCM-Modells mit Modellen zur Vorhersage von initialen und induzierten Eigenspannungen
- Betrachtung der zeitlich-örtlichen Materialzerspanung mit höherer Auflösung
- Berücksichtigung der Frässtrategie zum Aufbringen der induzierten Eigenspannungen
- Entwicklung einer Methodik zur Ableitung von Kompensationsmaßnahmen (z. B. Bearbeitungsreihenfolge und -strategie) auf Basis des FCM-Modells.
- Weiterentwicklung des FCM-Modells zur Vorhersage von Werkstückabdrängung und -schwingungen
- Integration des FCM-Modells in eine CAx-Softwareumgebung

Summary and Outlook

Zusammenfassung und Ausblick

Part distortion caused by residual stresses is a major challenge in the production of thin-walled monolithic structural components for the aerospace industry. These distortions may cause deviations in form and position of the workpiece resulting in the failure of meeting the necessary tolerance requirements. As a consequence, time-consuming and cost-intensive running-in processes or manual reworking are necessary to meet these requirements. In order to reduce part distortion as a cost driver in the future, it is crucial to understand the different mechanisms of residual stress generation. Furthermore, this knowledge must be transferred into models, which can be used for a model-based prediction of part distortion.

Against this background, the main objective of this work was to develop a model-based prediction of part distortion caused by residual stresses during milling of thin-walled components made of Ti-6Al-4V using the Finite Cell Method (FCM). The objective is based on the hypothesis that part distortion of milled components made of Ti-6Al-4V can be predicted using an FCM-based simulation as a function of the temporal-local material removal as well as the initial and induced residual stresses (cf. chapter 3).

The limitation of the experimental scope and the characterization of the material and residual stresses were carried out in chapter 4. The workpieces used in all investigations were taken from a hot-rolled plate of the α+β-alloy Ti-6Al-4V in its initial state (WBH0). Furthermore, some workpieces were additionally solution annealed, then quenched in water and subsequently stress relieved with the temperatures of 500 °C (WBH1) and 650 °C (WBH2) (cf. chapter 4.1). The initial residual stresses in the workpieces were measured using the "Contour Method" and subsequently compared with the results of a thermomechanical FEM simulation (cf. chapter 4.2). It was found that a higher temperature during stress relieving leads to a reduction in the amount of initial residual stresses and tensile strength. Subsequently, the influence of the feed per tooth on the induced residual stresses during circumferential milling was investigated. An increase in the feed per tooth led to a significant reduction in the surface compressive stresses. In addition, a clear correlation between the cutting force components related to the respective feed per tooth and the residual stress parameters was determined (cf. chapter 4.3).

In chapter 5, the experimental analysis of the influence of initial and induced residual stresses on distortion (research question 1) was conducted. For this purpose, the two test series "initial residual stresses" and "induced residual stresses" were carried out. In both test series, freely cantilevered, thin-walled plates with bases were milled from blanks in the heat treatment states WBH0, WBH1 and WBH2 (cf. chapter 5.1). For the "initial residual stresses" test series, the plate was positioned in the blank in such a way that milling had to be carried out on both sides which resulted in a compensation of the induced residual stresses in the plate. In comparison, for the "induced residual stresses" test series, the plate was positioned at the edge of the blank so that the milling process was only conducted from one side and there was no compensation of the induced residual stresses. As a result of the first test series, a clear influence of the heat treatment condition on the amounts and directions of the distortions could be determined (cf. chapter 5.2). The reason for this was identified as bending moments, which could be qualitatively derived from the measured and simulated initial residual stress profiles from chapter 4 (cf. chapter 5.3). In the second test series, the influence of the feed per tooth and the wall thickness of the plate on the distortion was investigated. The results showed no clear influence of the feed per tooth on the distortion, but a significant increase in distortion when the wall thickness was reduced. Some of the test results showed "C" shaped distortions as well as slightly asymmetric distortions of the upper frame of the component. Normal stresses σ_{xx} were assumed to be the cause of the former, and shear residual stresses σ_{xz} from the induced residual stresses were assumed to be the cause of the latter.

A numerical model based on the Finite Cell Method (FCM) for the prediction of residual stress-induced component distortion during milling was developed in chapter 6 (research question 2). Compared to the Finite Element Method (FEM), the FCM is very well suited for problems where geometry changes occur during the calculation. For the prediction of the part distortion caused by residual stresses, the modeling of the initial and induced residual stresses as well as the temporal-local material removal was presented (cf. chapter 6.2). After conducting a convergence analysis and validation using an FEM and an analytical model (cf. chapter 6.3), the developed model was used to predict the experimental results from chapter 5 (cf. chapter 6.4). As a result, good agreements between simulative and experimental results could be determined for some experimental groups, and in turn poor agreements for other experimental groups. It was assumed that incorrect initial residual stresses, which served as input for the model, were the most important cause for the discrepancy between simulation and experiment. In further model-based investigations, it was shown that for the first test series of experiments, initial residual stresses were crucial for the distortion. It was also found that the normal stress σ_{xx} causes the "C"-shaped distortion of the upper frame. For the second test series of experiments, it was shown that both initial and induced residual stresses affect the distortion. However, the influence of the initial residual stresses is significantly lower for the thin-walled variant (2.5 mm) than for the thick-walled variant (4 mm). Furthermore, it was shown that the preparation process of the blanks had a large influence on the distortion of this test series. Finally, by adding an induced shear residual stress component σ_{xz} as well as position-dependent induced stresses it could be demonstrated that the skewness of the distortion is likely caused by this.

In chapter 7, the prediction model was applied to the milling of a complex structural component (research question 3). For this purpose, the milling process was investigated using a conventional (cf. chapter 7.1) and a modular clamping system (cf. chapter 7.2). In the first case, a good agreement was achieved between measured and simulated distortion on the bottom surface of the workpiece in the unclamped state. In contrast, no good agreement could be determined on the upper side of the workpiece in the pocket surfaces. By using the simulation, it was possible to determine that one potential cause for these deviations was the boundary conditions of the fixation of the structural component. By using the modular clamping system, a significant reduction in distortion on the pocket surfaces and the bottom surface of the structural component was experimentally demonstrated. In this case, a good agreement between experimental and simulated results was demonstrated. Overall, depending on the application, this demonstrated a good transferability of the model to a more complex application and the potential of a modular clamping system to reduce distortion caused by residual stresses.

Based on the results of this work, future research should include the following objectives:

- Application of the "Contour Method" for all normal stresses and further development of the method for the determination of shear stresses
- Investigation of initial residual stresses with another measurement method and comparison with the results of the "Contour Method"
- Conducting of a correlation analysis between further process parameters, tool wear conditions and characteristics of the induced residual stress profile
- Implementation of NEUMANN boundary conditions in the FCM-model for the modeling of clamping forces
- Coupling of the FCM-model with models for the prediction of initial and induced residual stresses
- Consideration of the temporal-local material removal with higher resolution
- Consideration of the milling strategy for the application of induced residual stresses
- Development of a methodology to derive compensation measures (e.g. machining sequence and strategy) based on the FCM-model
- Further development of the FCM-model for the prediction of workpiece deflection and vibrations
- Integration of the FCM-model into a CAx software environment.

9 Literaturverzeichnis

References

[ACAR11] ACARE: Flightpath 2050. Europe's vision for aviation ; maintaining global leadership and serving society's needs ; report of the High-Level Group on Aviation Research Europäische Kommission

[AIRB20] Airbus Group SE: Airbus and Current Aircrafts Metal Technologies. URL: https://docplayer.org/36412496-Airbus-and-current-aircrafts-metal-technologies.html [Stand: 21.12.2020]

[AIRB22] Airbus Group SE: Airbus Global Market Forecast 2022-2041. URL: https://www.airbus.com/en/products-services/commercial-aircraft/market/global-market-forecast [Stand: 23.10.2022]

[ALBI19] Albino, J. C.; La Gonçalves Junior; Beal, V. E.: On the convergence of solid meshes for the prediction of part distortions due to residual stresses. In: Proceedings of the Institution of Mechanical Engineers, Part C: Journal of Mechanical Engineering Science. 233. Jg., 2019, Nr. 17, S. 6209-6217

[AURR22] Aurrekoetxea, M.; Llanos, I.; ZELAIETA, O.; López de Lacalle, L. N.: Towards advanced prediction and control of machining distortion: a comprehensive review. In: The International Journal of Advanced Manufacturing Technology. 122. Jg., 2022, 7-8, S. 2823-2848

[BATH14] Bathe, K.-J.: Finite Element Procedures. 2. Aufl. Prentice Hall, Pearson Education, Inc., 2014

[BI09] Bi, Y.; Cheng, Q.; Dong, H.; Ke, Y.: Machining distortion prediction of aerospace monolithic components. In: Journal of Zhejiang University-SCIENCE A. 10. Jg., 2009, Nr. 5, S. 661-668

[BOEI22] The Boeing Company: Commercial Market Outlook 2022-2041. URL: https://www.boeing.com/commercial/market/commercial-market-outlook/index.page [Stand: 23.10.2022]

[BONE08] Bonet, J.; Wood, R. (Hrsg.): Nonlinear Continuum Mechanics for Finite Element Analysis. Cambridge: Cambridge University Press, 2008

[BORU19] Boruah, D.; Ahmad, B.; Lee, T. L.; Kabra, S.; Syed, A. K.; McNutt, P.; Doré, M.; Zhang, X.: Evaluation of residual stresses induced by cold spraying of Ti-6Al-4V on Ti-6Al-4V substrates. In: Surface and Coatings Technology. 374. Jg., 2019, Nr. 6, S. 591-602

[BOWD01a] Bowden, D. M.; Halley, J. E.: Aluminium reliability improvement program - final report. Chicago, IL, USA, 2001

[BOWD01b] Bowden, D. M.; Sova, B. J.; Beisiegel, A. L.; Halley, J. E.: Machined Component Quality Improvements Through Manufacturing Process Simulation. In: Aerospace Manufacturing Technology Conference & Exposition. SEP. 10, 2001. SAE International400 Commonwealth Drive, Warrendale, PA, United States, 2001

[BOYE96] Boyer, R. R.: An overview on the use of titanium in the aerospace industry. In: Materials Science and Engineering: A. 213. Jg., 1996, 1-2, S. 103-114

[BOZ15] Boz, Y.; Erdim, H.; Lazoglu, I.: A comparison of solid model and three-orthogonal dexelfield methods for cutter-workpiece engagement calculations in three- and five-axis virtual milling. In: The International Journal of Advanced Manufacturing Technology. 81. Jg., 2015, 5-8, S. 811-823

[BREI11] Breidenstein, B.: Oberflächen und Randzonen hoch belasteter Bauteile. Diss. Leibniz Universität Hannover, 2011

[BROS82] Broszeit, E.; Zwirlein, O.; Adelmann, J.: Werkstoffanstrengung im Hertzschen Kontakt - Einfluß von Reibung und Eigenspannungen. In: Materialwissenschaft und Werkstofftechnik. 13. Jg., 1982, Nr. 12, S. 423-429

[CAMP06] Campbell, F. C.: Manufacturing technology for aerospace structural materials. 1. ed. Amsterdam: Elsevier, 2006

[CASU20] Casuso, M.; Polvorosa, R.; Veiga, F.; Suárez, A.; Lamikiz, A.: Residual stress and distortion modeling on aeronautical aluminum alloy parts for machining sequence optimization. In: The International Journal of Advanced Manufacturing Technology. 76. Jg., 2020, Nr. 2, S. 597

[CERU14] Cerutti, X.: Numerical modelling and mechanical analysis of the machining of large aeronautical parts: Machining quality improvement. Diss. ParisTech Paris, 2014

[CERU15] Cerutti, X.; Mocellin, K.: Parallel finite element tool to predict distortion induced by initial residual stresses during machining of aeronautical parts. In: International Journal of Material Forming. 8. Jg., 2015, Nr. 2, S. 255-268

[D'AL15] D'Alvise, L.; Chantzis, D.; Schoinochoritis, B.; Salonitis, K.: Modelling of Part Distortion Due to Residual Stresses Relaxation: An aerOnautical Case Study. In: Procedia CIRP. 31. Jg., 2015, Nr. 4, S. 447-452

[DENK14a] Denkena, B.; Nespor, D.; Böß, V.; Köhler, J.: Residual stresses formation after re-contouring of welded Ti-6Al-4V parts by means of 5-axis ball nose end milling. In: CIRP Journal of Manufacturing Science and Technology. 7. Jg., 2014, Nr. 4, S. 347-360

[DENK14b] Denkena, B.; Dreier, S.: Simulation of Residual Stress Related Part Distortion. In: New Production Technologies in Aerospace Industry - Proceedings of the 4th Machining Innovations Conference, 2014, S. 105-113

[DIN09] DIN 15305 (2009). Zerstörungsfreie Prüfung – Röntgendiffraktometrisches Prüfverfahren zur Ermittlung der Eigenspannungen

[DREI18] Dreier, S.: Simulation des eigenspannungsbedingten Bauteilverzugs. Diss. Leibniz Universität Hannover, 2018

[DÜST08] Düster, A.; Parvizian, J.; Yang, Z.; Rank, E.: The finite cell method for three-dimensional problems of solid mechanics. In: Computer Methods in Applied Mechanics and Engineering. 197. Jg., 2008, 45-48, S. 3768-3782

[ELME05] Elmer, J. W.; Palmer, T. A.; Babu, S. S.; Specht, E. D.: In situ observations of lattice expansion and transformation rates of α and β phases in Ti–6Al–4V. In: Materials Science and Engineering: A. 391. Jg., 2005, 1-2, S. 104-113

[ENGH16] Engholm, M.; Pedersen, T.; Thomsen, E. V.: Modeling of plates with multiple anisotropic layers and residual stress. In: Sensors and Actuators A: Physical. 240. Jg., 2016, Nr. 1, S. 70-79

[FERG14] Fergani, O.; Lazoglu, I.; Mkaddem, A.; El Mansori, M.; Liang, S. Y.: Analytical modeling of residual stress and the induced deflection of a milled thin plate. In: The International Journal of Advanced Manufacturing Technology. 75. Jg., 2014, 1-4, S. 455-463

[FRAM20] Frame, L. D.; Rambarran, I.; Sala, K.; Sanders, C.: Impacts of Machining and Heat Treating Practices on Residual Stresses in Alpha-Beta Titanium Alloys. In: Journal of Materials Engineering and Performance. 29. Jg., 2020, Nr. 6, S. 3626-3637

[FRAN09] Frankel, P.; Preuss, M.; Steuwer, A.; Withers, P. J.; Bray, S.: Comparison of residual stresses in Ti–6Al–4V and Ti–6Al–2Sn–4Zr–2Mo linear friction welds. In: Materials Science and Technology. 25. Jg., 2009, Nr. 5, S. 640-650

[GAO17] Gao, H.; Zhang, Y.; Wu, Q.; Song, J.: An analytical model for predicting the machining deformation of a plate blank considers biaxial initial residual stresses. In: The International Journal of Advanced Manufacturing Technology. 93. Jg., 2017, 1-4, S. 1473-1486

[GAO20] United States Government Accountability Office: Aviation Safety. Status of FAA's Actions to Oversee the Safety of Composite Airplanes. URL: https://www.gao.gov/assets/590/585341.pdf [Stand: 17.12.2020]

[GEY02] Gey, C.: Prozessauslegung für das Flankenfräsen von Titan. Diss. Universität Hannover Hannover, 2002

[GLAV10] Glavicic, M. G.; Furrer, D. U.; Shen, G.: A Rolls-Royce Corporation industrial perspective of titanium process modelling and optimization: Current capabilities and future needs. In: The Journal of Strain Analysis for Engineering Design. 45. Jg., 2010, Nr. 5, S. 329-336

[GRIF01] Griffiths, B.: Manufacturing surface technology. Surface integrity & functional performance. London, 2001

[GULP13] Gulpak, M.; Sölter, J.; Brinksmeier, E.: Prediction of Shape Deviations in Face Milling of Steel. In: Procedia CIRP. 8. Jg., 2013, S. 15-20

[HAAS22] Haasad: PyPardisoProject. URL: https://github.com/haasad/PyPardisoProject [Stand: 30.05.2022]

[HABS15] Habschied, M.; Graaff, B. de; Klumpp, A.; Schulze, V.: Manufacturing and Residual Stresses. In: HTM Journal of Heat Treatment and Materials. 70. Jg., 2015, Nr. 3, S. 111-121

[HOLZ12] Holzmann, G.; Meyer, H.; Schumpich, G.: Technische Mechanik Festigkeitslehre. 10., überarb. Aufl. Wiesbaden, 2012

[HUAN15a] Huang, X.; Sun, J.; Li, J.: Finite element simulation and experimental investigation on the residual stress-related monolithic component deformation. In: The International Journal of Advanced Manufacturing Technology. 77. Jg., 2015, Nr. 5, S. 1035-1041

[HUAN15b] Huang, X.; Zhang, X.; Ding, H.: An Analytical Model of Residual Stress for Flank Milling of Ti-6Al-4V. In: Procedia CIRP. 31. Jg., 2015, S. 287-292

[HUGH00] Hughes, J.: The finite element method: linear static and dynamic finite element analysis. New York: Dover Publications, 2000

[IATA20a] IATA: Air Passenger Market Analysis. URL: https://www.iata.org/en/iata-repository/publications/economic-reports/air-passenger-monthly-analysis---december-2020/ [Stand: 21.01.2022]

[IATA20b] IATA: Outlook for air transport and the airline industry. COVID-19. 24th November 2020. URL: https://www.iata.org/en/iata-repository/publications/economic-reports/airline-industry-economic-performance-november-2020---presentation/ [Stand: 17.12.2020]

[JACO00] Jacobus, K.; DeVor, R. E.; Kapoor, S. G.: Machining-Induced Residual Stress: Experimentation and Modeling. In: Journal of Manufacturing Science and Engineering. 122. Jg., 2000, Nr. 1, S. 20-31

[JAYA13] Jayanti, S.; Ren, D.; Erickson, E.; Usui, S.; Marusich, T.; Marusich, K.; Elanvogan, H.: Predictive Modeling for Tool Deflection and Part Distortion of Large Machined Components. In: Procedia CIRP. 12. Jg., 2013, S. 37-42

[JIAN14] Jiang, Z.; Liu, Y.; Li, L.; Shao, W.: A novel prediction model for thin plate deflections considering milling residual stresses. In: The International Journal of Advanced Manufacturing Technology. 74. Jg., 2014, 1-4, S. 37-45

[KLOC08] Klocke, F.; König, W.: Fertigungsverfahren 1: Drehen, Fräsen, Bohren. 8. Aufl. Berlin, Heidelberg: Springer Berlin Heidelberg, 2008

[KLOO79] Kloos, K. H.: Eigenspannungen, Definition und Entstehungsursachen. In: Materialwissenschaft und Werkstofftechnik. 10. Jg., 1979, Nr. 9, S. 293-302

[KOLL22] Kollmannsberger, S.; D´Angella, D.; Carraturo, M.; Reali, A.; Auricchio, F.; Rank, E.: The Finite Cell Method for Simulation of Additive Manufacturing. In: Lecture Notes in Applied and Computational Mechanics, 2022, Nr. 98

[LAND21a] Landwehr, M.; Schmid, S.; Holla, V.; Ganser, P.; Bergs, T.; Ruess, M.; Schröder, K.-U.: The finite cell method for the prediction of machining distortion caused by initial residual stresses in milling. In: Procedia CIRP. 102. Jg., 2021, S. 144-149

[LAND21b] Landwehr, M.; Oehler, F.; Behnken, H.; Holling, H.; Sambathkumar, R.; Ganser, P.; Bergs, T.: Influence of heat treatment on the residual stress-related machining distortion of Ti-6Al-4V alloy monolithic parts. In: Procedia CIRP. 104. Jg., 2021, S. 1328-1333

[LAND22] Landwehr, M.; Kalocsay, R.; Kolvenbach, C.; Ganser, P.; Bergs, T.: Preparation of Papers for IFAC Conferences & Symposia: Adaptive fixture system for reducing machining distortion caused by residual stresses in milling. In: IFAC-PapersOnLine. 55. Jg., 2022, Nr. 2, S. 264-269

[LEVK19] Levkulich, N. C.; Semiatin, S. L.; Gockel, J. E.; Middendorf, J. R.; DeWald, A. T.; Klingbeil, N. W.: The effect of process parameters on residual stress evolution and distortion in the laser powder bed fusion of Ti-6Al-4V. In: Additive Manufacturing. 28. Jg., 2019, S. 475-484

[LI17] Li, J.; Wang, S.: Distortion caused by residual stresses in machining aeronautical aluminum alloy parts: recent advances. In: The International Journal of Advanced Manufacturing Technology. 89. Jg., 2017, Nr. 1, S. 997-1012

[LLAN19] Llanos, I.; Aurrekoetxea, M.; Agirre, A.; Lacalle, L. L. de; Zelaieta, O.: On-machine Characterization of Bulk Residual Stresses on Machining Blanks. In: Procedia CIRP. 82. Jg., 2019, S. 406-410

[LU96] Lu, J.: Handbook of measurement of residual stresses. Fairmont Press, 1996

[LÜTJ07] Lütjering, G.; Williams, J. C.: Titanium. 2. Aufl. s.l.: Springer-Verlag, 2007

[MA10] Ma, K.; Goetz, R.; Srivatsa, S.: Modeling of Residual Stress and Machining Distortion in Aerospace Components (PREPRINT), 2010

[MA19] Ma, Y.; Zhang, J.; Yu, D.; Feng, P.; Xu, C.: Modeling of machining distortion for thin-walled components based on the internal stress field evolution. In: The International Journal of Advanced Manufacturing Technology. 103. Jg., 2019, 9-12, S. 3597-3612

[MADA18] Madariaga, A.; Perez, I.; Arrazola, P. J.; Sanchez, R.; Ruiz, J. J.; Rubio, F. J.: Reduction of distortions in large aluminium parts by controlling machining-induced residual stresses. In: The International Journal of Advanced Manufacturing Technology. 97. Jg., 2018, Nr. 1, S. 967-978

[MART16] Martina, F.; Roy, M. J.; Szost, B. A.; Terzi, S.; Colegrove, P. A.; Williams, S. W.; Withers, P. J.; Meyer, J.; Hofmann, M.: Residual stress of as-deposited and rolled wire+arc additive manufacturing Ti–6Al–4V components. In: Materials Science and Technology. 32. Jg., 2016, Nr. 14, S. 1439-1448

[MARU08] Marusich, T. D.; Usui, S.; Marusich, K. J.: Finite Element Modeling of Part Distortion. In: Xiong, C.; Liu, H.; Huang, Y.; Xiong, Y. (Hrsg.): Intelligent Robotics and Applications. Berlin, Heidelberg: Springer Berlin Heidelberg, 2008, S. 329-338

[MEHD16] Mehdi, B.; Badji, R.; Ji, V.; Allili, B.; Bradai, D.; Deschaux-Beaume, F.; Soulié, F.: Microstructure and residual stresses in Ti-6Al-4V alloy pulsed and unpulsed TIG welds. In: Journal of Materials Processing Technology. 231. Jg., 2016, S. 441-448

[MISH17] Mishurova, T.; Cabeza, S.; Artzt, K.; Haubrich, J.; Klaus, M.; Genzel, C.; Requena, G.; Bruno, G.: An Assessment of Subsurface Residual Stress Analysis in SLM Ti-6Al-4V. In: Materials (Basel, Switzerland). 10. Jg., 2017, Nr. 4

[MOUR12] Mouritz, A. P.: Introduction to Aerospace Materials. Woodhead Publishing, 2012

[NERV09] Nervi, S.; Szabó, B. A.; Young, K. A.: Prediction of Distortion of Airframe Components Made from Aluminum Plates. In: AIAA Journal. 47. Jg., 2009, Nr. 7, S. 1635-1641

[NESP15] Nespor, D.: Randzonenbeeinflussung durch die Rekonturierung komplexer Investitionsgüter aus Ti-6Al-4V. Diss. Leibniz Universität Hannover, 2015

[PARV07] Parvizian, J.; Düster, A.; Rank, E.: Finite cell method: h- and p-extension for embedded domain problems in solid mechanics. In: Computational Mechanics. 41. Jg., 2007, Nr. 1, S. 121-133

[PATIL05] Patil, S.; Ravi, B.: Voxel-based representation, display and thickness analysis of intricate shapes. In: Ninth International Conference on Computer Aided Design and Computer Graphics (CAD/CG 2005)

[PETE03] Peters, M.; Kumpfert, J.; Ward, C. H.; Leyens, C.: Titanium Alloys for Aerospace Applications. In: Advanced Engineering Materials. 5. Jg., 2003, Nr. 6, S. 419-427

[POOD18] Poodeh, F.; Farhatnia, F.; Reisi, M.: Buckling analysis of orthotropic thin rectangular plates subjected to nonlinear in-plane distributed loads using generalized differential quadrature method. In: Int J Comput Methods Eng Sci Mech, 2018, Nr. 19, S. 102-116

[PRIM01] Prime, M. B.: Cross-Sectional Mapping of Residual Stresses by Measuring the Surface Contour After a Cut. In: Journal of Engineering Materials and Technology. 123. Jg., 2001, Nr. 2, S. 162-168

[PRIM02] Prime, M. B.; Hill, M. R.: Residual stress, stress relief, and inhomogeneity in aluminum plate. In: Scripta Materialia. 46. Jg., 2002, Nr. 1, S. 77-82

[RAE18] Rae, W.; Rahimi, S.: Evolution of Microstructure and Residual Stress in Hot Rolled Ti-6Al-4V Plates Subjected to Different Heat Treatment Conditions. In: Residual Stresses 2018. 09/11/2018. Materials Research Forum LLC, 2018, S. 171-176

[RAE20] Rae, W.; Rahimi, S.: Effect of stress relaxation on the evolution of residual stress during heat treatment of Ti-6Al-4V. In: MATEC Web of Conferences. 321. Jg., 2020, Nr. 4, S. 11001

[RAO11] Rao, B.; Dandekar, C. R.; Shin, Y. C.: An experimental and numerical study on the face milling of Ti–6Al–4V alloy: Tool performance and surface integrity. In: Journal of Materials Processing Technology. 211. Jg., 2011, Nr. 2, S. 294-304

[RICH13] Richter-Trummer, V.; Koch, D.; Witte, A.; dos Santos, J. F.; Castro, P. M. S. T. de: Methodology for prediction of distortion of workpieces manufactured by high speed machining based on an accurate through-the-thickness residual stress determination. In: The International Journal of Advanced Manufacturing Technology. 68. Jg., 2013, 9-12, S. 2271-2281

[RODR20] Rodríguez-Sánchez, A. E.; Ledesma-Orozco, E.; Ledesma, S.: Part distortion optimization of aluminum-based aircraft structures using finite element modeling and artificial neural networks. In: CIRP Journal of Manufacturing Science and Technology. 31. Jg., 2020, S. 595-606

[RUES13] Ruess, M.; Schillinger, D.; Bazilevs, Y.; Varduhn, V.; Rank, E.: Weakly enforced essential boundary conditions for NURBS-embedded and trimmed NURBS geometries on the basis of the finite cell method. In: International Journal for Numerical Methods in Engineering. 95. Jg., 2013, Nr. 10, S. 811-846

[SAME90] Samet, H. (Hrsg.): The design and analysis of spatial data structures. Los Altos: Addison-Wesley, 1990

[SCHA13] Schajer, G. S. (Hrsg.): Practical residual stress measurement methods. 1. edition. Chichester: Wiley, 2013

[SCHE00] Schenk, O.; Gärtner, K.; Fichtner, W.: Efficient Sparse LU Factorization with Left-Right Looking Strategy on Shared Memory Multiprocessors. In: BIT Numerical Mathematics, 2000, Nr. 40, S. 158-176

[SCHE20] Schenk, O.; Gärtner, K.: PARADISO: User Guide Version 7.2. URL: https://pardiso-project.org/manual/manual.pdf [Stand: 30.05.2022]

[SCHI15] Schillinger, D.; Ruess, M.: The Finite Cell Method: A Review in the Context of Higher-Order Structural Analysis of CAD and Image-Based Geometric Models. In: Archives of Computational Methods in Engineering. 22. Jg., 2015, Nr. 3, S. 391-455

[SHIN95] Shin, S. H.: Prediction of the dimensional instability resulting from machining of residually stresses components. Diss. Texas Tech University Texas, 1995

[SIM10] Sim, W. M.: Challenges of residual stress and part distortion in the civil airframe industry. In: International Journal of Microstructure and Materials Properties. 5. Jg., 2010, 4/5, S. 446

[SUN09] Sun, J.; Guo, Y. B.: A comprehensive experimental study on surface integrity by end milling Ti–6Al–4V. In: Journal of Materials Processing Technology. 209. Jg., 2009, Nr. 8, S. 4036-4042

[TANG13] Tang, Z. T.; Yu, T.; Xu, L. Q.; Liu, Z. Q.: Machining deformation prediction for frame components considering multifactor coupling effects. In:

The International Journal of Advanced Manufacturing Technology. 68. Jg., 2013, 1-4, S. 187-196

[ULRI01] Ulrich, H.; Schwaninger, M. (Hrsg.): Systemorientiertes Management: Das Werk von Hans Ulrich. Bern: Paul Haupt, 2001

[ULUT11] Ulutan, D.; Ozel, T.: Machining induced surface integrity in titanium and nickel alloys: A review. In: International Journal of Machine Tools and Manufacture. 51. Jg., 2011, Nr. 3, S. 250-280

[WANG04] Wang, S. P.: A New Approach For FEM Simulation of NC Machining Processes. In: MATERIALS PROCESSING AND DESIGN: Modeling, Simulation and Applications - NUMIFORM 2004 - Proceedings of the 8th International Conference on Numerical Methods in Industrial Forming Processes. Columbus, Ohio (USA), 13-17 June 2004. AIP, 13-17 June 2004, S. 1371-1376

[WANG18] Wang, Z.; Sun, J.; Chen, W.; Liu, L.; Wang, R.: Machining Distortion of Titanium Alloys Aero Engine Case Based on the Energy Principles. In: Metals. 8. Jg., 2018, Nr. 6, S. 464

[WANG19] Wang, Z.; Sun, J.; Liu, L.; Wang, R.; Chen, W.: An analytical model to predict the machining deformation of frame parts caused by residual stress. In: Journal of Materials Processing Technology. 274. Jg., 2019, Nr. 2, S. 116282

[WANG20] Wang, J.; Quan, L.; Tang, K.: A prediction method based on the voxel model and the finite cell method for cutting force-induced deformation in the five-axis milling process. In: Computer Methods in Applied Mechanics and Engineering. 367. Jg., 2020, S. 113110

[WEBE21a] Weber, D.; Kirsch, B.; Chighizola, C. R.; D'Elia, C. R.; Linke, B. S.; Hill, M. R.; Aurich, J. C.: Analysis of machining-induced residual stresses of milled aluminum workpieces, their repeatability, and their resulting distortion. In: The International Journal of Advanced Manufacturing Technology. 115. Jg., 2021, Nr. 4, S. 1089-1110

[WEBE21b] Weber, D.; Kirsch, B.; Chighizola, C. R.; Jonsson, J. E.; D'Elia, C. R.; Linke, B. S.; Hill, M. R.; Aurich, J. C.: Investigation on the scale effects of initial bulk and machining induced residual stresses of thin walled milled monolithic aluminum workpieces on part distortions: experiments and finite element prediction model. In: Procedia CIRP. 102. Jg., 2021, S. 337-342

[WEI07] Wei, Y.; Wang, X. W.: Computer simulation and experimental study of machining deflection due to original residual stress of aerospace thin-walled parts. In: The International Journal of Advanced Manufacturing Technology. 33. Jg., 2007, 3-4, S. 260-265

[WIMM19] Wimmer, M.; Rinck, P.; Kleinwort, R.; Zah, M. F.: METHODOLOGY FOR A MODEL-BASED CONTROL OF THE BOUNDARY ZONE PROPERTIES DURING MILLING OF TI-6AL-4V. In: MM Science Journal. 2019. Jg., 2019, Nr. 04, S. 3214-3219

[WIMM20] Wimmer, M.; Shahul Hameed, M. Z.; Wölfle, C.; Weisbrodt, V.; Zaeh, M. F.; Werner, E.; Krempaszky, C.; Semm, T.: The influence of the process parameters on the surface integrity during peripheral milling of Ti-6Al-4V. In: tm - Technisches Messen. 87. Jg., 2020, Nr. 11, S. 721-731

[WIMM21] Wimmer, M.; Woelfle, C. H.; Krempaszky, C.; Zaeh, M. F.: The influences of process parameters on the thermo-mechanical workpiece load and the sub-surface residual stresses during peripheral milling of Ti-6Al-4V. In: Procedia CIRP. 102. Jg., 2021, 5-8, S. 471-476

[WITH01] Withers, P. J.; Bhadeshia, H. K. D. H.: Residual stress. Part 1 - Measurement techniques. In: Materials Science and Technology. 17. Jg., 2001, Nr. 4, S. 355-365

[WITH07] Withers, P. J.: Residual stress and its role in failure. In: Reports on Progress in Physics. 70. Jg., 2007, Nr. 12, S. 2211-2264

[WOLF73] Wolfstieg, U.; Macherauch, E.: Ursachen und Bewertung von Eigenspannungen. In: Chemie Ingenieur Technik - CIT. 45. Jg., 1973, Nr. 11, S. 760-770

[WU16] Wu, Q.; Li, D.-P.; Zhang, Y.: Detecting Milling Deformation in 7075 Aluminum Alloy Aeronautical Monolithic Components Using the Quasi-Symmetric Machining Method. In: Metals. 6. Jg., 2016, Nr. 4, S. 80

[YANG12] Yang, Z.; Ruess, M.; Kollmannsberger, S.; Düster, A.; Rank, E.: An efficient integration technique for the voxel-based finite cell method. In: International Journal for Numerical Methods in Engineering. 91. Jg., 2012, Nr. 5, S. 457-471

[YANG14] Yang, Y.; Li, M.; Li, K. R.: Comparison and analysis of main effect elements of machining distortion for aluminum alloy and titanium alloy aircraft monolithic component. In: The International Journal of Advanced Manufacturing Technology. 70. Jg., 2014, 9-12, S. 1803-1811

[YANG16] Yang, D.; Liu, Z.; Ren, X.; Zhuang, P.: Hybrid modeling with finite element and statistical methods for residual stress prediction in peripheral milling of titanium alloy Ti-6Al-4V. In: International Journal of Mechanical Sciences. 108-109, 2016, S. 29-38

[YANG19a] Yang, D.; Xiao, X.; Liu, Y.; Sun, J.: Peripheral milling-induced residual stress and its effect on tensile–tensile fatigue life of aeronautic titanium alloy Ti–6Al–4V. In: The Aeronautical Journal. 123. Jg., 2019, Nr. 1260, S. 212-229

[YANG19b] Yang, D.; Liu, Y.; Xie, F.; Xiao, X.: Analytical investigation of workpiece internal energy generation in peripheral milling of titanium alloy Ti–6Al–4V. In: International Journal of Mechanical Sciences. 161-162, 2019, S. 105063

[ZAND14] Zander, N.; Bog, T.; Elhaddad, M.; Espinoza, R.; Hu, H.; Joly, A.; Wu, C.; Zerbe, P.; Düster, A.; Kollmannsberger, S.; Parvizian, J.; Ruess, M.; Schillinger, D.; Rank, E.: FCMLab: A finite cell research toolbox for MATLAB. In: Advances in Engineering Software. 74. Jg., 2014, S. 49-63

[ZAND17] Zander, N.; Ruess, M.; Bog, T.; Kollmannsberger, S.; Rank, E.: Multi-level hp -adaptivity for cohesive fracture modeling. In: International Journal for Numerical Methods in Engineering. 109. Jg., 2017, Nr. 13, S. 1723-1755

[ZHAN20] Zhang, Z.; Zhang, Z.; Zhang, D.; Luo, M.: Milling distortion prediction for thin-walled component based on the average MIRS in specimen machining. In: The International Journal of Advanced Manufacturing Technology. 51. Jg., 2020, S. 250

[ZHON10] Zhongyi, M.; Yunqiao, W.: Analyzing distortion of aircraft Structural part in NC machining based on FEM simulation. In: International Conference on Mechanical and Electrical Technology (ICMET 2010), 2010, S. 1-5

[ZHU20] Zhu, Y.; Mao, K.; Yu, X.: A general model for prediction of deformation from initial residual stress. In: The International Journal of Advanced Manufacturing Technology. 109. Jg., 2020, 3-4, S. 1093-1101

A Appendix

Anhang

A.1 Eigenspannungsprofile beim Umfangsfräsen von Ti-6Al-4V

Residual Stress Profiles in Circumferential Milling of Ti-6Al-4V

<table>
<tr><th>Quelle</th><th>Versuchsbeschreibung</th><th colspan="4">Ergebnis (quantitativ)</th><th>Ergebnis (qualitativ)</th></tr>
<tr><td rowspan="5">[YANG16]</td><td rowspan="5">Prozess: Gleichlauffräsen
KSS: nein
v_c: 20 – 110 m/min
f_z: 0,05 – 0,20 mm
a_p: 5 mm
a_e: 3 mm
Werkzeug: Hartmetall; z = 4;
D = 6 mm; ε = 38° und 41°</td><td></td><td></td><td>Min [MPa]</td><td>Max [MPa]</td><td rowspan="5">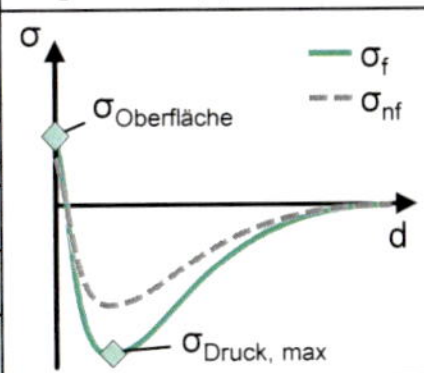</td></tr>
<tr><td rowspan="2">$\sigma_{Oberfläche}$</td><td>f</td><td>-520</td><td>300</td></tr>
<tr><td>nf</td><td>-200</td><td>150</td></tr>
<tr><td rowspan="2">$\sigma_{Druck, max}$</td><td>f</td><td>-750</td><td>-300</td></tr>
<tr><td>nf</td><td>-450</td><td>-300</td></tr>
<tr><td rowspan="5">[YANG19a, YANG19b][1,2]</td><td rowspan="5">Prozess: Gleichlauffräsen
KSS: nein
v_c: 20 – 110 m/min
f_z: 0,02 – 0,05 mm
a_p: 5 mm
a_e: 0,5 – 2 mm
Werkzeug: Hartmetall; z = 4;
D = 6 mm; ε = 38° und 41°</td><td></td><td></td><td>Min [MPa]</td><td>Max [MPa]</td><td rowspan="5">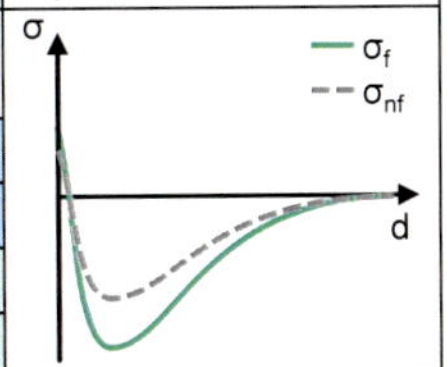</td></tr>
<tr><td rowspan="2">$\sigma_{Oberfläche}$</td><td>f</td><td>-450</td><td>50</td></tr>
<tr><td>nf</td><td>-150</td><td>50</td></tr>
<tr><td rowspan="2">$\sigma_{Druck, max}$</td><td>f</td><td>-700</td><td>-450</td></tr>
<tr><td>nf</td><td>-450</td><td>-250</td></tr>
<tr><td rowspan="5">[WIMM20][1,2]</td><td rowspan="5">Prozess: Gleichlauffräsen
KSS: nein
v_c: 30 – 70 m/min
f_z: 0,02 – 0,08 mm
a_p: 10 mm
a_e: 3 mm
Werkzeug: Hartmetall; z = 4;
D = 12 mm</td><td></td><td></td><td>Min [MPa]</td><td>Max [MPa]</td><td rowspan="5">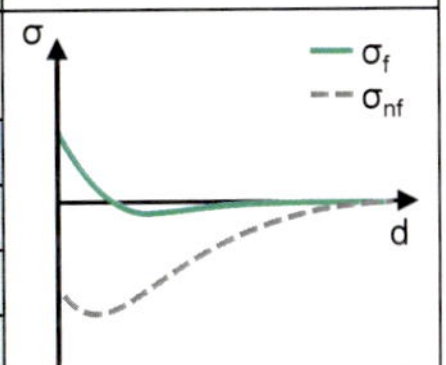</td></tr>
<tr><td rowspan="2">$\sigma_{Oberfläche}$</td><td>f</td><td>-70</td><td>60</td></tr>
<tr><td>nf</td><td>-170</td><td>-50</td></tr>
<tr><td rowspan="2">$\sigma_{Druck, max}$</td><td>f</td><td>-170</td><td>-170</td></tr>
<tr><td>nf</td><td>-30</td><td>-30</td></tr>
<tr><td rowspan="5">[SUN09][2]</td><td rowspan="5">Prozess: Gleichlauffräsen
KSS: ja
v_c: 50 – 110 m/min
f_z: 0,06 – 0,14 mm
a_p: 1,5 mm
a_e: 2 – 6 mm
Werkzeug: Hartmetall mit AlTiN Beschichtung; z = 4;
D = 12,7 mm</td><td></td><td></td><td>Min [MPa]</td><td>Max [MPa]</td><td rowspan="5">k. A.</td></tr>
<tr><td rowspan="2">$\sigma_{Oberfläche}$</td><td>f</td><td>-350</td><td>-5</td></tr>
<tr><td>nf</td><td>-400</td><td>-150</td></tr>
<tr><td rowspan="2">$\sigma_{Druck, max}$</td><td>f</td><td>k. A.</td><td>k. A.</td></tr>
<tr><td>nf</td><td>k. A.</td><td>k. A.</td></tr>
<tr><td rowspan="5">[HUAN15]</td><td rowspan="5">Prozess: Gleichlauffräsen
KSS: k. A.
v_c: 50 m/min
f_z: 0,06 – 0,12 mm
a_p: 6 – 10 mm;
a_e: 0,2 – 0,5 mm
Werkzeug: Hartmetall; z = 4;
D = 10 mm; ε = 42°; γ = 6°;
r_ε = 25 µm</td><td></td><td></td><td>Min [MPa]</td><td>Max [MPa]</td><td rowspan="5">k. A.</td></tr>
<tr><td rowspan="2">$\sigma_{Oberfläche}$</td><td>f</td><td>-320</td><td>-153</td></tr>
<tr><td>nf</td><td>-303</td><td>-190</td></tr>
<tr><td rowspan="2">$\sigma_{Druck, max}$</td><td>f</td><td>k. A.</td><td>k. A.</td></tr>
<tr><td>nf</td><td>k. A.</td><td>k. A.</td></tr>
</table>

1) Nicht für alle Versuche sind Ergebnisse dargestellt/ genannt
2) Werte ungefähr aus Diagrammen abgelesen

f: in Vorschubrichtung
nf: senkrecht zur Vorschubrichtung

Abbildung A1.1: Eigenspannungsprofile beim Umfangsfräsen von Ti-6Al-4V
Residual stress profiles in circumferential milling of Ti-6Al-4V

A.2 Schrittweise Messdatenverarbeitung (Contour Method) und Bestimmtheitsmaße

Stepwise Measurement Data Processing (Contour Method) and Coefficients of Determination

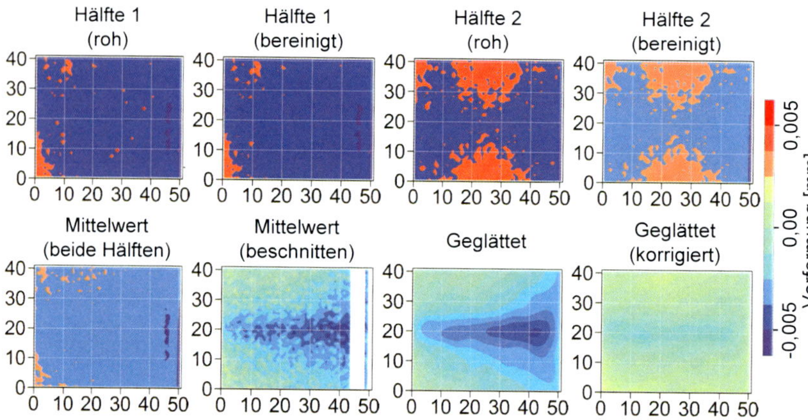

Abbildung A2.1: Messdatenverarbeitung für das Werkstück B10.1 (WBH0)
Processing of measuring data for workpiece B10.1 (WBH0)

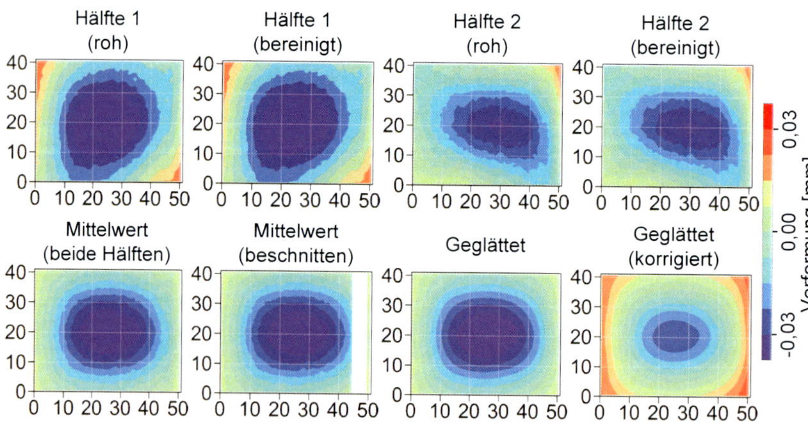

Abbildung A2.2: Messdatenverarbeitung für das Werkstück B06.1 (WBH1)
Processing of measuring data for workpiece B06.1 (WBH1)

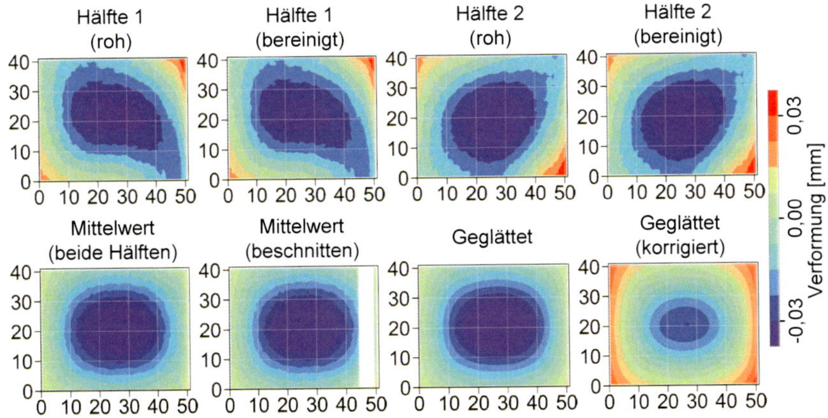

Abbildung A2.3: Messdatenverarbeitung für das Werkstück B17.1 (WBH1)
Processing of measuring data for workpiece B17.1 (WBH1)

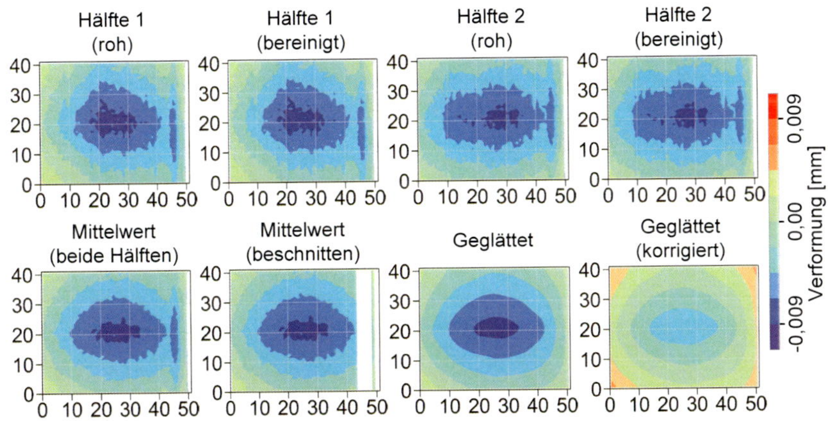

Abbildung A2.4: Messdatenverarbeitung für das Werkstück A03.3 (WBH2)
Processing of measuring data for workpiece A03.3 (WBH2)

Bestimmtheitsmaße der Glättungsfunktionen:

B10.1 (WBH0): $R^2 = 0{,}7428$

B06.1 (WBH1): $R^2 = 0{,}998$

B17.1 (WBH1): $R^2 = 0{,}9981$

A03.3 (WBH2): $R^2 = 0{,}9883$

A03.5 (WBH2): $R^2 = 0{,}9566$

A.3 Ergebnis der Contour Method in Querrichtung

Result of the Contour Method in Transverse Direction

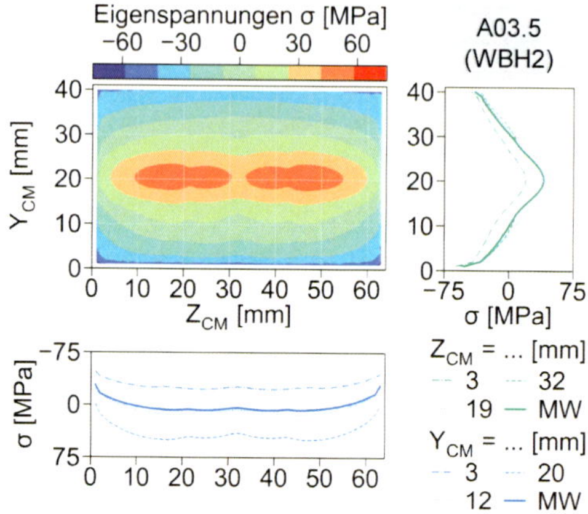

Abbildung A3.1: Initiale Eigenspannungen σ_{xx} für A03.5 (WBH2)
Initial residual stresses σ_{xx} for A03.5 (WBH2)

A.4 Ergebnisse der thermomechanischen Simulation

Results of the Thermomechanical Simulation

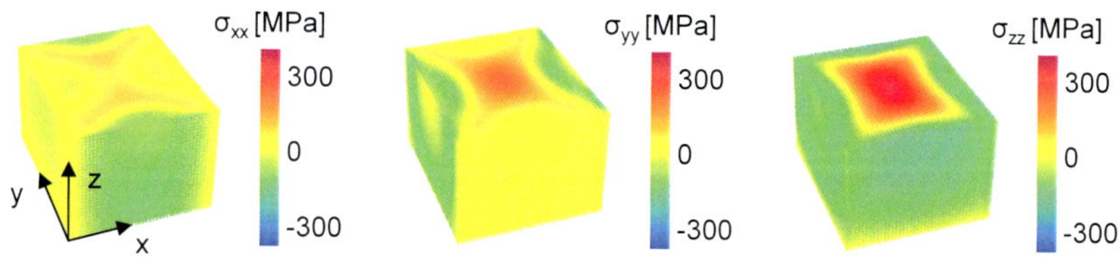

Abbildung A4.1: Simulierte initiale Eigenspannungen σ_{xx}, σ_{yy} und σ_{zz} für WBH1
Initial residual stresses σ_{xx}, σ_{yy} and σ_{xx} for WBH1

A.5 Einzelergebnisse der Röntgendiffraktometriemessungen

Individual Results of the X-Ray Diffraction Measurements

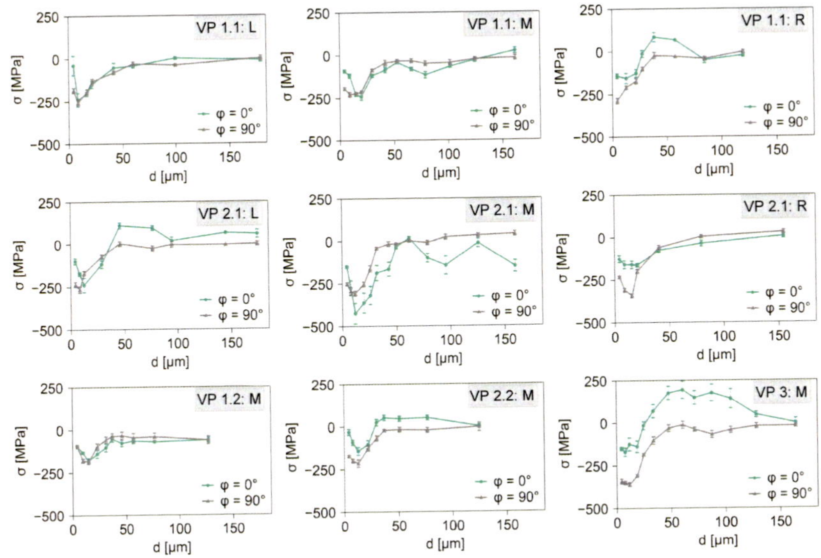

Abbildung A5.1: Eigenspannungsprofile aller Versuchspunkte aus Kapitel 4.3

Residual stress profiles of all test points of chapter 4.3

A.6 Positionsabhängigkeit und Wiederholgenauigkeit von VP 1 und VP 2 (Röntgendiffraktometriemessungen)

Position Dependence and Repeatability of VP 1 and VP 2 (X-Ray Diffraction Measurements)

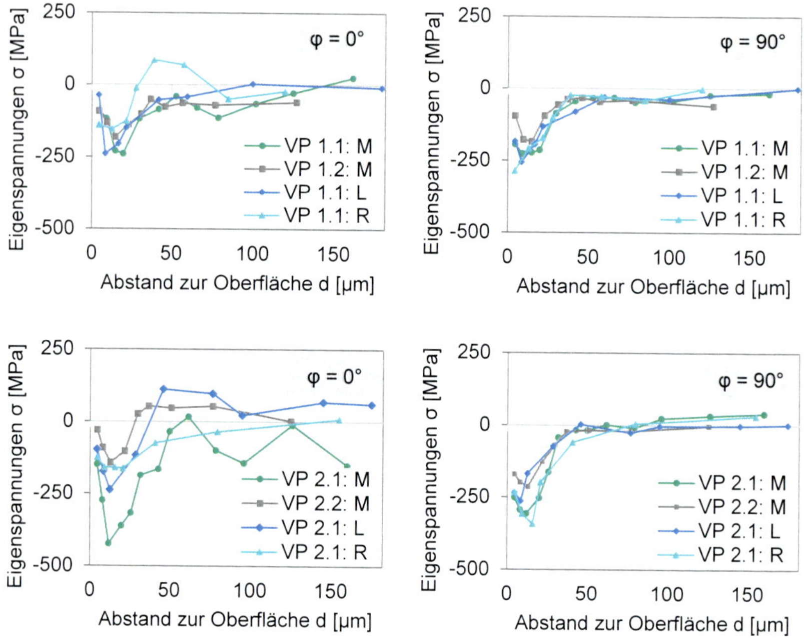

Abbildung A6.1: Positionsabhängigkeit und Wiederholgenauigkeit von VP 1 und VP 2 (Röntgendiffraktometriemessungen)
Position dependence and repeatability of VP 1 and VP 2 (x-ray diffraction measurements)

A.7 Kenngrößen der induzierten Eigenspannungsprofile aller Versuchspunkte

Characteristics of the Induced Residual Stress Profiles of all Test Points

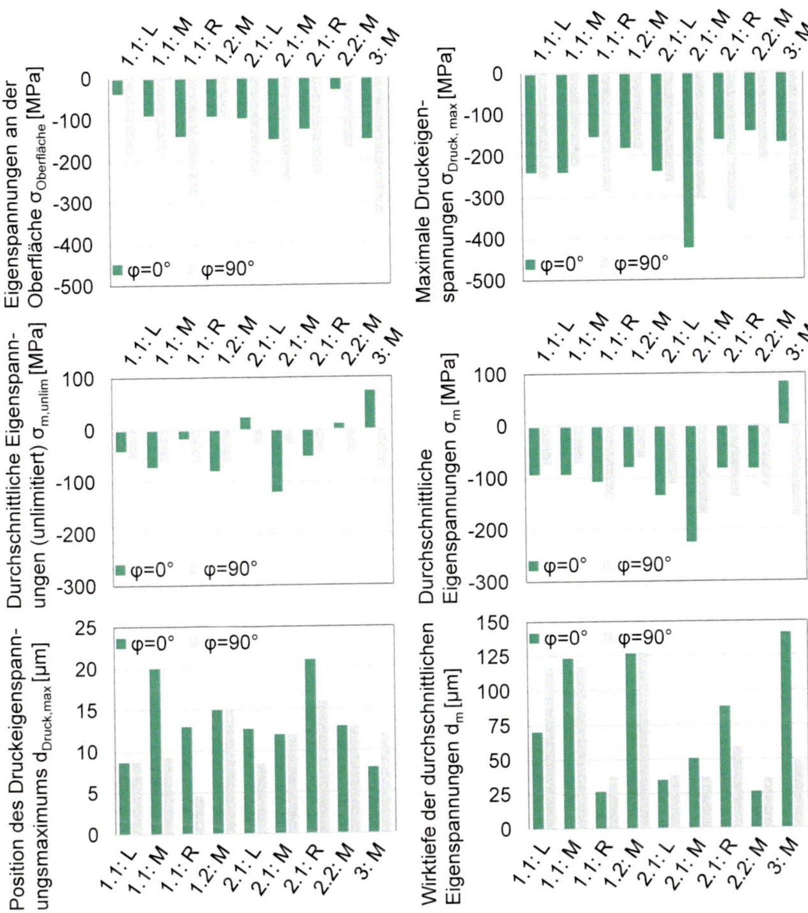

Abbildung A7.1: Kenngrößen der induzierten Eigenspannungsprofile aller Versuchspunkte

Characteristics of the induced residual stress profiles of all test points

A.8 Streudiagramme aller Verzugsergebnisse des linken und rechten Rahmens nach der Bearbeitung des ersten und zweiten Blocks

Scatter Plots of all Distortion Results of the left and right frame after milling block One and Two

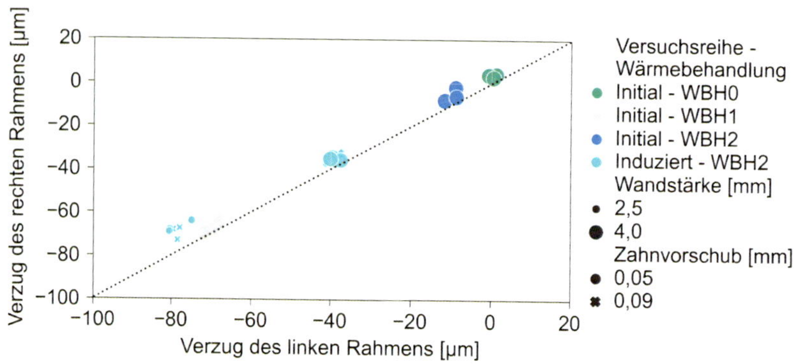

Abbildung A8.1: Verzüge des linken und rechten Rahmens aller Werkstücke nach dem ersten Block

Distortions of the left and right frames of all workpieces after the first block

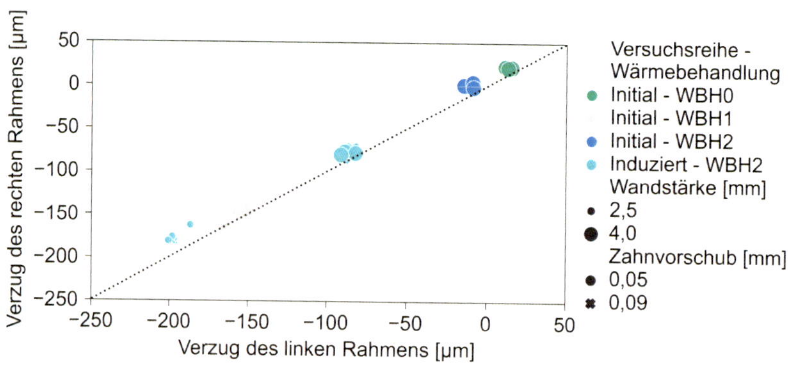

Abbildung A8.2: Verzüge des linken und rechten Rahmens aller Werkstücke nach dem zweiten Block

Distortions of the left and right frames of all workpieces after the second block

A.9 Messergebnisse der ergänzenden induzierten Eigenspannungsmessungen

Results of the Supplementary Induced Residual Stress Measurements

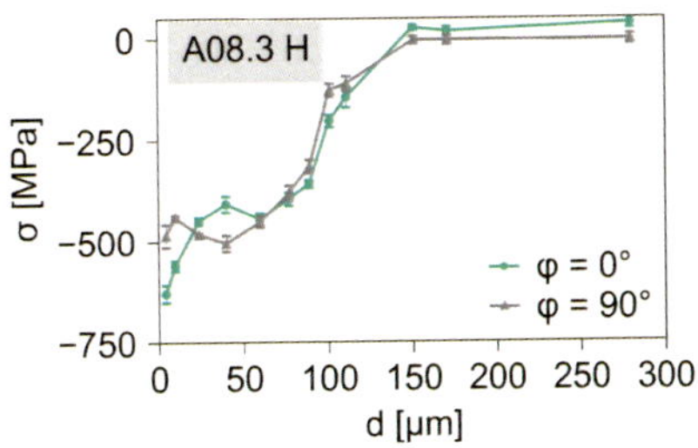

Abbildung A9.1: Induzierte Eigenspannungen auf der Rückseite eines vorbereiteten Werkstücks

Induced residual stresses on the backside of a prepared workpiece

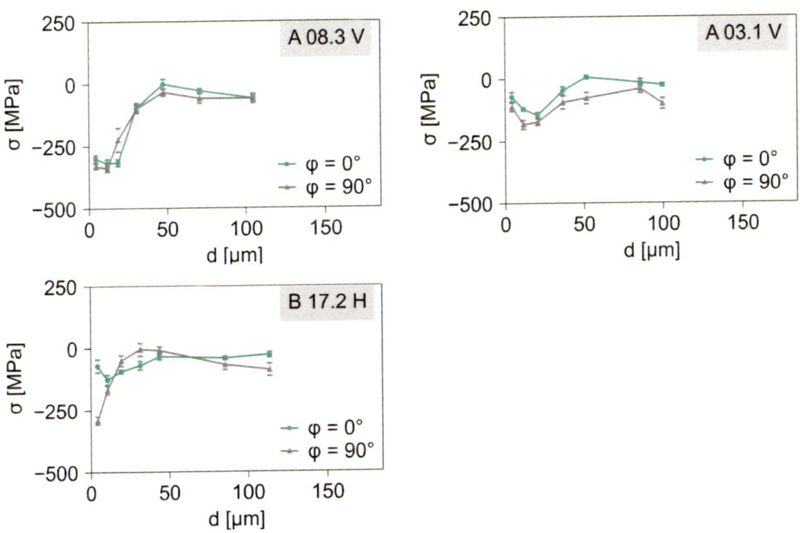

Abbildung A9.2: Induzierte Eigenspannungen auf den gefrästen Flächen

Induced residual stresses on the milled surfaces

Tabelle A.9.1: Zuordnung und Kennwerte für Kapitel 6
Assignments and characteristics for chapter 6

Messung	Zugehörige Versuchsgruppen	σ_m [MPa]		d_m [µm]	
		xx	zz	xx	zz
VP 3.2: M	W0-O-4,0-0,05	-82,62	-119,03	26,53	35,78
B17.2 H	W1-O-4,0-0,05	-51,22	-105,12	109,69	25,33
A08.3 V	W2-O-4,0-0,05; W2-E-4,0-0,05; W2-O-2,5-0,05	-180,62	-100,87	42,81	105
A03.1 V	W2-O-4,0-0,09; W2-O-2,5-0,09	-86,69	-90,57	41,72	100
A08.3 H	W2-E-4,0-0,05 (Rückseite); W2-O-2,5-0,05 (Rückseite); W2-O-4,0-0,09 (Rückseite); W2-O-2,5-0,09 (Rückseite)	-324,78	-308,26	137,74	141,57

A.10 Herleitung von Formel (25)

Derivation of Formula (25)

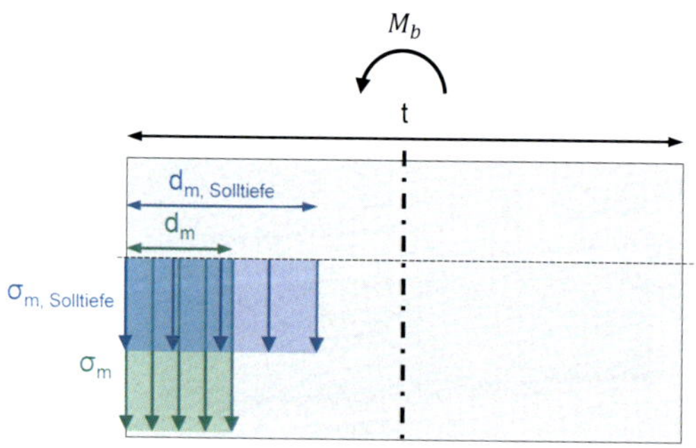

Bedingung: $M_{b,alt} = M_{b,neu}$

$$M_{b,alt} = \sigma_m \cdot b \cdot d_m \cdot \left(\frac{t - d_m}{2}\right)$$

$$M_{b,neu} = \sigma_{m,\ Solltiefe} \cdot b \cdot d_{m,Solltiefe} \cdot \left(\frac{t - d_{m,\ Solltiefe}}{2}\right)$$

$$\Rightarrow \sigma_m \cdot b \cdot d_m \cdot \left(\frac{t - d_m}{2}\right) = \sigma_{m,\ Solltiefe} \cdot b \cdot d_{m,Solltiefe} \cdot \left(\frac{t - d_{m,\ Solltiefe}}{2}\right)$$

$$\Leftrightarrow \sigma_{m,\ Solltiefe} = \frac{\sigma_m \cdot d_m \cdot (t - d_m)}{d_{m,\ Solltiefe} \cdot (t - d_{m,\ Solltiefe})}$$

Abbildung A10.1: Herleitung von Formel (25)
Derivation of formula (25)

A.11 Programmstruktur der FCM-Verzugssimulation

Program Structure of the FCM Distortion Simulation

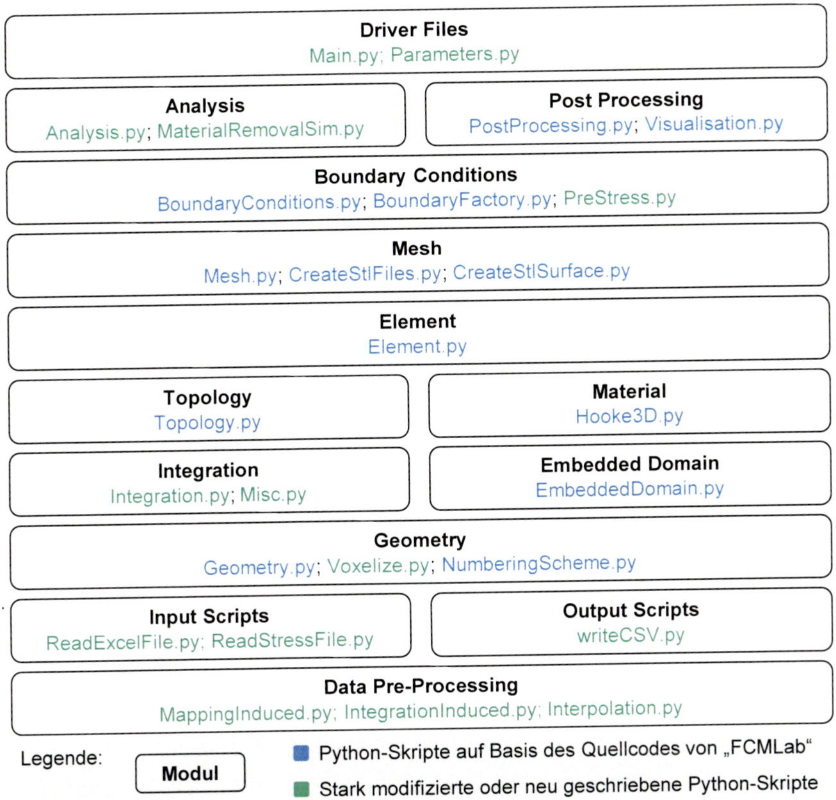

Abbildung A11.1: Programmstruktur der FCM-Verzugssimulation
Program structure of the FCM distortion simulation

A.12 Technische Zeichnung des Strukturbauteils

Technical Drawing of the Structural Component

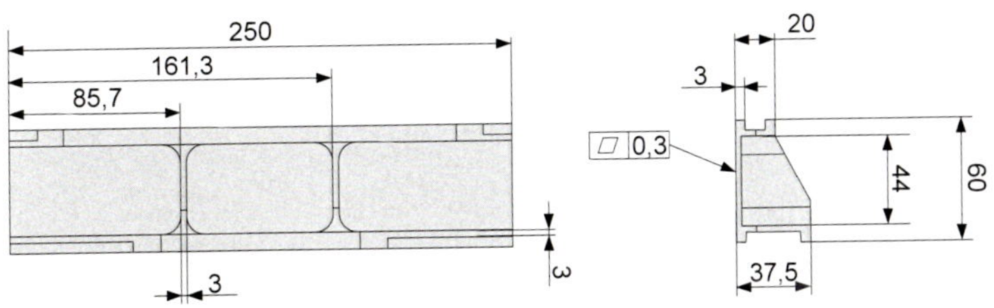

Abbildung A12.1: Technische Zeichnung des Strukturbauteils
Technical drawing of the structural component

A.13 Einzelmessungen in Kapitel 7.1

Individual Measurements in Chapter 7.1

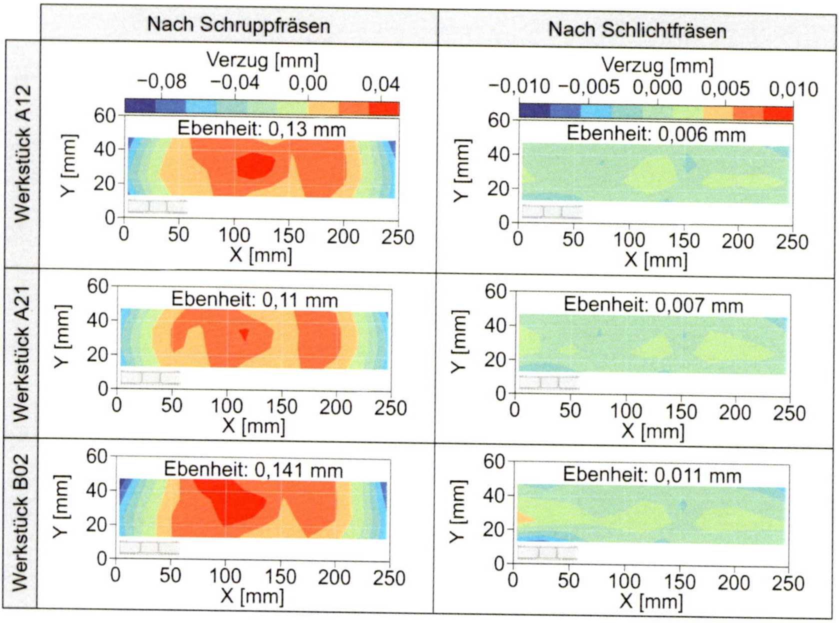

Abbildung A13.1: Gemessene Verzüge im eingespannten Zustand auf den Bodenflächen der Taschen (konventionelles Spannsystem)

Measured distortions in clamped state on the bottom surfaces of the pockets (conventional clamping system)

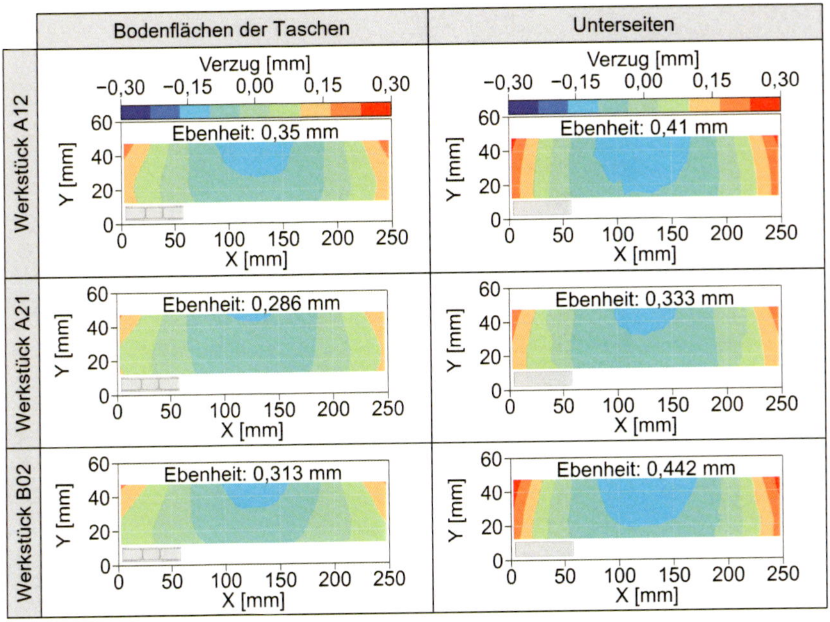

Abbildung A13.2: Gemessene Verzüge im ausgespannten Zustand nach der Fräsbearbeitung (konventionelles Spannsystem)

Measured distortions in unclamped state after milling (conventional clamping system)

A.14 Induzierte Eigenspannungen für Kapitel 7

Induced Residual Stresses for Chapter 7

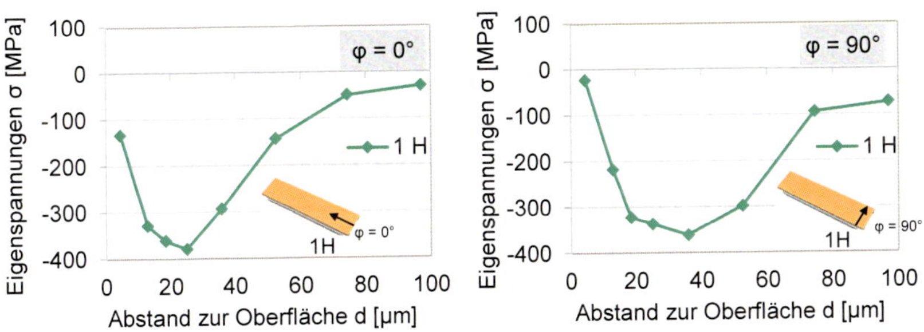

Abbildung A14.1: Induzierte Eigenspannungen auf der Unterseite eines vorbereiteten Rohteils

Induced residual stresses on the bottom surface of a pre-machined raw part

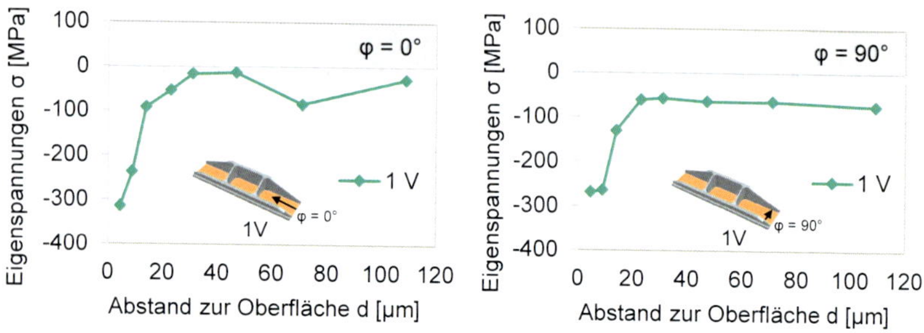

Abbildung A14.2: Induzierte Eigenspannungen auf den Bodenflächen der Taschen nach der Schruppfräsbearbeitung

Induced residual stresses on the pocket surfaces after roughing

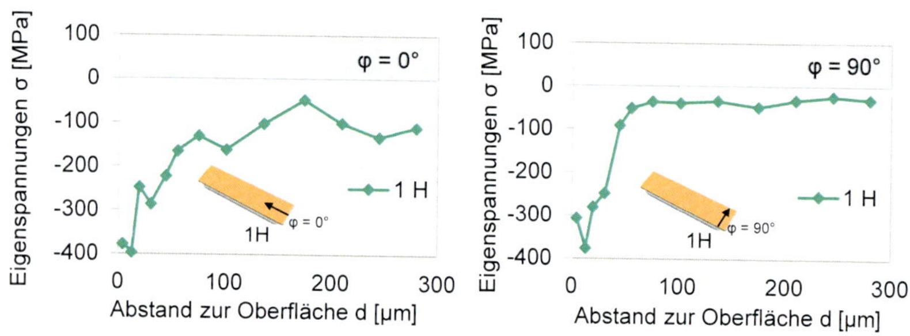

Abbildung A14.3: Induzierte Eigenspannungen auf der Unterseite nach der Schruppfräsbearbeitung

Induced residual stresses on the bottom surface after roughing

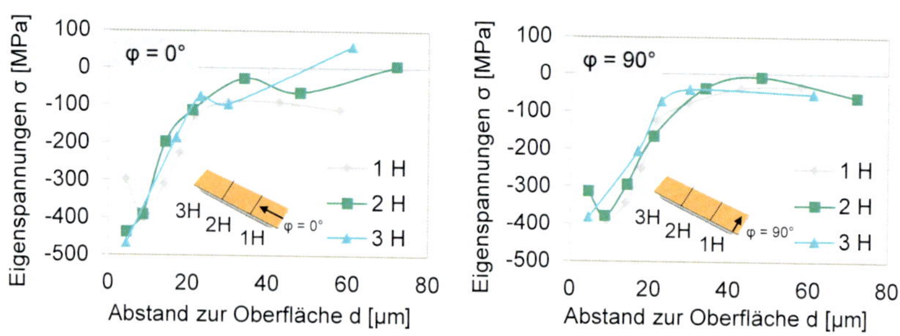

Abbildung A14.4: Induzierte Eigenspannungen auf der Unterseite nach der Schlichtfräsbearbeitung

Induced residual stresses on the bottom surface after finishing

A.15 Weitere Simulationen innerhalb von Kapitel 7.1

Further Simulations within Chapter 7.1

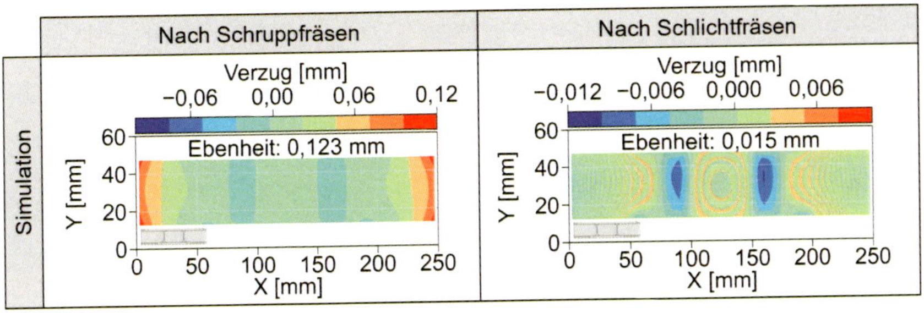

Abbildung A15.1: Simulierte Verzüge im eingespannten Zustand auf den Bodenflächen der Taschen mit angepassten Randbedingungen (konventionelles Spannsystem)
Simulated distortions in clamped state on the bottom surfaces of the pockets with adjusted boundary conditions (conventional clamping system)

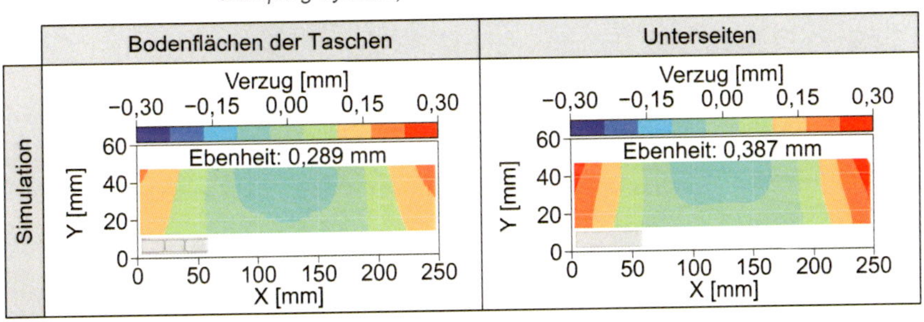

Abbildung A15.2: Simulierte Verzüge im ausgespannten Zustand mit angepassten Randbedingungen (konventionelles Spannsystem)
Simulated distortions in unclamped state with adjusted boundary conditions (conventional clamping system)

A.16 Einzelmessungen in Kapitel 7.2

Individual Measurement in Chapter 7.2

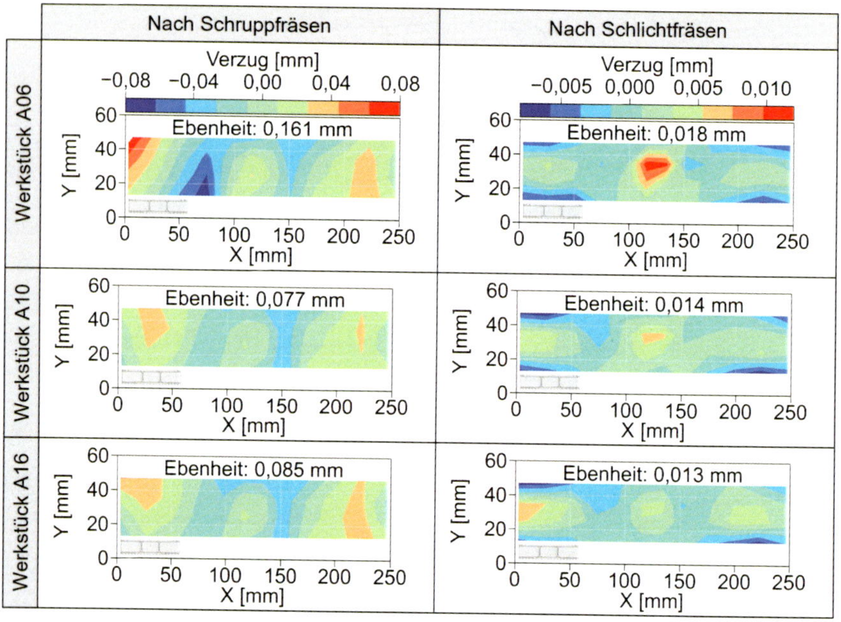

Abbildung A16.1: Versuchsreihe 1: Gemessene Verzüge im eingespannten Zustand auf den Bodenflächen der Taschen (modulares Spannsystem)

Test setup 1: Measured distortions in clamped state on the bottom surfaces of the pockets (modular clamping system)

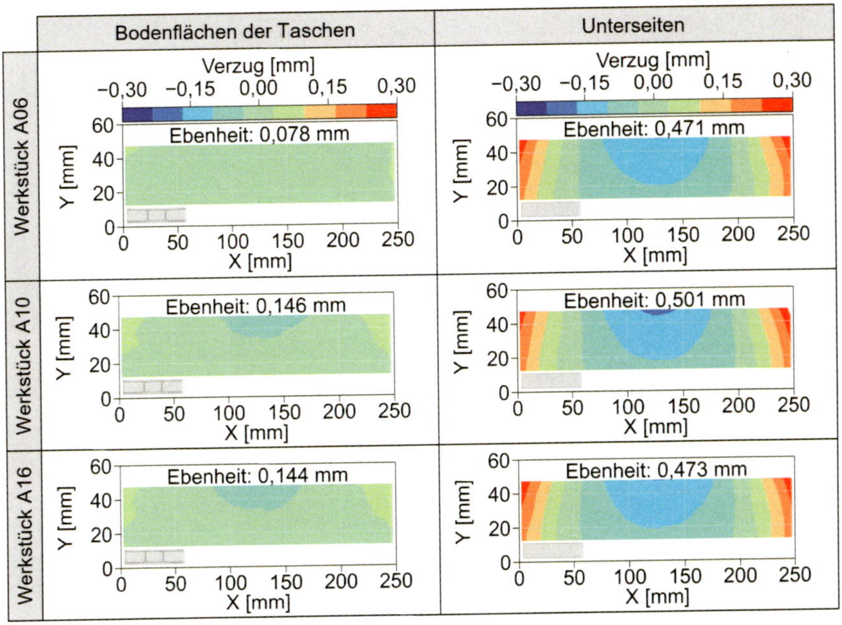

Abbildung A16.2: Versuchsreihe 1: Gemessene Verzüge im ausgespannten Zustand (modulares Spannsystem)

Test setup 1: Measured distortions in the unclamped state (modular clamping system)

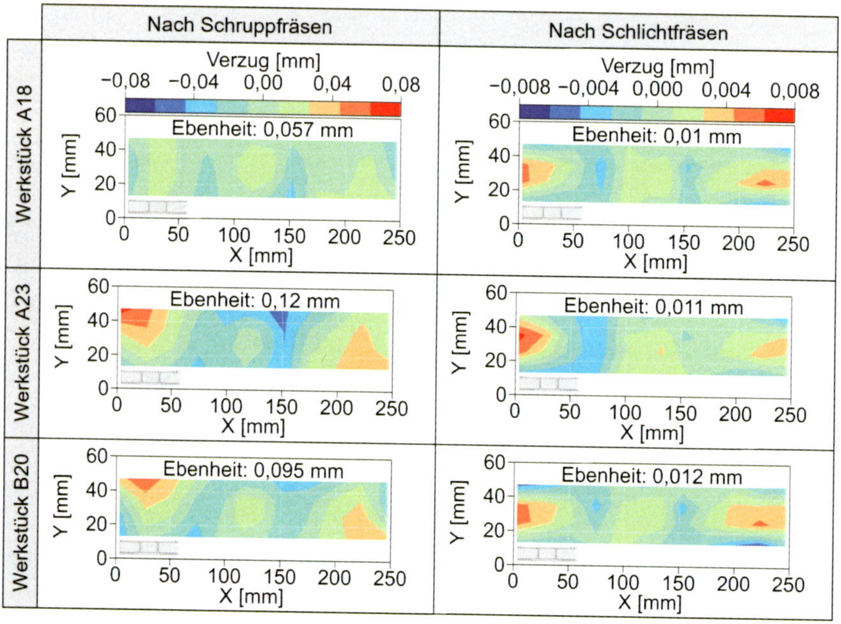

Abbildung A16.3: Versuchsreihe 2: Gemessene Verzüge im eingespannten Zustand auf den Bodenflächen der Taschen (modulares Spannsystem)

Test setup 2: Measured distortions in clamped state on the bottom surfaces of the pockets (modular clamping system)

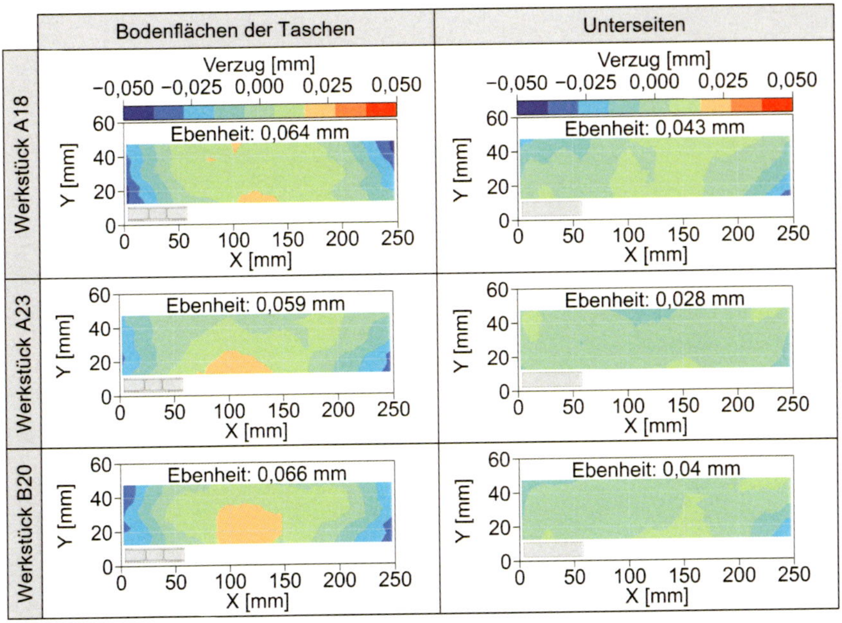

Abbildung A16.4: Versuchsreihe 2: Gemessene Verzüge im ausgespannten Zustand nach der Fräsbearbeitung der Ober- und Unterseite (modulares Spannsystem)

Test setup 2: Measured distortion in unclamped state after milling the top and underside (modular clamping system)

In der Reihe **Ergebnisse aus der Produktionstechnik** zuletzt erschienen:

Landwehr, Markus:
Modellierung und Vorhersage des eigenspannungsbedingten Bauteilverzugs bei der Fräsbearbeitung
ISBN: 978-3-98555-194-1
Erscheinungsdatum: 09.01..2024

Ecker, Christian:
Flexible Inbetriebnahme roboterbasierter Montagesysteme durch Prozessdemonstration
ISBN: 978-3-98555-189-7
Erscheinungsdatum: 11.12.2023

Studerus, Bastian:
Gestaltung von Kooperationen zwischen Technologiekonzernen und Start-ups
ISBN: 978-3-98555-186-6
Erscheinungsdatum: 04.12.2023

Riedel, Jörn:
Scannendes Verfahren zur flexiblen Messung asphärischer Optiken
ISBN: 978-3-98555-177-4
Erscheinungsdatum: 31.10.2023

Buckhorst, Armin Friedrich:
Planung und Steuerung von Abläufen in linienlosen mobilen Montagesystemen
ISBN: 978-3-98555-174-3
Erscheinungsdatum: 26.09.2023

Schwarberg, Annika:
Identifizierung von Innovationspotenzialen durch die Analyse von Produktnutzungsinformationen
ISBN: 978-3-98555-169-9
Erscheinungsdatum: 17.08.2023

Goergen, Fabian:
Analogieversuch zur Erzeugung von Zahnflankenbrüchen an Stirnrädern
ISBN: 978-3-98555-191-0
Erscheinungsdatum: 11.12.2023

Padberg, Melanie:
Ansätze der inhärent sicheren Konstruktion modifizierbarer, cyberphysischer Produktionssysteme
ISBN: 978-3-98555-184-2
Erscheinungsdatum: 07.12.2023

Wlecke, Shari:
Industrialisierung hochiterativ entwickelter Produkte
ISBN: 978-3-98555-171-2
Erscheinungsdatum: 13.11.2023

Müller, Clemens:
Elektrische Widerstandserwärmung von Blechwerkstoffen zur Steigerung der Umformbarkeit
ISBN: 978-3-98555-175-0
Erscheinungsdatum: 16.10.2023

Scheuer, Thomas:
Fähigkeitsbündel zur Steigerung der Arbeitsproduktivität für intelligente produzierende Unternehmen
ISBN: 978-3-98555-173-6
Erscheinungsdatum: 25.09.2023

Heutmann, Timo:
Proactive Production Control for a Synchronized Tool Production
ISBN: 978-3-98555-164-4
Erscheinungsdatum: 03.08.2023

Edition Wissenschaft
Apprimus

Müller, Ulrich:

Material Removal and Grinding Wheel Wear Mechanisms during Grinding of Polycrystalline Cubic Boron Nitride

ISBN: 978-3-98555-163-7
Erscheinungsdatum: 01.08.2023

Vogel, Paul-Alexander:

Entwicklung eines Prozessmodells für die nicht-isotherme vakuumunterstützte Dünnglasumformung

ISBN: 978-3-98555-140-8
Erscheinungsdatum: 21.06.2023

Ochel, Tim:

Prognostik zur Resilienzsteigerung im Werkzeugbau

ISBN: 978-3-98555-161-3
Erscheinungsdatum: 22.05.2023

Greipel, Jonathan:

Grouping of Inspection Characteristics to Reduce Costs of Adaptive Inspection Planning in Variant Production

ISBN: 978-3-98555-157-6
Erscheinungsdatum: 03.05.2023

Troß, Nico:

Mehrskalenmodellierung der thermomechanischen Werkzeugbelastung beim Trockenwälzfräsen

ISBN: 978-3-98555-158-3
Erscheinungsdatum: 19.04.2023

Nicksch, Christoph:

Konfiguration verteilter Large-Scale Metrology Systeme in rekonfigurierbaren Montageumgebungen

ISBN: 978-3-98555-152-1
Erscheinungsdatum: 20.03.2023

Schroers, Marius:

Gehörbezogene Auslegung zweistufiger Getriebe unter Berücksichtigung dynamischer Anregungseffekte

ISBN: 978-3-98555-165-1
Erscheinungsdatum: 01.08.2023

Chavan, Prateek:

Substructuring Methods for Efficient Prediction of Spindle-Holder-Tool Assembly Dynamics

ISBN: 978-3-98555-160-6
Erscheinungsdatum: 05.06.2023

Schneidermann, Dennis:

Orchestration von Vertrauen in interorganisationalen Wissensnetzwerken der Fabrikplanung

ISBN: 978-3-98555-153-8
Erscheinungsdatum: 15.05.2023

Welsing, Martin:

Bewertung der ökologischen Nachhaltigkeit von Produktionsnetzwerkkonfigurationen

ISBN: 978-3-98555-155-2
Erscheinungsdatum: 19.04.2023

Beckers, Alexander:

Auslegung wirtschaftlich-technologisch optimierter Fertigungsprozessfolgen mittels prozessübergreifender Modellierung

ISBN: 978-3-98555-154-5
Erscheinungsdatum: 18.04.2023

Gipperich, Marius:

Untersuchung eines Zweistrahlprozesses als Ansatz zur Prozessstabilitätserhöhung des drahtbasierten Laserauftragschweißens

ISBN: 978-3-98555-151-4
Erscheinungsdatum: 15.03.2023

Edition Wissenschaft
Apprimus